# 家具表面涂饰

主编　朱　毅　李雨红



東北林業大學出版社

·哈尔滨·

**图书在版编目（CIP）数据**

家具表面涂饰／朱毅，李雨红主编．－－2版．－－哈尔滨：东北林业大学出版社，2016.7（2024.8重印）

ISBN 978－7－5674－0815－9

Ⅰ.①家… Ⅱ.①朱… ②李… Ⅲ.①家具－涂漆 Ⅳ.①TS664.05

中国版本图书馆CIP数据核字（2016）第149693号

**责任编辑**：卢　伟

**封面设计**：叶　方

**出版发行**：东北林业大学出版社（哈尔滨市香坊区哈平六道街6号　邮编：150040）

**印　　装**：三河市佳星印装有限公司

**开　　本**：787mm×960mm　1/16

**印　　张**：13.75

**字　　数**：240千字

**版　　次**：2016年8月第2版

**印　　次**：2024年8月第3次印刷

**定　　价**：55.00元

# 前　言

家具表面涂饰是指用各种涂料及其他辅助材料涂饰木制家具制品，使其表面形成一层具有装饰保护性能的漆膜，旧称家具油漆。由于传统油漆概念已经涵盖不了现代油漆中的组成成分，因此，现代油漆称之为涂料。传统“油漆”的动词意义，是用涂料涂饰制品表面，现代就称为涂饰。

由于木材是天然生物质材料，其自身结构复杂，表面与内部的多孔性，含有大量的水分和空气，具有各向异性的特点，很容易受到外界条件的影响，所以需要进行表面涂饰以形成涂膜加以保护；同时，木材特有的天然质感也需要通过涂饰使之得以渲染，并充分表现出来。但是木材与金属、塑料、水泥、玻璃等其他涂饰基材性质不同，对涂饰工艺技术影响很大，所以，要做好涂饰，获得理想的涂饰效果，就必须对木材、涂料、涂饰工艺以及涂饰方法和涂饰所用设备等进行全面的深入了解和掌握，并通过长期实践，掌握熟练的操作技巧，最终获得优质漆膜质量。

近些年来，我国的家具业迅猛发展，家具表面涂饰技术也取得了长足的进步，综合性能优异的聚氨酯漆、聚氨漆以及光敏漆的广泛应用，空气喷涂等机械涂饰方法的极大普及，使得家具表面涂饰质量明显提高，但由于我国的家具行业基础较差，从业人员的文化素质偏低，对涂装技术和涂料基础知识的缺乏，与高速发展的家具业极不相称，故本书着重论述了有关木材涂饰的基础知识，包括家具表面涂饰概述、涂料基础知识、涂料品种与性能、涂饰施工工艺、涂饰方法、涂饰所用工具与设备、涂层干燥和涂饰工艺过程举例等，力求理论与实际相结合，给读者一些启发和帮助，为家具业更快、更好地发展尽一点微薄之力。

本书第 1 章、第 4 章、第 6 章和第 7 章由东北林业大学朱毅教授编写，第 2 章、第 3 章和第 5 章由南开大学李雨红副教授编写，全书由朱毅教授统稿。

由于编者水平有限，时间紧促，书中难免有错误和不当之处，敬请读者批评指正。

编　者

2016 年 6 月

# 目　　录

# 1 家具表面涂饰概述

家具表面涂饰历史悠久，我们的祖先早在7 000年前就用大漆涂饰木制品。迄今为止，木材仍是制作家具理想的材料，这种天然生物质材料很容易受到外界条件的影响，需要涂饰形成涂膜加以保护，同时，木材特有的天然质感也需要通过涂饰使之得以渲染，并充分表现出来。但是木材与金属、塑料、水泥、玻璃等其他涂饰基材性质不同，对涂饰工艺技术影响很大，所以，要做好涂饰，获得理想的涂饰效果，就不是一件简单的事情了。木材、涂料与涂饰工艺称为涂装的三要素，只有对这三方面进行深入的了解和掌握，加上熟练的操作技巧，才能获得最终优质漆膜质量。

## 1.1 家具表面涂饰目的

家具表面涂饰旧称家具油漆。由于传统油漆概念已经涵盖不了现代油漆中的组成成分，所以，现代油漆称之为涂料。传统“油漆”的动词意义，是用涂料涂饰制品，现代就称为涂饰，其作用是在被涂饰表面形成漆膜，对家具及其他木制品起保护作用、装饰作用和一些功能性作用。

### 1.1.1 保护作用

家具是一种功能产品，同时又是一种艺术品。人们的日常生产与生活使用着大量的家具，国民经济建设需要使用大量的各种木制品，室内装饰、装修需要各种涂饰，例如家具、门窗、地板、墙板、乐器、房屋、装饰品、铅笔、儿童玩具、车船、室内装饰产品等生产生活用品与工具，这些用途不同的产品无不需要涂饰涂料或胶贴覆面材料予以保护，以延长产品的使用寿命。

我们知道，木材是天然生物质材料，与外界环境条件直接接触，很容易受到影响。经过涂饰的木制品，表面形成一层漆膜，便隔绝了制品与外界环境中空气、阳光、水分、液体昆虫菌类以及脏物等的直接接触，减缓减轻了对制品的直接不利作用；漆膜也缓冲了外界机械冲击对木材的直接作用，使木制品不致很快损坏，从而延长了产品的使用寿命。

木材是多孔性材料，其结构构成、物理性质、化学性质差别很大，可以说木材是一种“活”的基材，常因环境温度、湿度的变化而使水分发生迁移，导致木材发生干缩湿胀变形，造成家具及其他木制品开裂、翘曲变形。经过涂饰后的木制品，封闭了木材，水分移动现象会大大减少，木质基材的膨胀收缩变形就会减轻，从而保证产品的正常使用。

由于木材化学性质的原因，当经过一段时间的阳光直接照射和空气作用之后，木材表面原有的光泽和天然美丽花纹就会变得晦暗。木材因含有营养物质常会有昆虫和菌类的寄生，会造成产品污染，破坏制品，腐朽变质。经过砂光等工序精细加工后的木材，因其本身结构的原因也表现出表面粗糙、带有沟纹，很容易被灰尘、油脂、秽物、胶水以及各种液体脏污。所有这些现象都是由于木材表面直接接触阳光、空气、水分等而造成的。当木材表面经涂饰形成一定厚度的漆膜后，白茬制品就得到保护，使其减轻或免受上述因素的影响。

家具及其他各种木制品，在人们的使用过程中，经常要受到外力的摩擦、刮划、碰撞或敲击，尤其是材质较软的树种木材，外力的作用很容易损伤制品表面。制品表面涂饰漆膜就可在一定程度上提高制品的表面硬度，增强对外力作用损伤的抵抗能力。

白茬制品表面很容易被手渍、油脂、灰尘、污水等玷污，不易被洗刷或擦掉，而若制品表面涂饰一层漆膜，这些脏物就很容易清理，不致对制品造成很大影响。同时对保持卫生、保养制品、长期保新，会起到良好的作用。

### 1.1.2 装饰作用

透明涂饰所表现出的木材天然质感，是木材涂饰非常重要的装饰作用。木材天然美丽的花纹需要通过各种涂饰工艺措施，才能焕发出宜人的光彩，配合各种颜色的渲染，才能使家具艺术得以充分表现。用具有美丽花纹的名贵木材，如红木、樱桃木、榉木、檀木、胡桃木等制作的家具，经透明涂饰可使花纹色彩优雅秀丽，清晰显现。而对于花纹与色调都比较平淡的木材以及刨花板、中密度纤维板等各种人造板制作的家具表面，经不透明涂饰可以形成各种色彩涂层，表现不同风格形象，这在现代家具涂饰设计尤为突出。各种新型涂料（如幻彩漆、仿皮漆等）的开发与应用，各种新兴涂饰技术的采用，可以获得丰富的外观效果，对制品起到更大的装饰作用。

木材历来受到人们的珍视，其天然纹理、视觉感、触觉感，是其他家具材料无法比拟的，迄今为止，木材仍是制作家具最理想的材料。木材的美感表现在自然，在长期生长过程中所形成的变化无常的木材纹理、不均匀的结构差异、层次不同的色调等是其他材料不具备的，在不同切面上表现出来的不同纹理形式，千变万化，难以用文字来描述，是一种难得的天然材料。但是这种自然美丽的花纹只有通过着色和涂饰等不同工艺处理，才能够清晰显现，并得到加强，富有神奇的立体感。无论是哪种名贵树种的木材，经加工表现出来的纹理表面，直接与自然空气环境接触，时间不长，都会因灰尘、阳光、空气、水分的影响而面目全非，失去美感。只有通过涂饰，木材的天然美才能得以保护，长时间给人们的生活带来美的欣赏。

过去很长一段时间，人们一直认为家具表面漆膜越亮越好，涂饰得越厚越好，甚至把光泽亮度作为评价家具质量高低的条件。随着经济的高速发展和人们审美水平的提高，自然美越来越深入人心，得到现代人的关注。现代家具采用显孔亚光透明涂饰的装饰效果受到青睐，过厚过亮的漆膜越发显得臃肿，华而不实。显孔涂饰漆膜较薄，保护作用就相对削弱，对木质基材的要求也比较高，如何处理好涂饰涂膜的保护作用与装饰作用之间的这一矛盾，是现代家具涂饰需要科学对待的一个重要问题。

由于木材资源的短缺，小料的综合利用，如何提高劣材的附加值，减少减轻木材表面缺陷（虫眼、节疤、裂缝等），是现代木材表面涂饰面临的新课题。利用涂饰技术，修整木材表面色差，采用不透明涂饰，可掩盖一些缺陷，提高装饰效果，在一定程度上提高了木材的利用率。

无论是透明涂饰，还是不透明涂饰，所形成的漆膜都大大地美化了木制品的外观。如果一件造型款式新颖、用料讲究、做工精细的木制品，表面涂饰做不好，就会前功尽弃，俗话说“三分做工，七分油工”就是这个道理。家具表面颜色与款式相配，再加上高质量的涂饰，就会大大提高产品价值，赢得市场，产生效益。家具是供人们使用的产品，同时又是艺术品，能否成为真正的艺术品，表面涂饰起到极其重要的作用。人们在使用家具的同时，装饰了房间，美化了生活。

### 1.1.3 功能作用

家具表面涂饰除上述的保护作用和装饰作用外，涂饰技术与其他学科理论的结合，涂层还起到特殊功能作用。

色彩涂层对人心里感受的调节作用在家具上的应用由来已久，并还在不断发展，受到设计师的重视。公园、度假村的椅子一般以淡绿色或木本色为主，有益于游人身心健康和陶冶情操；庄重的会客或办公场所，常以红木色、胡桃色、紫檀色等深色系为主，给人以沉稳感觉；开放式办公场地所用家具，多以浅色系色调为主，给人以轻松活泼之感；医院用家具，一般为乳白色，给人以清洁、安静之感，有利于病人精神稳定，早日恢复健康；尤其是儿童家具，为适应儿童的心理特征，常把家具设计成不透明涂饰，并涂以各种装饰图案，有利于儿童的健康成长。

色彩给人们的联想感觉是多方面的，有距离感、胀缩感、冷暖感、轻重感、软硬感等，在家具设计制造与室内装饰设计中应用颇多，对人们心理的调节作用影响很大，不可忽视。面积小的房间，室内与家具应设计成浅色，以获得开阔舒展之感。浅淡色调加上充足的光线会使人感到宁静、舒适，具有时代感。棕色、胡桃色等深色家具，能给人一种平静、稳定的感觉。天气热的地区，家具常涂饰以浅色；天气比较寒冷的地区，家具常涂饰以暖色系颜色。

家具质量与价值受设计、材料、机械加工工艺、选用涂料以及涂装工程等各方面因素影响，由于木材资源日渐缺乏，通过选材和机械加工控制产品质量越来越困难，因此不同种类木材的开发应用、色差调整、劣材优用给涂饰工艺设计与施工带来很大难度。要获得良好的涂饰质量，除了对木材性质和家具用涂料有深刻认识之外，对木材着色剂、填孔剂及其木材着色、填充技术和各种涂饰工艺流程设计都应加以细致研究。木材是一种“活”的基材，变化之大，涂饰工艺过程之复杂，要比其他材料涂饰困难得多，而家具质量与价值的体现，在很大程度上取决于最后的涂饰所表现出的木材质感，由此可见家具表面涂饰的重要地位。木材、涂料和涂饰工艺是木材涂饰的三要素，而第一要素就是木材，充分认识木材，了解和掌握木材的物理化学特性是做好表面涂饰的前提。有关木材的理论研究成果，可以帮助我们认识、了解、掌握木材，但目前在一些企业里，往往只是停留在对木材的肤浅认识上，缺乏深入细致的研究，忽视了木材的特殊性对表面涂饰的影响，使得涂饰质量达不到预期的目标，甚至造成废品。所以，要想提高家具表面涂饰质量，还需要我们深入仔细研究木材及其木质材料。

## 1.2 涂饰分类

木制品表面涂饰历史悠久，应用也非常广泛，直到现在，涂料涂饰仍是家具表面装饰的主要装饰方法。不同的分类方法，对应不同的涂饰工艺，掌握涂饰分类，对进行技术交流、做好家具表面涂饰是十分必要的。

### 1.2.1 按基材纹理显现程度分类

用涂料涂饰制品表面，根据基材纹理显现的程度，把涂饰分为透明涂饰、半透明涂饰和不透明涂饰三类。三种涂饰在涂料选用、外观效果、工艺规程以及应用上都有很大的差别。

透明涂饰是指用各种透明涂料与透明着色剂等涂饰制品表面，形成透明漆膜，基材的真实花纹得以保留并充分显现出来，材质真实感强。多用于实木制品或薄木贴面人造板制品的表面涂饰。透明涂饰对基材质量要求较高，工艺也比较复杂。

半透明涂饰也是指用各种透明涂料涂饰制品表面，但选用半透明着色剂着色，漆膜成半透明状态，有意造成基材纹理不清，减轻材质缺陷对产品的影响，材质真实感不强。一般用于基材材质较差的制品涂饰。半透明涂饰对基材质量要求不高，工艺过程与透明涂饰相当，做好可收到意想不到的效果。

不透明涂饰是指用含有颜料的不透明色漆涂饰制品表面，形成不透明色彩漆膜，遮盖了被涂饰基材表面。多用于材质较差的实木或素面刨花板、素面中密度纤维板制品，或具有特殊功能作用的制品涂饰。不透明涂饰相对透明涂饰，工艺过程比较简单。

### 1.2.2 按形成漆膜光泽分类

涂料生产按形成漆膜光泽现象分有亮光涂料和亚光涂料，由于涂饰选用涂料不同，涂饰分为亮光装饰和亚光装饰二类。亚光装饰根据光泽度，又分为全亚装饰和半亚装饰。

亮光装饰是采用亮光漆涂饰的结果。涂饰工艺过程中基材必须填孔，使其平整光滑，漆膜达到一定厚度，有利于光线反射。亮光装饰漆膜丰满，雍容华贵。传统概念中，家具漆膜曾以越亮越好，但根据人类工效学研究，漆膜越亮越不利于视觉休息，因此现代家具涂饰多采用亚光涂饰，一些国家或地区甚至采用10%~30%的亚光涂饰，几乎没有光泽。

亚光是相对亮光而言，亚光涂饰是采用亚光漆涂饰的结果，漆膜具有较低的光泽。选用不同的亚光漆可以做成不同光泽（全亚、半亚）的亚光效果。一般亚光漆膜较薄，自然真实，质朴秀丽，安详宁静。在经济高速发展，社会高度发达的今天，紧张的工作给人们带来很大的精神压力，亚光涂饰有利于视觉休息，因此亚光涂饰是家具表面涂饰的主流方向。

### 1.2.3 按基材是否填孔分类

由于木材结构的原因，表面有管孔显现，按管孔填充程度可把涂饰分为填孔涂饰（全封闭）、半显孔涂饰（半开放）和显孔涂饰（全开放）。

填孔涂饰是在涂饰工艺过程中用专门的填孔剂和底漆，将木材管孔全部填满填实填牢，漆膜表面光滑，丰满厚实，利于光泽提高。

显孔涂饰工艺过程不填孔，涂层较薄，能充分表现木材的天然质感。

半显孔涂饰工艺，木材管孔只填充上了一部分，用手触摸还能感觉管孔，涂饰效果介于填孔涂饰和显孔涂饰二者之间。

### 1.2.4 按着色工艺分类

产品涂饰之后所表现出的外观颜色，是通过不同的着色工艺过程实现的，这样就把涂饰分为底着色、中着色和面着色工艺三类。

底着色涂饰工艺是指用着色剂直接涂在木材表面，根据产品着色效果要求，可在涂饰底漆过程中进行修色补色，加强着色效果，最后涂饰透明清面漆。底着色涂饰工艺着色效果好，色泽均匀，层次分明，木纹清晰。

中着色涂饰工艺基材表面不涂饰着色剂，外观颜色的形成是在涂饰完底漆后进行透明色漆着色，最后再涂饰透明清面漆。

面着色涂饰工艺是采用有色透明面漆，在涂饰面漆时同时着色，工艺简化，但涂饰效果较差，木纹不够清晰。

### 1.2.5 按表面漆膜处理分类

根据最终漆膜是否进行抛光处理，涂饰分为原光装饰和抛光装饰二类。

原光装饰是指制品经各道工序处理，最后一遍面漆经过实干，全部涂饰便已完工，表面漆膜不再进行抛光处理，产品即可包装出厂。家具产品涂饰多数为原光装饰，要求涂饰环境必须得到有效控制，保持洁净，否则难以获得很高的涂饰质量。

抛光装饰是在整个涂层均完全实干后，先用砂纸研磨，再用抛光膏或蜡液借助于动力头擦磨抛光。抛光获得的漆膜表面平整光滑、光泽柔和、光亮均匀，可以消除任何涂饰缺陷，达到很高的装饰质量。

### 1.2.6 按表面漆膜质量要求分类

根据表面漆膜质量的要求，可把涂饰分为高档涂饰、中档涂饰和普通涂饰。这种涂饰分类与制作产品档次、质量要求有关，主要区别在于涂料选用和漆膜状态。

高质量要求的产品，要高档涂饰。所谓高档涂饰是指表面漆膜不允许有任何涂饰缺陷，工艺过程要求很严，涂料一般选用聚氨酯漆、聚酯漆和硝基漆等，具有优异的保护性能和装饰性能。

普通涂饰应用于质量要求不高的普通产品，允许有一些涂饰缺陷，涂料一般选用油性漆。

中档涂饰介于高档和普通涂饰之间。

## 1.3 涂饰相关因素

与涂饰相关的因素很多，主要包括涂料性能、基材性质、涂饰技术、涂饰环境以及涂饰管理等。了解掌握涂饰相关因素，对做好涂饰相当重要。

### 1.3.1 涂饰材料与涂饰

家具表面涂饰俗称家具油漆，由于传统油漆概念已经涵盖不了现代油漆中的组成成分，所以，现代油漆称之为涂料。涂料是一种液体或粉末状的有机物质，通过某种涂饰方法将其涂于制品表面，经过干燥固化形成一层漆膜，均匀地附着在物体表面上。用涂料涂饰制品表面，就称为涂饰。涂料的具体品种常称为某种漆。

涂料属化工产品，相对木材来讲，企业人员了解掌握的知识比较少。对涂料的种类、组成、性能、适用范围和干燥机理等知识没有一个全面地了解掌握，就不可避免地在生产使用过程中出问题。随着涂料工业的发展，了解、认识、掌握涂料更加重要，它不仅对产品质量有影响，而且与生产成本和环境保护关系重大，溶剂从液体涂层挥发到空气中，由于溶剂密度不同，轻的往上漂浮，重的要下沉，知道这一原理，对涂饰车间空气净化系统设计尤为重要，所以，为了提高涂饰质量，控制涂饰环境，我们应了解掌握有关涂料知识，并对其进行深入研究。

木材表面涂饰一般分为涂底漆（打底）和涂面漆（罩面），共同构成漆膜的主体。在整个涂饰工艺过程中，除用漆外，为完成一定的工艺要求，还需使用许多其他的材料，例如漂白剂、腻子、填孔剂、着色剂、稀释剂以及砂纸、抛光膏等，这些材料统称为辅助材料，简称为辅料，辅助完成涂料装饰。

要完成好涂饰工作，就必须全面掌握所有涂饰材料的品牌、型号、化学组成、性能特点、适用范围、干燥机理，以便做到合理选择，科学使用。化工材料不像其他工业材料那样明确具体，比较抽象，即使是外观形态都很类似的清漆，由于化学组成与性能特点不同，则干燥机理与适用范围就有很大差别，学习掌握有一定的难度。例如有的漆需吸氧干燥，有的漆则必须隔氧才能干结成膜；有的漆干燥时间短，有的漆干燥时间长；有的漆在常规条件下就能干燥，有的漆则必须有紫外线照射才能固化；有的漆只能手工涂饰，有的漆适合于机械涂饰。为了正确合理地使用涂饰材料，就必须对所有的涂饰材料详细了解掌握。在选用涂饰材料时应重点分析解决以下几方面问题：

（1）结合产品设计要求选择涂料。例如产品质量要求高，选择树脂漆；普通产品，可选用油性漆；显孔涂饰，选择硝基漆比较好；半显孔涂饰，一般选择硝基漆或聚氨酯漆；漆膜强度要求高，选择聚酯漆或光敏漆；质量要求高的透明涂饰，选择油性色浆着色剂或树脂色浆着色剂或油膏进行底擦色；质量要求不高的透明涂饰，选择水性颜料填孔着色剂；漆膜光泽要求比较高的亮光涂饰，选择亮光漆；漆膜光泽要求的亚光涂饰，按要求选择不同光泽度的亚光漆等。

（2）根据产品使用环境条件要求选择涂料。木制品种类繁多，产品使用的具体环境条件有很大差别，例如室内与室外，干燥与潮湿，良好与恶劣，同是室内或室外使用的产品，由于对保护性和装饰性要求不同，涂料选择也不一样。

（3）满足配套性要求选用涂料。各种涂料的附着力不同，在多层涂饰的情况下，涂层之间的附着力不同，就是相同的漆种，由于生产厂家不同，附着力也不同，涂层之间的配套性也不一样，涂饰要求选择涂料具有良好的配套性。

（4）施工条件、设备应与涂料性能、干燥机理相适应。例如空气喷涂与静电喷涂，应选用不同的涂料或溶剂；固化速度比较快的涂料，适合于机械化自动化涂饰，要配置相应的干燥设备；干燥很慢的油性漆，需要较大的干燥车间面积；使用光敏漆，要有光固化设备等。

（5）选用涂料应考虑对环境的污染情况。尽量选用低毒或无毒、无味、少挥发或不挥发有害气体的涂料。例如水性漆、无溶剂型漆等。

（6）选用涂料要考虑经济因素。面对产品竞争日益激烈的市场，应努力降低产品生产成本，在满足漆膜质量要求的前提下，选择物美价廉的涂饰材料，但要注意材料的“性价比”。有条件的话，考虑采用自动化涂饰，提高生产效率，降低涂饰费用，从而降低生产成本。

### 1.3.2 木材与涂饰

我们要讨论的涂饰是木制家具表面涂饰，那么，这里面就有一个对木材及其木质材料的认识、了解、掌握的问题，木材是天然生物质材料，其结构构成、物理性质、化学性质差别很大，并且随着加工技术和操作环境的变化而变化，这给涂饰带来了很大困难。随着涂料和涂饰手段、涂饰技术的发展变化，木质材料表面涂饰的变化越来越大，因此，对木材及其木质材料的了解与掌握，是做好涂饰的重要一步。

根据树木的分类，通常将木材分为针叶材和阔叶材两大类。

针叶树树干通直高大，纹理通直，木质均匀，易于加工，胀缩变形小，耐腐蚀性较强，材质较软，称为软材。如红松、樟子松、落叶松、杉木等，一般多用于建筑、船舶、车辆等。近年来，由于木材短缺，针叶材也逐渐在家具产品生产中使用。针叶材由管胞、薄壁细胞、髓线组织及树脂沟构成。针叶材构造比阔叶材构造相对简单，因为结构的原因，针叶材不均匀的物理性质比阔叶材要少。

阔叶树树干通直部分一般较短，一般较重、强度大、胀缩、翘曲变形大，易开裂、不易加工，材质较硬，称为硬材。阔叶材由导管、木纤维、薄壁细胞、髓线、细胞间沟等构成。阔叶材中有些材质很硬，纹理清晰、美观，如樟木、水曲柳、柚木等；也有一部分材质并不坚硬，有些甚至像针叶材一样松软，纹理也不很清晰，但质地较针叶材更为细腻，例如椴木、杨木、泡桐等。总体来说，阔叶材木纹纹理清晰、美观，具有较强的天然质感和装饰作用，是历来制造家具与室内装修的理想用材。

1.3.2.1　木材构造

木材是一种天然有机物，由无数不同形态、不同大小和不同排列方式的细胞所构成。在生长过程中，由于树木受遗传因子、地理环境和气候条件等影响，木材构造千变万化。木材随着每年的生长而形成年轮、早材、晚材、边材、心材、导管、木纤维、髓线、树脂道等，其物理性质差异很大。

依据制材锯切方向不同，木材切面分为横切面、径切面与弦切面。横切面是与树干主轴垂直的切面；径切面是通过髓心，与树干平行的纵切面；弦切面是与髓心有一段距离，并与树干平行的纵切面。各切面对于涂膜的保存性、耐久性不同。研究表明，容积重相同时，径切板面比弦切面涂膜的耐久性要高；容积重不同时，一般情况下低容积重木材比高容积重木材的涂膜耐久性高。

横切面中心部分为髓心，为柔软特殊的组织，材质松软，强度低，易腐朽。在髓心周围环绕着很多深浅相间的同心圆状的轮环，称为生长轮。有时称为年轮。在每一年轮之内，靠里面（树心）的部分称春材（早材），是树木在一年中春夏季生长的树木，这一时期细胞分裂速度快，形体较大，细胞壁薄，材质松软，颜色浅淡；在年轮靠外部分称为秋材（晚材），是夏秋两季生长的树木，这一时期细胞分裂速度缓慢，形体变小，细胞壁厚，材质硬而致密，颜色较深。这样就由年轮内春秋材所形成了木材致密色深与疏松色浅两部分，年轮在不同的切面上呈现出不同形状，在横切面上围绕髓心呈同心圆，在径切面上为明显的平行条状；在弦切面上为山峰状。年轮与早晚材是构成木材美丽花纹与特有质感的重要因素，是其他材料不具备的自然特性，在涂饰过程中，就是要应用各种不同的工艺措施，增强木纹的清晰程度，使之充分显现出来，以体现木材特有的天然美感；反之，如果处理不当，就会造成涂料吸收有很大差异，漆膜附着不均，甚至开裂。

根据对涂膜开裂与木材活动性的关系观察研究指出，水分所引起的膨胀与收缩最大是在弦切面秋材部分，吸湿膨胀量最高可达12%～15%，这个膨胀量对涂饰不久的涂膜还可能承受得了，因而此时涂膜不会发生开裂；当涂膜经过8个月至1年之后，涂膜会老化，涂膜的伸长会减低4%～5%，其结果，在秋材部分涂膜就会发生开裂。对于春材部分的涂膜，始终处于压缩状态下，所以涂膜一般不发生开裂。

木材都有颜色，有些树种木材颜色均匀，而有些树种木材，在其横切面或径切面上都呈现深浅不同的颜色。从横剖树干断面看，靠近树皮材色较浅的部分，称边材；靠近髓心材色较深的部分，称心材。材色深浅不同会造成很大的基材色差，影响产品外观质量，为减少透明涂装时所表现出的色差，需要采取工艺措施，进行必要的基材色差调整，有时需对边材部分着色，有时需对心材部分漂白。而且，由于边、心材性质的差异，对涂料与着色剂的吸收也不一样，会造成底着色不均，这就需要在涂饰过程中进行涂层修色。

导管只存在于阔叶树中，是由一连串轴向细胞形成的无一定长度的管状组织，顺树干生长。导管如果够大，在纵切面上肉眼可以看到长沟状形状，也称导管线。在径切面上的导管线比弦切面上要宽一些。导管在横切面上多为圆形或椭圆形的孔，称为管孔，油漆工常称其为鬃眼。导管是所有阔叶树的特征，树种不同，管孔直径大小也就不同。针叶材除极个别树种外，均不具有导管，管孔的有无与否，是区别针叶材和阔叶材的重要特征。管孔的分布、组合和排列千差万别，依管孔的排列方式，阔叶材分为环孔材、散孔材、半环孔材、放射孔材等。

在木材涂饰过程中，管孔对涂饰质量影响较大。具有一些较大的孔隙的木材，在涂饰施工过程中如不进行封闭或填充，涂料就会沿着缝隙渗入木材内部，造成浪费，漆膜还会出现不连续性、渗孔、塌陷等一些涂饰缺陷，影响漆膜的平整与光泽，表面失光较快，漆膜还有可能产生皱纹甚至开裂等现象。有些树种（如水曲柳等）早晚材管孔大小相差很大，经过填孔着色工艺处理，可使天然美丽的木材花纹清晰显现，使木材特有的天然质感得到渲染和加强，涂层富立体感，提高了装饰效果。但是，在涂饰时如不填孔或少量填孔，就可做成显孔装饰或半显孔装饰，可充分表现木材的天然质感，给人以淳朴自然的感觉。

轴向管胞主要存在于针叶材中，是两端细小尖锐的细长中空管状细胞。在针叶材中，木材容积90%以上由垂直延长的管胞构成。管胞的中空结构会导致吸收涂料、涂膜渗陷、收缩起皱，甚至造成涂膜开裂。

木纤维是除导管分子、薄壁细胞和管胞之外的一切细长、壁厚的细胞组织。木纤维是阔叶材的主要组织，占木材总体积的50%以上。木纤维赋予了木材的强度与板面的平滑，漆膜的附着性能常与此有密切关系。

木射线是在木材横切面上自髓心及其他部分横跨年轮向树皮方向形成放射状的细长细胞组织，主要由射线薄壁细胞组成。针叶材木射线较少，占木材材积的7%左右，肉眼观看不明显。阔叶材木射线较发达，约占木材材积的20%，肉眼可明显看到。在弦切面上木射线的高度约为几百微米至几厘米，宽度约为十几微米至几百微米。木射线联结固定纤维，使木材强固，增加木材的美观，但也会造成涂料吸收上的差异。

胞间隙是在木材细胞的排列中，一群细胞因生长或创伤的原因相互离开，结果在它们之间形成的胞间隙，其实际是细胞之间的空穴。针叶材的胞间隙称为树脂道，是具有分泌树脂能力的泌脂细胞及其中的树脂腔的总称。阔叶材的胞间隙称为树胶道，其中贮藏着由泌胶细胞所分泌的树胶。树脂道与树胶道都有轴向与径向两种。松属的树脂道最多也最大，其直径可达60～300 μm，长度一般为10～80 cm，最长可达100 cm。树脂对木材有防腐的作用，但对涂饰很不利，妨碍涂层干燥，影响木材着色和漆膜的附着，造成各种涂饰缺陷。

#### 1.3.2.2 木材特征

木材特征包括颜色与光泽、木材结构、纹理与花纹、气味和木节等。

木材的颜色有多种多样，如云杉洁白如霜，乌木漆黑如墨，黄杨木呈浅黄色，黄檀呈浅黄褐色等。大多数心材与边材颜色不同，不同切面颜色也有变化。涂装时，需要漂白处理，将色斑或不均匀的色调清除。

木材颜色具有重要的装饰价值，在家具设计生产、室内外装饰装修、木制雕刻工艺品等，常根据木材的花纹颜色进行选材。珍奇树种木材，颜色均匀、鲜明，应选用透明涂饰；而材色平淡又不均匀，或有色斑、色差较多时，应进行漂白、修色处理，以获得较好的装饰效果。

木材结构是指组成木材各种细胞大小和差异的程度。木材若由较多的大细胞组成，则结构粗糙，叫粗结构，如泡桐；木材若由较多的小细胞组成，材质致密，叫细结构，如椴木、色木、桦木等。组成木材的大小细胞变化不大的，叫均匀结构，如散孔材的树种；相反变化大的木材，叫不均匀结构，如环孔材树种。结构粗或不均匀，在加工时容易起毛或板面粗糙，涂饰后光泽低；结构致密、材质均匀的木材，容易加工，材面光滑，有利于获得漆膜光泽。

木材纹理是指组成木材各种细胞的排列情况。根据年轮的宽窄和早晚材变化缓急，木材纹理分为粗纹理和细纹理。生产当中看到的颜色深浅不同、明暗相间的各种木材纹理，习惯称为木材花纹。它是由生长轮、早晚材、导管与管胞以及木射线等解剖分子相互交织，木节、树瘤、斜纹理、变色等天然缺陷的影响及其不同的锯切方向等多种因素综合形成的。在木材的弦切面上可以看到呈山峰状的花纹，这是由于每一个生长轮中的早晚材的密度、颜色和构造上的差异所形成的图案；在径切面上早晚材带平行排列构成条带状花纹；具有宽木射线的木材在径切面上呈现出银光花纹；树根树瘤经锯切后材面形成根基花纹和树瘤花纹；具有扭曲纹理的木材在弦切面上呈现各种特殊的花纹；由于早晚材颜色的差异以及因菌虫的危害产生的变色，在材面上呈现材色深浅不同的条带而形成不规则的花纹。由于不同的下锯方法可形成径切纹、弦切纹，还可以通过改变旋切角度，使旋切出的单板表面形成各种花纹，并具有一定规律，或者用不同纹理、不同颜色的木材拼接组成各种图案等。这些木材特有的花纹，经过透明涂饰技术使其清晰显现并加以渲染，以增加木制品的美感，提高附加值。

节子是在树木生长过程中，把树枝基部包在树干木质部内形成的。节子是不可避免的。有节材给人以更加自然、朴素的视觉印象，天然所生的颜色与纹理耐人寻味，无须特殊处理而进行透明本色涂饰，反而更加自然。无节材则有一种豪华整洁之感。

受回归自然崇尚自然思想的影响，追求返璞归真成为当今一种时尚。在欧美等一些发达国家或地区，人们则喜欢用有节材作墙壁板和家具，如用节子很多的白松、樟子松制作家具并进行透明涂饰，在北欧就很受欢迎。近些年，我们也对表现木材自然质感的节子逐渐转变看法，那么在涂饰技术中如何降低节子的污染缺陷，增加节子的自然、质朴、纯真的效果，还有待进一步研究。

#### 1.3.2.3 木材化学组成

木材化学成分通常分为主要成分和浸提成分两大类。主要成分是构成木材细胞壁和胞间层的化学成分，是木材的主要实体成分，包括纤维素、半纤维素和木素（木质素），总量达到木材的90%左右；浸提成分（也称抽提物）不是构成细胞壁的主要物质，可以用适当溶剂浸提抽出，而不影响木材细胞壁的物理结构。浸提成分量因树种不同而有很大变化，一般为木材的

10%左右。浸提成分是木材化学组成中对涂饰影响较大的部分。

纤维素是构成木材的主要组分之一，约占细胞壁物质总量的50%，在细胞壁中起着骨架物质的作用，对木材的物理、力学和化学性质有着重要的影响。其主要性质是它的吸湿性以及膨胀收缩，纤维素的这种性质决定了木材的吸湿性与膨胀收缩，是影响木材表面涂膜耐久性的主要原因。

半纤维素是一种相对分子质量较低的非纤维素的碳水化合物。具有亲水性，其吸湿性和润胀度比纤维素高。半纤维素是无定形物质，水更容易进入，使木材吸湿膨胀、变形开裂，也是影响木材表面涂膜耐久性的原因之一。

木质素结构复杂，是具有芳香族特性的非结晶的三维空间结构的高聚物。木质素在木材中的含量占20%~40%，对木材强度影响较大，也是影响木材颜色变化的主要因素之一。

木材抽提物是用乙醇、苯、乙醚、丙酮或二氧甲烷等有机溶剂以及稀碱与热水冷水等浸提出来的物质总称。木材抽提物大量存在于树脂道、树胶道、薄壁细胞中，主要有三类物质，即脂肪族化合物、萜和萜类化合物以及酚类化合物，主要有单宁、树脂、树胶、精油、色素、生物碱、脂肪、蜡、甾醇、糖、淀粉和硅化合物等。抽提物对涂饰过程与涂饰效果都会带来不良影响，使涂层色泽不理想，出现色斑、变色、黄变、干扰阻碍涂层固化，影响着色与涂膜的附着等。

针叶材所含树脂主要是松脂，其成分为松节油和树脂酸，松节油为液体，是植物油类的良好溶剂，树脂酸为固体（如松脂中的松香含有80%~90%的松脂酸），松脂这种黏稠物质就是溶于松节油的松脂酸，大多数针叶材（如红松、樟子松、云杉等）都含有松脂，尤其节疤处含量更多，常常不断渗出。当木材表面松脂没有除掉，直接涂饰油性漆时，涂层会被松脂中的松节油溶解而遭到破坏。含有松脂的木材表面也影响着色和涂膜的附着力。当涂饰含铅与锌的涂料时，木材中的树脂酸能与氧化锌作用，从而促使漆膜早日破坏。木材表面的油分和单宁含量高时，还会妨碍亚麻油的固化。有节子部位的漆膜经常先被破坏，浅色的色漆漆膜将变成没有光泽的黄斑，因此，涂饰前必须去除树脂。

木材涂装时，某些涂层变色现象，有时是因为木材含水率增高时，木材内部的抽提物向表面迁移，在表面析出的结果。有人研究美国红杉等木材中含有的水溶性抽提物，常常自然析溢到木材表面，从而使乳胶漆或水性底漆产生由红到褐的轻微变色。一般涂料溶剂都有可能渗入到木材的一定深度，而将某种抽提物溶解出来扩散到涂层中或涂饰界面处，抽提物中如有酚类成分，当受到紫外线照射时就会造成涂膜变色。

单宁是多元酚的衍生物，常含有某些简单的酚类和酚羧酸，单宁不仅影响木材材性，使材色较深，并具耐久性，同时也会影响涂料的固化。单宁易溶于水，遇铬、锰、铁、铅等金属盐类，能发生化学反应而变成带色的有机盐类，会干扰涂饰着色效果。

一些木材由于含有色素，造成木材表面颜色不均匀，这就需要在涂饰过程中进行脱色处理，重新另外着色。

消除抽提物对涂装的影响，可以说至今尚无更多更好的办法。一般在涂装前，可以先用聚氨酯封闭底漆封闭基材，然后再进行其他涂饰工序。对含树脂多的松木、柚木、花梨木等木材，需涂封闭底漆2～3次。对具体的抽提物可采用具体措施，例如对含树脂多的木材，可采用溶剂溶解或碱液洗涤方法，除掉树脂后再着色涂漆。

1.3.2.4　木材水分的影响

木材中的水分随外界环境温湿度的变化而不断移动变化，不仅影响材性与机械加工，是造成涂饰施工过程中各种缺陷以及漆膜耐久性的重要原因，所以，木制品涂饰必须对木材含水率及其影响给予充分认识。

木材在自然状态下均含有水分。木材中的水分，按其与木材的结合形式分为化学水（构成水）、吸附水和毛细管水。若按水分在木材中存在的位置，分为胞腔水与胞壁水。兼考虑结合形式与位置而分为化学水、自由水和吸着水（结合水）。水分含量用含水重与木材重之比的百分数表示，称为含水率。

化学水存在于木材化学成分之中，与木材呈化学结合，结合最紧，一般温度下的热处理无法去除。化学水只在木材化学加工时才起作用，且数量很少，一般不予考虑。

自由水存在于细胞腔和细胞间隙中，与木材呈物理机械的结合，湿木材在空气中首先蒸发的是自由水，干木材只有在和液态水接触时方可吸取自由水。木材中的自由水含量最多，一般为60%～250%。随着木材孔隙度的增大而增多，密度的增大而减小。也因不同树种或同一树种的不同部位而变化。自由水含量增减时，仅对木材质量、耐久性和导热性等有影响，一般不影响收缩膨胀等其他材性。

吸着水又称结合水，包括吸附水与微毛细管水。吸附水与木材呈物理化学的结合，在纤维之间形成多分子水层，其数量取决于木材内表面的大小和游离羟基的多少，平均为24%。微毛细管水以液体在毛细管里的表面张力而与木材呈物理机械的结合，以毛细管凝结的形式充填于细胞壁微毛细管系统中，其数量约6%。

吸着水数量不多，且树种之间变化也不大，对于不同树种一般为23%～33%，平均约为30%，但不易从木材中排除，只有当自由水蒸发完毕，且木材中水蒸气压大于周围空气水蒸气压时才可以从木材中蒸发。吸着水对木材性质的影响要比自由水大，例如木材的力学性质、干缩湿胀、导电、传声等，都随着吸着水的多少而变化。通常所说水分对木材材性的影响多指吸着水而言。

研究木材水分的影响，各种木材含水率的概念很重要。木材含水率有两种表示方法：即绝对含水率和相对含水率。木材所含水分的质量占绝干材质量的百分率称为绝对含水率 $W$，可按下式计算：

$$W = (G - G_0) / G_0 \times 100\ \%$$

式中：$W$——绝对含水率，%；

$G$——湿木材质量，g；

$G_0$——绝干木材质量，g。

木材所含水分的质量占湿木材质量的百分率称为相对含水率 $W_1$，可按下式计算：

$$W_1 = (G - G_0) / G \times 100\%$$

研究木材，进行技术交流，一般用绝对含水率。

湿材放置在空气中干燥，当自由水蒸发完，而吸着水尚未蒸发在饱和状态时称为木材纤维饱和点，此时的木材含水率称为纤维饱和点含水率。研究木材纤维饱和点具有重要的实际意义，木材的许多性质在这一含水率影响下开始发生变化。纤维饱和点以上，木材的许多性质几乎不变，而在此点以下，木材性质随含水率的增减而发生明显的变化。如上所述，不同树种一般介于23%～33%，通常以平均值30%来表示各树种木材的纤维饱和点含水率。其含水率高低随环境温度而变化，温度越高其值越低。

木材含水率在纤维饱和点以上，几乎不发生干缩，降到纤维饱和点以下时，开始干缩。含水率越低，干缩量越大，含水率为零时干缩达到最大值。含水率在纤维饱和点以上，木材也几乎不发生膨胀现象，但在纤维饱和点以下，则随含水率的增加而膨胀，增加的水分越多，膨胀量也越大，直到含水率增加到纤维饱和点膨胀达到最大限度。

生材（刚伐倒的木材）或湿材（长时间浸于水中的木材），放在空气中自然干燥时，木材中的水分不断地向空气中蒸发，直至木材中水分与空气相对湿度处于平衡状态，木材中水分蒸发基本停止，此时木材含水率称为气干含水率，此种含水状态的木材称为气干材。气干材所含水分主要是吸着水，含水率多少与树种关系不大，但随空气温度、湿度、地区、季节、贮放场地等而不同。因此，同一地区，冬季与夏季、雨季与旱季、室内与室外，气干材含水率都不一样；不同地区，气干材含水率更不相同。我国南方、沿海地区气干材含水率较高，一般为16%～18%；北方较低，为12%～14%；就全国平均而言，大约为15%。

将木材放置在可控制温湿度的干燥窑内进行人工干燥，经过此种干燥的木材称为窑干材，其含水率称为窑干材含水率。家具等木制品，一般都应进行人工干燥处理，窑干材含水率多少，应根据木材用途要求而定，一般为6%～12%，家具表面涂饰接触到的木材含水率就是这个范围。

木材放在（103±2）℃的温度下干燥，排出木材中全部水分（化学水除外），含水率理论上接近于零，这种木材称为绝干材。绝干才暴露于空气中，立即就会从周围空气中吸收水分，生产实践并无实际意义，此概念仅用于理论研究。

根据物质表面自由能学说，木材属于毛细管多孔有限膨胀胶体，具有极高的孔隙率和巨大的内表面，因此木材的表面现象特别显著，具有强烈的吸附性和毛细管凝结现象，统称为吸着性。而水的偶极矩大，蒸汽凝结力又高，当木材与空气中水蒸气接触时，木材—水蒸气界面上的表面现象就表现得非常显著。

当干木材放在潮湿的空气中，木材的纤丝表面就会从空气中吸附水分，同时微毛细管表面也吸附水蒸气，发生毛细管凝结现象，形成毛细管凝结水。木材这种从空气中吸附水分现象和毛细管凝结水分现象称为木材的吸湿性。

木材的吸湿性包括吸湿和解吸。当空气中水蒸气压力大于木材表面水蒸气压力时，木材从空气中吸着水蒸气，称吸湿；反之，当木材中水蒸气压力大于空气中水蒸气压力时，木材则向空气蒸发水分，称解吸。这就是日常生活中人们感受到的当空气潮湿时，较干的木材从空气中吸收水分；反之，较湿的木材会向较干燥的环境散发湿气。

木材毛细管多孔有限膨胀胶体吸水后不自动溶解和丧失其几何形状，而使尺寸和体积发生一定量的增大，称湿胀或膨胀。木材湿胀不仅增大尺寸，同时改变形状，强度降低，对木材的利用与木制品的使用都极其不利。

木材湿胀的大小用湿胀率表示，即绝干尺寸和在空气中润湿至纤维饱和点含水率时尺寸的差值（吸湿膨胀），或在水中润湿至尺寸达到稳定不变时的差值（吸水膨胀），与绝干尺寸之比的百分数。木材吸湿膨胀还可用含水率每增加1%的平均湿胀率，即湿胀系数来表示。

木材湿胀是不均匀的，具各向异性。其纵向湿胀极小，可以忽略不计；横向湿胀较大，横向中的弦向又比径向大，一般相差2倍。湿胀大小还随树种而异，一般密度大的膨胀多。木材吸收其他液体时，同样也发生膨胀。所吸取的液体介电常数越高，木材膨胀越大；非极性液体或极性很小的液体，则不引起木材膨胀或膨胀甚小。

与木材吸湿膨胀相反，当木材干燥失去水分时，其尺寸和体积将随着水分的散失而减小，称为干缩。木材干缩是木材加工利用上的一大问题，木材不仅因干缩而发生尺寸和体积的缩小变化，而且因干缩不均，会造成木材开裂、翘曲变形等缺陷；同时，木材干燥后的尺寸和体积并非一成不变，它随周围环境空气湿度的变化而继续发生变化。

同湿胀一样，木材干缩只发生在纤维饱和点以下，即自由水蒸发完毕，吸着水散失时才发生干缩。

木材干缩的大小用干缩率表示，即干燥前后尺寸之差与干燥后尺寸之比的百分数。也常用含水率每减少1%的平均干缩率，即干缩系数来表示。

由于木材各向异性，锯切木材纹理方向不同，各方向的干缩量也不同。纵向干缩很小，横向干缩很大，横向中的弦向要比径向大。一般木材全干干缩率（从纤维饱和点到绝干状态的干缩率），纵向干缩为0.1%～0.3%，径向干缩为3%～6%，弦向干缩为6%～12%，体积干缩为9%～14%。

总之，木材的膨胀与收缩是因其含水量的增减而引起的木材尺寸变化，主要原因是结合水的增减而扩张或收缩胞壁内的微隙而发生的变化。木材干缩湿胀的一般规律是：阔叶材 > 针叶材；边材 > 心材；弦向 > 径向 > 纵向，比例为10∶5∶(1～0.5)；密度大的木材 > 密度小的木材。

根据木材吸湿性原理，吸湿与解吸可能造成木材的膨胀收缩。但是，当木材不断散失或吸收水分，直到所含水蒸气压力与四周大气蒸汽压力相等时，湿度便达到相对平衡，吸湿与解吸基本稳定，处于动态平衡状态，此平衡状态下的木材含水率称为平衡含水率，上述气干材含水率就是木材与大气的相对湿度平衡时的含水率。

由于木材的吸湿性主要受周围空气环境的温湿度影响，因此木材在制成木制品前必须干燥到与制品使用所在地区空气温湿度相适应的木材平衡含水率。木材的平衡含水率依据周围空气状态而不同，随空气相对湿度升高而增大，随空气温度升高而降低。涂料应涂在处于平衡状态的木材表面上，以免受外界影响，造成基材变形与漆膜不良变化。

木材干燥应对产品的使用环境条件有所了解，如地理位置条件、室内与室外、室内采暖条件等，各省市以及世界各地木材平衡含水率都不相同，被涂饰木材的含水率最好能比使用环境的木材平衡含水率低 2% ~3%，尤其生产出口产品，更需明确并加以控制木材含水率。

图 1-1 表示适应环境温湿度的木材平衡含水率，由图可以查到，在某种特定环境下适宜的木制品含水率，或进行人工强制干燥涂层时所需的温湿度条件。例如，在温度为 30 ℃、相对湿度为 50% 的环境下，所用木制品的平衡含水率为 9%，故木材需预先干燥到含水率为 9%。当涂饰在含水率为 8% 的木材上漆膜，拟以 50 ℃加热干燥时，其干燥室内相对湿度需保持在 50%，否则，将破坏木材的平衡状态，可能发生木材变形及涂膜龟裂。

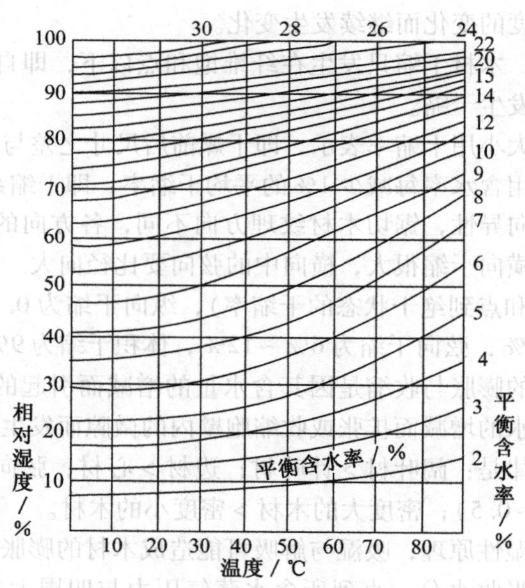


图 1-1　木材平衡含水率

除涂饰的木制品要考虑使用地区的温湿度条件外，还应考虑到木制品的用途与具体使用环境，例如家具、门、窗、地板及运动器材等，室内还是室外使用，室内具体条件如何，确定含水率应兼顾具体条件，才能保证维持木材含水率平衡状态。

1.3.2.5　水分对涂饰的影响

刚砍伐的木材含有大量的水分，当用于家具及其他木制品生产之前，必须进行自然干燥或人工干燥使其达到规定的含水率要求，如果木材含水率没有达到要求，就会给涂饰施工和制品涂饰漆膜效果等带来一系列的不良影响，主要表现在以下几方面：

（1）引起涂层白化。在高温高湿或低温高湿天气施工时，挥发型漆的涂层会因水蒸气凝结于涂层之上混入涂膜中而使涂层发白，即涂层白化。当木材干燥没有达到规定的含水率要求，木材中的水分就会进入涂层出现涂层白化现象，涂膜不鲜明，影响透明度。

（2）涂层易产生气泡针孔。某些涂料对水十分敏感，尤其聚氨酯漆，非常容易与水分发生化学反应产生气体自涂层内逸出形成气泡，气泡破裂或砂纸磨破便是针孔，将会造成严重的涂装缺陷。

（3）影响涂层顺利干燥。含水率过高，会导致涂层与木材接触的界面处处于高湿状态，从而影响溶剂挥发和树脂交联固化反应的正常进行，涂层不能顺利固化，造成漆膜干燥不完全、失光，理化性能也随之降低。

（4）影响色泽的鲜明。木材含水率过高或过低将影响基材的着色，当含水率发生变化时，木材可能产生收缩变色，导致涂层色泽不鲜明。

（5）造成局部缺漆。当木材表面局部过湿，可能影响涂层的润湿附着，导致局部缺漆无膜现象。

（6）影响涂膜的附着力。木材含水率过高，其内部水分终究要向外蒸发，经过一段时间就会造成漆膜龟裂、隆起剥离、附着不好。

（7）造成菌类寄生。由于木材含水率过高可能造成腐朽菌、软腐朽菌、霉菌以及变色菌的滋生，导致木材腐朽变质，甚至木制品损坏。

（8）造成木制品翘曲变形。涂过漆的木制品会随外界环境空气温湿度变化，有少量水分移动进出，造成制品因膨胀收缩而翘曲变形，导致涂膜与木制品损坏。

总之，木材水分过多，对表面涂装会造成严重的不利影响，因此，涂饰前的木制品必须有适于涂饰要求的含水率。

### 1.3.3 涂饰技术与涂饰

涂饰技术包括涂饰工艺的确定、各工序施工技术、工具和设备的性能、选择与应用，以及对基材质量的把握，是一项综合性技术因素。

涂饰工艺是涂饰的具体操作过程，由一系列工序组成。根据产品涂饰要求不同，工艺过程有繁有简，针对要涂饰的具体产品，应制定详细的工艺规程。在满足产品质量要求的前提下，做到各工序所用材料、工具、设备、操作方法以及工艺条件确定科学合理，经济实用。一般涂饰工艺过程分为表面处理、涂饰涂料和漆膜修整三个阶段，各阶段都有明确的目的与要求，包括一些具体的工艺规程要求。

木材表面处理也称表面准备，其意义在于涂饰涂料之前应使木材表面达到涂饰要求，即平整、光滑、洁净，无任何基材缺陷。广义地讲，表面准备还包括对经机械加工所形成的白坯质量控制的认识。任何白坯产品表面不经很好处理就涂漆，都是错误的。

要涂饰制品的白坯质量，直接关系到涂饰后的最终漆膜质量。白茬质量即木材机械加工完成的表面质量，过去我们对这个问题有一定的认识，但不够深刻，这在生产出口产品的企业体会最深。传统观念下的白坯质量远远达不到高品质产品涂饰的要求，色差问题、砂光精度问题、砂带目数问题、基材缺陷问题、工艺缺陷问题等，所有这些都需要重新审视，认真研究，科学对待。

木材表面处理一般包括表面清净、腻平与砂光、去木毛等工序。针对具体树种木材和白坯表面情况，有时需要去除树脂、漂白以及局部或全部进行基材修色。对基材表面应仔细砂光使其平整光滑，无任何缺陷。

表面准备好后才能进行涂饰涂料，包括涂饰填孔剂、着色剂、底漆和面漆，形成具有保护和装饰性能的漆膜。就涂饰外观效果来讲，颜色显现、面漆涂层质量显得非常重要，但不要忽视其他工序的重要性，涂饰工作的重点从第一道工序就开始了，没有良好的底漆漆膜作保证，就不可能达到最终漆膜要求的质量。

漆膜修整包括打磨和抛光。原光涂饰不需要抛光，只有当采用抛光涂饰方法时，才需要在干透的面漆漆膜表面进行抛光处理，使漆膜表面更加平整光滑，并抛出较高的柔和光泽，从而提高装饰质量。打磨是伴随整个涂饰工艺过程的，每进行一遍涂饰，包括嵌补、填孔、去木毛，都应进行仔细打磨，并按工序进程调整砂纸粒度，满足不同涂层砂光质量要求。

除上述的三个阶段外，涂饰工艺过程还包括每个涂层涂完都必须进行的涂层干燥，没有适宜的干燥过程，涂饰将无法进行，就不可能获得预期的涂饰质量。

由于具体产品的不同，基材结构、材种、材质的差异，以及选用的涂料品种、涂饰方法与工具设备的不同，尤其是产品质量高低的差别，家具及其木制品涂饰工艺过程变化很大，多种多样。评价涂饰工艺过程是否先进合理，其原则仍是依据涂饰质量、效率和消耗，即在保证高质量的前提下，简化工艺，缩短施工周期，提高效率，降低材料与工时消耗，从而降低生产成本，提高经济效益。

涂饰技术是一个实际操作方法，方法有多种多样，涂饰目的是最主要的。涂饰方法以及涂饰所用工具和设备是实施涂饰技术的具体手段。涂饰方法基本上可分为手工涂饰与机械涂饰两大类。手工涂饰具体有刷涂、刮涂和擦涂；机械涂饰包括空气喷涂、高压无气喷涂、静电喷涂、淋涂、辊涂、浸涂和抽涂等。从目前家具表面涂饰来看，空气喷涂、静电喷涂、淋涂等方法应用比较普遍。

涂饰方法选择与应用对稳定涂饰质量、提高涂饰效率关系重大。涂饰工艺设计人员应对各种涂饰方法的原理、特点、所用工具与设备的结构、工艺条件，以及选用方法对被涂饰产品和涂饰材料的适应性等知识有全面了解和掌握，才能做到运用自如，优化选择。在实践中努力探索新工艺，结合产品与涂料设计机械化、自动化涂饰工艺，达到优质、高效、低消耗。

### 1.3.4 涂饰环境与涂饰

涂饰环境主要表现在两方面，一是涂饰作业环境对涂饰质量的影响，二是涂饰作业对公共大气环境质量的影响。涂饰作业环境是指涂饰车间内部环境，分为涂饰区、干燥区、打磨区和公用区，涂饰作业环境对涂饰质量、涂饰效果和涂饰效率均有影响，尤其对形成优质漆膜过程关系最大，涂饰作业要求车间内部有良好的涂饰环境条件。良好的环境条件包括光线充足、照度均匀、温湿度适宜、空气清洁、通风良好、换气适当，同时要求防火、防爆与防毒。车间内部通风换气非常重要，不能及时排除车间内各区域粉尘以及含有溶剂的空气，补送新鲜空气，保证车间内部环境质量，对操作员工的身体健康和涂饰质量都非常不利。

#### 1.3.4.1 采光与照明

涂饰场地应有良好的采光，保证工作区适当的照度，为增加辨色能力，应尽可能自然采光。采光可靠墙窗或天窗引入自然光线，但应避免光线直接照射涂层，为保证车间明亮度均匀采光性良好，车间设计应尽量选用大窗户，使窗户面积达到车间面积 1/5 以上。

按工业企业采光设计标准，油漆车间采光等级为四级，室内自然光照度不应低于 50 lx。对于精密涂饰要求大于 300 lx，一般涂饰大于 100 lx，普通涂饰大于 50 lx。不能获得良好自然采光或局部照明亮度要求高或需要组织两班、三班生产，应采用人工照明，设计人工照明必须保证整个工作空间照明亮度均匀，达到要求的采光等级。涂膜质量检验、涂饰、配色、修色等精密作业区，应设计局部照明，为识别颜色应选用天然日光色或天然白色的日光灯。车间照明照度不够或光源设计不合理，会造成涂层色差、不均、漏涂、流挂和看不清打磨效果等缺陷。

#### 1.3.4.2 环境温、湿度

大多数漆种都适合在常温（20～25 ℃）条件下涂饰，温度过高或过低都有可能造成涂饰缺陷。温度过低涂层干燥减慢，影响施工进度；温度低涂料黏度增大，湿涂层流平性不好，影响成膜质量；气温低于 5 ℃，有些涂料则难以固化成膜。温度过高，涂层表干时间短，喷涂施工时溶剂挥发过快，影响涂层的流平性。基材表面温度低于环境温度容易结露，一般应高出 1 ~ 2℃。

涂饰适宜的空气相对湿度为 45% ~ 65%。空气潮湿除对大漆固化有利外，对其他大多数涂料固化都不利，尤其涂饰硝基漆、聚氨酯漆等，当空气相对湿度超过 70% 时，涂层经常会出现许多缺陷，不仅干燥缓慢，而且容易白化、失光。

适宜的温湿度条件是室温 20 ~ 25 ℃，相对湿度不超过 70%，尽量避免在低温高湿条件下施工。

#### 1.3.4.3 空气清洁

无论是哪一个作业区，环境空气都应保持清洁，空气质量好坏是影响漆膜外观质量的最关键因素。灰尘落在湿涂层表面被黏附产生颗粒，造成漆膜粗糙，这对原光装饰漆膜表面质量极为不利。不洁净的空气不仅有粗大的灰尘颗粒，还含有各种有机物质，如附着在漆膜上，不仅影响漆膜外观质量，对漆膜性能与耐久性也有影响，更加危害工人的身体健康。

涂饰作业区环境质量必须加以控制，一是尽量减少灰尘数量，二是过滤进入涂饰区的空气，使灰尘颗粒直径限制在 10 μm 以下。尤其是干燥区环境空气质量更要严加控制。

工厂设计应把涂饰车间和机械加工车间分开，涂饰车间内部根据涂饰工艺过程要求划分区段，对产生粉尘量大的工序，如涂层砂光等进行隔离，对空气质量要求比较高的工序，如面漆干燥区进行封闭，保证空气清洁。

#### 1.3.4.4 通风与换气

涂饰车间应设计安装通风换气装置，及时排除不洁净的空气，补送新鲜空气，这是涂层干燥的需要，同时也是卫生安全的要求与保证。

涂饰过程中，一些工序会产生大量粉尘或漆雾，湿涂层干燥会不断向外蒸发溶剂蒸气或水蒸气，这些粉尘、漆雾和蒸气不及时排除，就会影响涂饰质量，减缓涂层干燥速度，造成安全隐患。

油性漆固化时需从空气中吸收氧气，发生氧化聚合反应才能干结成膜，必须排出已向涂层供应过氧气的空气，补进新鲜空气，涂层才能干燥。排风时带走了大量热量，涂层在干燥过程中，大部分要从空气中吸收热量，溶剂和水分的蒸发也要从空气中吸热，所以补送新鲜空气的同时还应补充热量，如此循环，涂饰才能顺利正常进行。

为防止产生涂饰缺陷，通风量不易过大，一般涂饰车间换气次数为6～10次/h，风速为0.2～0.3 m/s，否则会影响涂饰质量，增大涂料损耗。具体换气次数与风速应针对不同涂饰方法与涂料经试验确定。

公共大气环境是指室外大气环境。我国每年由涂饰散发到大气中的VOC（挥发性有机物）估计总量可达数百万吨，进入大气中的碳氢化合物类溶剂和氮氧化合物共同形成光化学氧化剂与光化学烟雾，对人类的健康会产生恶劣影响。随着国际性对环境保护要求呼声的日益高涨，发达国家已经开始研究开发有利于环境保护，减少VOC排放量的新型涂料。考虑现实的涂料与涂饰技术，我们应尽可能使用高固体分涂料、光固化涂料、水性涂料、粉末涂料等，以减少对大气环境质量的影响。

### 1.3.5 涂饰管理与涂饰

家具表面涂饰要做好，加强涂饰管理工作，建立健全的涂饰管理制度是必不可少的。选用了优质的涂料、掌握了涂料性能、选择了涂饰方法与设备、制定了先进合理的工艺规程后，若不加强管理、精心操作，也绝不会获得良好的涂饰效果，做好涂饰也就无从谈起了。

管理工作包括人员管理、物资管理和财务管理，对于涂饰来讲，重要的是人和物的管理。建立行之有效的管理制度，加强涂饰过程控制，实行跟踪检查，培训一支训练有素的技术工人队伍是做好涂饰的根本手段。

涂饰作业缺少熟练技术工人是影响涂饰质量的一个原因。家具业和其他行业一样，经过20年的快速发展之后，熟练技工，包括熟练工短缺问题十分突出。熟练工是工业化生产的主体，没有一支专业技术过硬的工人队伍，就体现不出工业化生产带来的产品质量新观念。解决这一问题的出路是加强科学管理与员工培训，改善作业环境，尽最大努力实现涂饰机械化与自动化，积极探索现代企业管理新思路。

安全施工与管理是涂饰管理工作的突出特点。涂饰材料多为易燃、易爆、有毒物质，极易造成环境污染，发生火灾。出现这种现象多数是由于车间设计不合理、设备设用与操作方法不当以及人为因素造成，所以，应针对实际情况，加强操作者与工作人员的安全意识教育，采取有效措施防止发生事故。

管理工作的另一个重点是，如何在保证产品质量的前提下提高生产效率，降低生产成本。一切工作的落脚点都在经济效益上，要处理好质量与效益和技术与经济的关系，即涂饰设计需符合经济原则。涂饰设计成本包括材料费用、工时费用、能源与动力消耗费用、设备折旧与修理费用、管理费用等。

## 1.4 家具表面涂饰历史与发展趋势

家具表面涂饰具有保护与装饰制品的双重作用，是木制品表面装饰的重要技术，使用时间最长、历史最悠久。涂料装饰不论在过去、现在或将来，都是一种用途非常广泛的表面装饰处理手段与方法。

### 1.4.1 涂饰历史

我国木制品表面涂饰历史悠久，早在7 000多年前就开始使用大漆涂饰木制品。1978 年在浙江省余姚县河姆渡村发掘出的朱漆木碗，就距今有7 000年。1950 年中国科学院考古研究所对河南安阳殷墟武官村大墓考古中发现，在很多“雕花木器印痕”中有生漆的残迹，这些都是很好的客观证明。此外，在古籍中也有许多关于涂饰原料与技术的记载，如《禹贡》中有“兖州厥贡漆丝，豫州厥贡漆臬”；《周礼夏官》中有“方氏办九州之国使同贯利，河南曰豫州，其利林漆丝臬”；在《山海经》中多次提到“生漆”；《书经》《韩非子》《周礼》等都有关于揉漆的记述，这些都充分表明我国特产“大漆”并在很早就得到了利用，同时也表明木制品表面涂饰技术历史悠久。

我国是世界上最早发明和使用涂料的国家，在很长的历史时期中，生漆涂料生产技术和广泛应用一直处于世界领先地位。从我们祖先留下的文物古迹、洞穴古墓、宫殿庙宇、佛像雕塑、壁画涂饰、手工艺品等各方面，都可以明显看到当时已经具备了很高技术水平，掌握了精湛的技艺。

如同生漆，桐油也是我国的特产。桐油的利用也有几千年的历史，通过桐油和对矿物颜料的加工利用，生产出各种色漆。长沙马王堆等西汉古墓出土文物中的棺椁和几百件漆器，都已有红、褐、金黄等颜色的彩绘和纹饰；河北藁城县台西出土的商代遗址中的薄板胎漆器，漆色乌黑发亮，色彩绚丽鲜明，朱地花纹精巧，还镶嵌有各种形状的嫩绿松石；古代丝绸之路上的敦煌壁画，都说明了几千年前我国在晒漆、兑色、髹漆、镶嵌、彩画以及漆器制造上的高水平。直到现在，我国的生漆、桐油及漆器等和我国的丝绸一样，都是闻名世界的精美产品。

在过去几千年的涂饰技术发展过程中，所用涂料主要是天然大漆、桐油、虫胶漆以及天然颜料等物质。这在涂料的发展史上被称为“天然成膜物质时期”。这个时期的漆虽有许多优异的物理化学性能，但远不能满足生产发展的需要。随着生产力水平的提高，科学技术的不断进步，到 19 世纪下半叶，由于有机高分子聚合物化学工业和合成染料化学工业的发展，便出现了人造树脂、合成树脂、合成染料及人造颜料，这就为涂料生产开辟了广阔的材料来源。从此便可利用多种合成树脂、有机溶剂、化学颜料及合成染料来制造涂料，涂料品种和数量得到了迅速发展，涂料的物理化学性能和质量不断完善与提高，将涂料的发展推进到了一个崭新的“合成成膜物质时期”。例如在19世纪末20世纪初，国外先后出现了人造树脂漆，如硝基漆；20世纪20年代，又出现了合成树脂漆。现在这些漆广泛应用于各种基材的表面涂饰中。

### 1.4.2 家具表面涂饰用涂料的发展趋势

我国早年木制品所用油漆（涂料）主要是虫胶漆和硝基清漆，当时，清漆使用量最大。20世纪30年代，随着世界性木材需求量的增加，优质木材供给开始不足，使用胶合板与贴面胶合板的框架式结构家具开始在市场上出现。与实木不同的是胶合板涂饰清漆后，向表板存在的裂隙中渗透，由于裸露在木材表面上的导管等的影响，涂膜在短时间内即产生开裂，解决这一问题颇费周折。就在此时，不饱和聚酯树脂漆问世。这种涂料一次涂布可获得比早期清漆高数十倍的涂膜厚度，与以往清漆相比固化速度快、漆膜硬度高，并且防湿效果好、耐久性提高，涂饰工艺周期大为缩短，解决了涂料向胶合板表面内渗透和涂膜开裂的问题。特别是那段时期流行高光泽度的亮光装饰，采用早期清漆涂饰，操作比较繁重，工期长，如采用不饱和聚酯漆则很容易实现。例如钢琴的涂装，由以往清漆涂饰改为不饱和聚酯漆涂饰后，使钢琴的产量大幅度提高。

不饱和聚酯漆一般为多组分、化学反应固化、高黏度的涂料，与使用方便的早期清漆相比，对已经习惯了的操作技术产生了诸多不便。后期，随着新型涂料在木材涂饰上的应用，新的配套涂饰技术也相继产生，使其获得了快速发展。20世纪80年代，用不饱和聚酯漆涂装以胶合板为基材的保丽板曾一度广为流行。

就在不饱和聚酯漆出现前后，酸固化氨基醇酸树脂涂料问世，20世纪60年代以后对这种涂料的需求量急速增加。这种涂料漆膜具有硬度高、光泽性好、易于涂饰、固化速度快、强制干燥的效果最好，并且成本低等优良特性，但气味较大。

随着20世纪30年代石油化工业的飞速发展，新的涂料大量涌现出来。与以往的涂料相比，性能优良、易于涂饰，涂饰效果明显提高。当时的新涂料有20世纪50年代初期出现的腰果漆、酸固化氨基醇酸树脂涂料、丙烯酸漆，50 年代末期问世的聚氨酯漆。

20 世纪 50 年代后期，醇酸漆的使用量迅速增加，并逐渐占据了主导地位。随着木制品加工业的发展，人们对家具质量的要求也越来越高，木制品生产数量的增加以及生产规模的扩大，原来的涂料与涂饰技术已不能满足大批量生产的要求，为了适应大批量生产系统对涂料和涂饰技术的需求，开发了高固体分涂料。20 世纪 60 年代末期，紫外光固化涂料在木材表面涂饰上得到应用。

20 世纪 60 年代中期研究开发出了快干型聚氨酯树脂涂料，这是木材涂饰用涂料的革命性变化。由于这种涂料的出现，原先胶合板用清漆涂饰时，频繁发生的漆膜开裂缺陷问题也得以彻底解决。特别是木材填孔剂性能优良，各种物理化学性能好，配套性强。聚氨酯涂料由于具有优良的涂膜性能，成为家具以及家用电器快速发展的促进剂。在我国，20 世纪 80 年代后期到 90 年代中期，用刨花板、中密度纤维板制作家具获得了高速发展，被称为“聚酯家具”时代，其原因之一就是使用了聚氨酯涂料。

涂饰的目的之一是提高被涂饰制品的观感效果。优质木材多数颜色较深，即不进行着色处理或稍加修整就能够满足消费者的视觉需求；但是，由于珍贵木材和优质木材的供应不足，材色差的树种以及色差较大和污染材使用量的增加，对这类木材进行着色处理，提高其附加值的要求越来越突出，这就促进了新型着色剂的开发与着色技术的发展。

着色剂主要是指在透明涂饰过程中为木材或涂层进行着色使用的材料。过去国内成品品种很少，现如今已是琳琅满目、品种繁多，主要以填孔与着色兼备的木材封闭底漆以及油性着色剂与色浆修色剂为主流。各种颜色的透明色漆成品相继投放市场，已是现代木材表面涂饰不可或缺的一类涂料品种。

20 世纪 30 年代，随着印刷胶合板的兴起，在无立体感的纸上采用三色套印，得到了与木材纹理相接近的花纹与颜色。这种趋势直接影响了木材涂饰的着色技术的发展，促使涂料生产厂家和涂饰工程师研究具有立体感的着色剂与着色技术。现在的着色剂种类增多、使用方法简单，无论何种着色设计都能很容易地实现。

在当时，擦涂着色剂已出现，但品质较差，需求量也少。而现在，材质低下的基材经表面处理、着色后，外观效果大大提高，提高了制品的附加值，扩大了使用范围。

影响 21 世纪涂料与涂饰的是控制 VOC（挥发性有机物）的挥发量。随着国际性对环境、安全要求的呼声日益高涨，发达国家已经开始开发有利于环境保护、减少 VOC 排放量的新型涂料。涂料中的 VOC 有机溶剂是为了调节涂料的黏度，使其便于涂饰、能够形成连续完整漆膜而添加的，是涂饰作业必要的；然而在涂饰、干燥固化后就几乎全部散发到空气之中。仅日本每年由涂饰散发到大气中的 VOC 总量就达 100 万 t，进入空气中的碳氢化合物类溶剂和氮氧化物共同形成光化学氧化剂与光化学烟雾，对人类的健康产生恶劣影响。

为提高木制品的商品价值，以往的涂料由于受到环境保护法规的制约，必将迎来仅靠以往的经验所无法解决的变革时代。改变以往涂料，就必须相应地改变涂饰生产线与涂饰技术，这并非是一件易事。在符合 VOC 法规要求的前提下，考虑现实可能使用的涂料有：高固体分涂料（日本与美国要求不挥发分的目标值在 60% ~ 70% 以上）、紫外光固化型涂料、水性涂料、粉末涂料、粘贴涂料等。

涂料改良的目标是针对有关环境保护法规而进行的，因此必须同时考虑开发适用于自动化作业的涂料。即要求涂料：对将涂料通过管道输送到涂饰机的管道系统的适应性好；对大生产线的适应性好；对各种自动涂饰机的适应性好；对各种干燥固化装置的适应性好等。如果不具备这四种以上的适应性，涂料是不能用于自动化涂饰的。

### 1.4.3 家具表面涂饰技术的发展与未来

技术为经济服务，为了提高生产效率，涂饰工艺迫切要求涂料快速干燥。木制品生产线最初是采用人工强制干燥方法缩短涂料干燥时间，加快涂料干燥的。涂饰制品在进行强制干燥时，由于干燥温度和工艺的原因，容易产生涂膜鼓泡、制品变形等缺陷，因此必须采取相应的预防措施，控制干燥工艺曲线，最高温度一般采用 50 ~ 60 ℃，而且干燥时间也要尽可能缩短。

最初对清漆开始采用强制干燥只是对涂饰工艺的改良，而对木制品生产厂家加快漆膜干燥速度的要求，并没有从涂料自身进行改进。早期为改善清漆的漆膜性能，配合使用了古巴树脂或马来酸改性松香树脂，这种混合树脂很难达到完全干燥。在改用干燥性能好的醇酸树脂涂料后，由于增塑剂的用量减少，使得清漆的强制干燥才得以成功。

提高产品质量，降低生产成本，无论何时都是非常重要的课题。由手工涂饰发展为以喷涂为主体的涂饰方法极大地提高了涂饰生产效率，同时，为提高涂饰效率，开发了多种涂饰机械，静电喷涂机就是其中的一种，它最初用于氨基醇酸树脂涂料的涂饰。

由于静电喷涂技术的出现，不仅与漆流直接相对的表面，就连被涂饰部件的侧面与背面也能被涂饰，因此节省了涂料用量，提高了涂饰效率，改善了涂饰作业环境，具有传统涂饰所不具备的诸多优点。这些优点在圆棒状木制品构件的涂饰上得以充分发挥，如桌子腿、椅子、柜脚等的涂饰多采用静电喷涂。目前，椅子等类的圆形部件与长体件的涂饰仍在利用这种涂饰方法。

现在家具及木制品的涂饰多采用亚光装饰，然而在20世纪30年代后期，则广泛流行高光泽度的亮光装饰，它需要对漆膜进行抛光处理。若采用不饱和聚酯树脂涂料可以缩短涂饰时间，但是漆膜硬度大，抛光困难；因此，底漆涂饰不饱和聚酯树脂涂料，获得漆膜厚度，经砂光除去涂膜表面附着的蜡以后，再在其表面涂饰其他清漆，最后进行抛光处理。为了减少涂饰工序，并也能达到最佳的涂饰效果，开发了多种涂料组合的涂饰技术。现在最一般的多种涂料组合涂饰工艺，充分地发挥了不同种类涂料各自的特点。

随着涂饰业的发展，涂饰机械的开发速度也比较快。基于提高涂饰作业效率、节省涂料、提高涂饰质量等的要求，开发了高压无气喷涂、双组分喷枪以及适合于胶合板涂饰和部件涂饰的淋涂机与辊涂机。

世界经济的高速发展，要求加速涂饰自动化、装置系统化，对往复式涂饰机、机械手的需求也在增加，这一类涂饰机得到了日新月异的发展进步。现在日本是机械手生产量最大的国家，同时也是机械手使用最多的国家之一。

20世纪80年代以后，我国家具制造业的高速发展，特别是实木家具制造业的兴盛，极大地促进了我国涂饰机械的发展。机械涂饰正在取代传统手工涂饰。

随着市场竞争日益激烈，木材加工企业对木质材料的涂饰技术提出了更高的要求，如彻底削减涂饰成本、使用低质材进行高级涂装、将制品分档次化、压缩涂饰间歇时间、彻底消除涂饰缺陷等。企业为提高自身竞争力，必须充分利用现代涂饰技术创造出富有感染力、让消费者产生购买欲望的高技术涂饰木制品。

根据涂料的发展趋势，涂饰技术要解决的问题是：

（1）高固体分涂料。首先需要开发能够涂饰高黏度涂料的涂饰设备，解决制约涂饰抛光的涂饰技术。

（2）木器用粉末涂料。需要进行为缓和由于涂料高温熔融对被涂饰基材产生不良影响的前处理。此种涂料也受抛光种类的制约。

（3）水性涂料。首先应考虑由于水的作用使被涂饰基材产生润胀、变形、起毛等问题。被涂饰基材表面若发生变形，将会产生各种精密的自动机械不能使用的危险。并且，使用蒸发迟缓的水性涂料要有防止涂膜干燥迟缓的对策，对使用溶剂型涂料能够完成涂饰表面抛光的技术，由于水的表面张力大，有必要从头开始采取措施。

考虑解决这些新的涂饰问题，与以往新涂料出现后涂饰技术的变革相比，是一场始料不及的革命。理所当然，与其相对应的涂饰机械、涂饰生产线也要随之变革。这些都需要了解和掌握有关木材、涂料的基础知识。

涂饰自动化也是不能缺少的技术条件。过去由于往复式涂饰装置的静电喷涂机、自动喷涂机、自动填孔机、辊涂机、淋涂机、真空涂饰机的出现，使涂饰作业由手工作业向机械作业过渡。虽然不够完善，但它是涂饰自动化的第一步。今后的发展方向是涂饰生产线向无人化，能够使用由形状识别传感器与计算机控制的系统发展。

发展最慢的是自动漆膜砂光机，其原因是需要极高的精度、被涂饰木材的尺寸变化的不均一性、被涂饰基材的形状复杂等。砂光机的改进非常需要从木材角度出发考虑解决。另外，被涂饰物的自动输送系统的改进也是涂饰自动化的关键。

对于21世纪的涂饰技术，必须更加注重涂饰的前处理，其原因是为了解决上述诸类问题，即被涂饰基材材质的低劣化、尚未被开发利用的木材的使用、原木利用率的提高、涂饰的高档化、涂饰自动化、新型涂料的应用，这些都需要以往所没有的前处理技术。有望实现的前处理有：壳聚糖（又名聚氨基葡萄糖）处理、聚乙二醇（PEG）处理、表面木塑复合材（WPC）处理、等离子体处理、表面塑料化处理等。

**复习思考题**

1. 何谓涂饰？涂饰的目的有哪些？

2. 常用的涂饰分类方法有哪些？何谓透明涂饰、半透明涂饰、不透明涂饰？何谓亮光装饰、亚光装饰？何谓填孔涂饰、显孔涂饰、半显孔涂饰？何谓底着色涂饰、中着色涂饰、面着色涂饰？何谓原光装饰、抛光装饰？

3. 阐述涂饰材料对涂饰质量的影响。

4. 试述掌握木材特性对做好涂饰的重要性。

5. 试述水分对涂饰质量的影响。

6. 简述涂饰技术与涂饰环境对涂饰质量的影响以及加强涂饰管理的重要性。

7. 简述涂料与涂饰技术的发展趋势。

# 2 涂料基础知识

要想做好涂饰首先要掌握各种涂料的组成和性能。每种涂料均系依据化工理论设计制造的，故不得仅凭经验与感觉使用，只有先掌握了一定的理论知识，才能优选涂料，设计先进合理的工艺，并能控制与保证涂饰质量，发挥涂料应用的预期效果。

## 2.1 涂料组成

涂料旧称油漆，是指一些黏稠液体（或粉末状材料），将其涂于物体表面经过干燥能形成固体漆膜，对物体起保护与装饰作用。

绝大多数液体涂料是由固体分与挥发分两部分组成。当将液体涂料涂于制品表面形成薄涂层时，其中的一部分将变成蒸气挥发到空气中去，这部分就称作挥发分，其成分即是溶剂；其余不挥发的部分将留在表面干结成膜，这一部分就称作固体分，即能转变成固体漆膜的部分。它一般包括成膜物质、着色材料与辅助材料（助剂）三个成分。现就组成液体涂料的四个成分所用原料及其性质、作用分述如下。

### 2.1.1 成膜物质

成膜物质是一些涂于物体表面能干结成膜的材料，是含有特殊功能团的树脂或油类。其经过溶解或粉碎，当涂覆到物体表面时，经过物理或化学变化，能形成一层致密的连续的固体薄膜。当涂料固化后，已转变成固体漆膜的成膜物质一般都是高分子化合物（高聚物），但当它未干固前，可能是高分子物质，也可以是一些相对分子量并不太大，具有进一步反应能力的化学物质，在成膜过程中通过化学反应最终形成干固的高分子化合物（高聚物）漆膜。

涂料工业制漆时，用做成膜物质的主要材料有两类，即早年主要使用的油脂（包括植物油和动物脂肪）和近代主要使用的各种树脂。成膜物质既可单独成膜，也可以黏结颜料等着色材料共同成膜，因此也叫固着剂、黏结剂。成膜物质是涂料中最主要的成分，主要决定着漆膜的各种物理化学性能，诸如强度、硬度、耐磨、耐水、耐热、耐化学药品以及光泽、平滑性等等，是涂料的基础物质，因此也称为基料、漆料、漆基等。没有成膜物质就不可能形成牢固地附着在物面上的漆膜。

2.1.1.1 油 脂

油脂源于自然界的植物种子和动物脂肪，是由不同种类脂肪酸与甘油生成的甘油三脂肪酸脂（简称甘油三酸酯）。其反应式如下：

$$
\begin{array}{llcll}
CH_2OH & HOOCR_1 & & CH_2—OOCR_1 & \\
| & & & | & \\
CHOH & +\ HOOCR_2 & \longrightarrow & CH—OOCR_2 & +\ 3H_2O \\
| & & & | & \\
CH_2OH & HOOCR_3 & & CH_2—OOCR_3 & \\
\text{甘油} & \text{脂肪酸} & & \text{甘油三酸酯} & \text{水}
\end{array}
$$

从油脂分子结构中可以看出，脂肪酸基（RCOO—）是其主要组成部分，它决定油脂的性能。油脂中所含脂肪酸种类不同、化学结构不同、油脂性质也不一样。油脂中的脂肪酸可以分为饱和与不饱和两类。前者分子结构中碳原子均已饱和无双键存在，如硬脂酸（$C_{17}H_{35}COOH$），后者分子结构中含有双键（—CH ═CH—），如亚麻酸（$C_{17}H_{29}COOH$）。

不饱和脂肪酸的双键，易与其他元素（如氧、碘等）发生化学反应。当不饱和脂肪酸与氧相互作用时，在双键附近吸收氧，发生氧化聚合反应，氧把两个不饱和脂肪酸分子连接起来，使其相对分子质量增加；如果不饱和脂肪酸中含较多的双键，不仅能连接两个分子，而且能连接更多分子，使小分子变成大分子。

简单地说（实际过程很复杂），含有不饱和脂肪酸的植物油（如桐油、亚麻油等），当涂成薄涂层时，接触空气，吸收氧气，发生一系列复杂的氧化聚合反应，使油分子逐步互相牵连结合，分子不断增大，逐渐由低分子转变成聚合度不等的高分子，由液体状态转变成固体薄膜。这就是植物油能固化成膜的机理，也可以理解为凡含植物油的油性漆以及油改性树脂（如部分醇酸树脂）等固化成膜的机理。

植物油中不饱和脂肪酸含量越多，不饱和脂肪酸中所含双键数越多，这种植物油的不饱和程度越大，当其涂层暴露于空气中，其氧化聚合作用越强，则成膜越快，干性越好。植物油的不饱和程度常以碘值（指 100 g 油所能吸收的碘的克数）来表示。涂料工业使用多种植物油，常依据其不饱和程度分为干性油、半干性油和不干性油。

干性油能明显吸取空气中的氧，自行发生氧化聚合反应，其涂层能较快干结成膜，碘值在 140 以上，如亚麻油、桐油、梓油等，多用作油性漆的主要成膜物质。

半干性油能慢慢吸收氧，其涂层需较长时间干结成膜。碘值为100～140，如豆油、葵花油等，多用于制造浅色漆或油改性醇酸树脂。

不干性油不能自行吸收空气中的氧而干结成膜，其碘值在100以下，如蓖麻油、椰子油等。一般不直接作成膜物质，多用作增塑剂（助剂）和制造改性合成树脂。有的不干性油可经化学改性而转变成干性油，如蓖麻油可经脱水而变成干性油，即脱水蓖麻油。

植物油多用压榨或浸出法从植物种子中提取，故初得的油中常含色素、蛋白质、磷脂、游离脂肪酸等影响油类成膜性能的一些杂质，因此在用于造漆时植物油都要经过精制去除杂质，再经高温（280～300 ℃）熬炼，使其发生初步的氧化聚合等化学反应，从而增加了油的相对分子质量与黏度，改进了干性与其他成膜性能，一般称聚合油或厚油。

2.1.1.2 树　脂

树脂是一些透明或半透明的黏稠液体或固体状态的无定形有机物质，一般是高分子物质，无明显熔点，受热只有慢慢软化的软化点或熔融范围，大多不溶于水而溶于有机溶剂（有的能溶于水或加工改性能溶于水）。将树脂溶液涂于物体表面，待溶剂挥发（或经化学反应）能够形成一层连续的固体薄膜。例如，木器家具早年曾应用很长时间的虫胶，是一种紫胶虫分泌的红棕色天然树脂，多加工成固体片状称虫胶片，能溶于酒精中，将虫胶的酒精溶液涂于木材表面，酒精挥发即形成连续的虫胶涂膜。因此，许多树脂可以用作涂料的成膜物质。

人类单用植物油作成膜物质制漆已有数千年的历史，但这种涂膜的硬度、光泽、干性、耐水、耐酸碱等性能都不能令人十分满意。后来人们在油中放入松香或其他天然树脂制漆，其性能已有相当的改进，而现代生产、生活对各类制品表面涂膜提出了更高、更完善的性能要求，只有近代的各种合成树脂才能达到。因此，现代木器家具所用涂料主要是用各种合成树脂作成膜物质。

在现代生产与生活中，树脂的应用很广泛，如胶粘剂、塑料、涂料、合成纤维等都大量使用各种合成树脂，但这些树脂的性能是不同的。适于在涂料中用作成膜物质的树脂，一般应具备如下性能：首先，能赋予涂膜一定的装饰保护性能，如光泽、硬度、柔韧性、耐液性、耐磨性等；其次，应具有满足多种树脂合用制漆时不同树脂之间或树脂与油之间的良好混溶性；第三，要求树脂在相应溶剂中应有很好的溶解性，水性漆所用树脂应能在水中分散或溶解。混溶性与溶解性不好的树脂将限制其在涂料中的应用。

涂料中用作成膜物质的树脂按其来源可分为如下几类：

（1）天然树脂。来源于自然界的动植物，如热带紫胶虫分泌的虫胶，由松树的松脂蒸馏得到的松香等。

（2）人造树脂。用天然高分子化合物加工制得。如用棉花经硝酸硝化制得的硝化棉（硝酸纤维素酯），各种松香衍生物也称改性松香，如石灰松香、甘油松香（酯胶）、季戊四醇松香、顺丁烯二酸酐松香等。

（3）合成树脂。用各种化工原料经聚合或缩合等化学反应合成制得，如酚醛树脂、醇酸树脂、氨基树脂、过氯乙烯树脂、丙烯酸酯、聚氨酯、不饱和聚酯、环氧树脂等。

木器家具常用涂料中的具体树脂品种、性能以及对涂料特性的影响将在涂料品种章节中叙述。

### 2.1.2 着色材料

能赋予涂料、涂层以及木质基材某种色彩的材料称作着色材料。主要的着色材料是颜料和染料。早年多用颜料制成不透明的色漆，近年有色透明清漆大量涌现，是在透明清漆中放入染料制成的。

#### 2.1.2.1 颜 料

颜料是一些微细的粉末状有色物质，一般不溶于水、油或溶剂中，当将着色颜料与成膜物质溶液（树脂或油）混合搅拌时，颜料可呈微粒子粉末状均匀地悬浮在漆液中，这便是不透明的色漆。其外观呈现一定的色彩，并遮盖了制品基材表面。

（1）颜料作用。颜料主要用于制造不透明的色漆、着色剂、填孔剂与腻子等，使色漆涂层具有某种色彩并能遮盖基材。颜料还能调节涂料黏度，可防止制品立面涂饰时涂料的流淌；面漆中的颜料还能充填涂层的凹陷，增加漆膜厚度，提高涂膜的机械强度，防止水气渗透，改善涂料的物理、化学性能，从而改善了涂膜的附着力、耐磨性、防腐性等；特别是能阻止紫外线的穿透，延缓漆膜的老化，从而提高了涂膜的耐久性与耐候性。有些颜料还能赋予涂膜一些特殊性能，诸如耐化学药品性、防火性、发光性、毒性（船底漆用）、防锈与金属光泽等。但是色漆与同类清漆相比，因加入颜料而降低了涂膜的光泽。

（2）颜料性质。制造色漆与涂饰施工过程所使用的颜料，一般应要求其具有鲜明的颜色，较高的着色力、遮盖力、分散度，较低的吸油量，不渗色，对光、热以及酸碱溶剂等的作用稳定，耐光耐候性好。

（3）颜料颜色。颜料的颜色是它对白光的成分有选择吸收的结果。颜色是由光波的长短确定的，这些不同的波长，通过人们眼睛的反映而产生了各种各样的色彩。

（4）着色力。两种颜料混合呈现颜色强弱的能力。混合颜料达到某种色调着色力强的颜料用量少。着色力强弱除了颜料成分不同外，与颜料颗粒大小也有密切关系，颗粒越细小，分散度越高，着色力就越强。

（5）遮盖力。是含颜料的色漆涂膜能将基材物面完全遮盖起来的能力。遮盖力的强弱决定于颜料和色漆漆料折光率之差、颜料对光线的吸收能力、颜料的分散度及其晶体形状。折光率之差越大，吸收光线越强，分散度越高及有一定晶体形状的颜料的遮盖力越高。遮盖力高的颜料用量少。

（6）耐光性。颜料的耐光牢度很重要，颜料仅能给色漆涂层鲜艳的原始色泽是不够的，涂膜的色泽应能长久保持。但是颜料在光和大气作用下会逐渐褪色变暗或色相发生变化。耐光性好的颜料则能较长时间维持其原有色泽。

（7）颜料品种。颜料品种很多，按其化学成分可以分为无机颜料与有机颜料；按其来源可分为天然颜料与合成颜料；按其在涂料工业与木材涂饰施工中的主要用途可分为着色颜料与体质颜料等。

（8）无机颜料。即矿物颜料，其化学组成为无机物，大部分品种化学性质稳定，能耐高温、耐晒，不易变色、褪色或渗色，遮盖力大，但色调少，色彩不及有机颜料鲜明。目前涂料中使用的颜料，很大部分仍是无机颜料，无机颜料又分为天然的与人造的无机颜料，以及无机着色颜料与体质颜料。

（9）有机颜料。即有机化合物所制颜料，其颜色鲜艳，耐光耐热，着色力强，品种多，色谱全，因此应用在涂料方面的有机颜料逐渐增多。

（10）着色颜料。是指具有一定着色力与遮盖力，在不透明色漆中主要起着色与遮盖作用的一些颜料，使色漆涂于物体表面呈现某种色彩又能遮盖被涂饰基材表面，也用于调制各种颜料填孔着色剂，具有白色、黑色或各种彩色。其中的白色颜料用量最大，约占总量的2/3。白色颜料中重要的是钛白（$TiO_2$），它是最好的白色颜料，用量也最多。

体质颜料又称填料、填充料，是指那些不具有着色力与遮盖力的无色颜料，例如大白粉（碳酸钙）、滑石粉（主要成分为硅酸镁）等，外观虽为白色粉末，但是不能像钛白粉、立德粉那样当作白色颜料使用。由于这些颜料的折光率低（多与树脂或油接近），将其放入漆中不能阻止光线的透过，因而无遮盖力，也不能给漆膜添加色彩，但能增加漆膜的厚度与体质，增加漆膜的耐久性，故称体质颜料。

体质颜料多为天然产品和工业副产品，价格便宜，常与着色力高、遮盖力强的着色颜料配合制造色漆，因此在色漆配方中常含一定比例的体质颜料，以降低成本，节省贵重着色颜料的消耗。有些体质颜料密度小，悬浮力好，可以防止密度大的颜料沉淀；有的还可以提高涂膜的耐磨性、耐久性和稳定性。

常用着色颜料和体质颜料如表 2－1 所示。

**表 2－1 常用颜料品种**

| 类别 | 色 别 | 品 种 |
|---|---|---|
| 着色颜料 | 白色颜料 | 无机颜料——钛白、锌钡白（立德粉）、锌白、铅白等 |
| | 黑色颜料 | 无机颜料——炭黑、松烟、石墨等<br>有机颜料——苯胺黑等 |
| | 红色颜料 | 无机颜料——银朱、镉红、钼红等<br>有机颜料——甲苯胺红、立索尔红、对位红等 |
| | 黄色颜料 | 无机颜料——铅铬黄、镉黄、锑黄等<br>有机颜料——耐晒黄、联苯胺黄等 |
| | 蓝色颜料 | 无机颜料——铁蓝、群青等<br>有机颜料——酞菁蓝、孔雀蓝等 |
| | 绿色颜料 | 无机颜料——铬绿、锌绿、铁绿等<br>有机颜料——酞菁绿等 |
| | 紫色颜料 | 无机颜料——群青紫、钴紫、锰紫等<br>有机颜料——甲基紫、苄基紫等 |
| | 氧化铁颜料 | 天然颜料——红土、棕土、黄土等<br>人造颜料——氧化铁红、氧化铁黄、氧化铁黑、氧化铁棕等 |
| | 金属颜料 | 铝粉（银粉）、铜粉（金粉） |
| 体质颜料 | 碱土金属盐 | 碳酸钙（大白粉、老粉）、沉淀硫酸钡（重晶石粉）、硫酸钙（石膏） |
| | 硅酸盐 | 滑石粉（硅酸镁）、瓷土（高岭土，主要成分硅酸铝）、石英粉、云母粉、石棉粉、硅藻土 |
| | 镁铝轻金属化合物 | 碳酸镁、氧化镁、氢氧化铝 |

2.1.2.2 染 料

早年染料很少直接用作涂料的组成成分，只在木材涂装施工中使用染料溶液进行木材的表层或深层染色以及涂层着色。但是近年随着有色透明清漆成品的出现，染料不但用于木材涂装施工中，也广泛用于由涂料厂生产的有色透明涂料品种与着色剂中。因此染料与颜料一样成为涂料的组成成分。

染料是一些能使纤维或其他物料相当坚牢着色的有机物质。大多数染料的外观形态是粉状的（因颗粒大小不同还有粉状、细粉、超细粉之分），少数有粒状、晶状、块状、浆状、液状等。染料外观颜色有的与染成的色泽相仿，有的与它们染色后的色泽是完全不同的，而染料命名中的色名则表示染色后呈现的色泽名称，因此，色名可能与染料外观颜色不一致。

染料一般可溶解或分散于水中，或者溶于醇、苯、酯、酮等有机溶剂中，或借适当化学药品使之成为可溶性，因此也称作可溶性着色物质，这与一般不溶于水、油或溶剂的颜料性质不同，因此用法也不一样。含有颜料的涂料是混合物，涂于制品表面既着色又遮盖，而染料则可配成水或有机溶剂的透明有色溶液，涂于木材上或涂层中既着色又透明而不遮盖木材纹理。

染料种类繁多，按其来源可分为天然染料与合成染料两类，我国很早就用天然染料（如槐花、五倍子等）涂饰木材，现代涂料中则主要使用合成染料，它们多为从煤焦油或石油中提取出来的苯、甲苯、苯酚、萘、蒽及其他有机化合物。

我国染料按产品性质和应用性能共分 12 大类，其中木材涂饰常用直接染料、酸性染料、碱性染料、活性染料、分散染料等，此外还有不属于这种分类的醇溶性染料、油溶性染料等。

我国染料商品名称采用三段命名法，即染料名称由三段组成：第一段为冠称——表示染料根据应用方法或性质分类的名称；第二段为色称——表示染料染色后呈现的色泽名称；第三段字尾——表示染料色光、形态及特殊性能与用途等，用拉丁字母表示。例如酸性红 3B，“酸性”即冠称，“红”是色称，“3 B”是字尾，“B”代表蓝色光，3 B 比 B 更蓝，这是一种蓝光较强的红色染料。

表示色光及性能的字母：B 代表蓝光；D 代表稍暗；G 代表黄光或绿光；R 代表红光；T 代表深；F 代表亮；L 代表耐光牢度较好等。

染料的主要质量指标有：强度（染色力）、色光、坚牢度（染色后褪色程度）与外观、耐光性、溶解度，此外与各种树脂的相溶性、色彩鲜艳性、对酸和碱等化学药品和热的稳定性等。

染料品种：如前述木材涂装传统上使用染料，包括直接染料、酸性染料、碱性染料、分散性染料、油溶性染料、醇溶性染料等，现在由涂料厂生产的成品着色剂则多用各种金属络合染料。

直接染料：能直接溶于水，对棉、麻、粘胶等具较强的亲和力，在染色时不需要加入任何染化药剂均可直接染色，故称直接染料。直接染料色谱齐全，颜色鲜艳，价格便宜，使用方便，但耐光性较差。具体品种有直接黄 R、直接橘红、直接橙 S、直接黑 FF 等。直接染料一般需要软水配制，如用硬水，因含钙、镁等金属盐易产生沉淀，会引起着色不均匀。直接染料一般易溶于水，难溶水者可加少量碳酸钙即可易溶，并能防止着色不均匀。染液升温也能提高染料溶解度。

酸性染料：是指在其分子结构中含有酸性基团（磺酸基或羧酸基）的水溶性染料。当染毛、丝等纤维时常在酸性条件下染色。酸性染料色谱齐全、色泽鲜艳、耐光性强、溶解性好，易溶于水和酒精中。其染液可用于木材表面和深层染色以及涂层着色，曾是国内外木材着色应用较多的染料。具体品种有酸性橙、酸性嫩黄、酸性红 B、酸性黑 10 B、酸性黑 ATT 等。此外还可用这些酸性原染料加硼砂、栲胶等配成一定色泽的混合酸性染料——黄纳粉（偏黄）与黑纳粉（偏红）。

碱性染料：旧名为盐基染料，其分子结构中含有碱性基团，其化学性质属于有机化合物的碱类，故称碱性染料。习惯称为“品色”。具有很好的鲜艳度和高浓的染色能力，但耐光性较差，能溶于水（加入醋酸或酒精能增大染料溶解度）和酒精中，但不宜用沸水溶解，否则染料将分解而破坏，宜用 80 ℃以下热水溶解。常用染料品种有碱性嫩黄 O、碱性橙、碱性品红、碱性绿、碱性棕等。

分散性染料：分散性染料的分子结构中不含水溶性基团，在水中溶解度极小，可借助表面活性剂的微小颗粒状态分散在水溶液中，故称分散性染料。分散性染料不溶于水，但是一般能溶于丙酮、乙醇以及其他有机溶剂，可配成染料溶液用于木材与涂层着色。大部分分散性染料染色性能优异，颜色鲜艳，耐热、耐光，染色坚牢。常用品种有分散红 3B、分散黄、分散黄棕等。

油溶性染料：是一些可溶于油脂、蜡或其他有机溶剂（丙酮、松节油、苯等）而不溶于水的染料。按其化学结构主要分为偶氮染料、芳甲烷染料与醌亚胺染料等。它有良好的染料品性，常用品种有油溶烛红、油溶橙、油溶黑等。

醇溶性染料：是一些能溶于乙醇或其他类似的有机溶剂而不溶于水的染料。按其化学结构也主要分为偶氮染料、醌亚胺染料等。常用品种有醇溶耐晒火红 B、醇溶耐晒黄 GR、醇溶黑等。

金属络合染料：某些染料（直接、酸性、酸性媒介染料等）与金属离子（铜、钴、铬、镍等离子）经络合而成的一类染料，可溶于水，有优异的染料品质。例如，直接耐晒翠蓝 GL 和酸性络合蓝 GGN 等。

随着木器和金属等工业涂料的快速发展，对染料性能的要求也愈来愈高，以往使用的传统染料常感不够鲜艳，容易褪色和渗色，致使高档次的木器和金属涂料的着色逐渐改用新一代的金属络合染料，以达到色彩明亮鲜艳、不会渗色、较佳的耐光和耐候性能等要求。除色彩鲜明以外，金属络合染料多具有良好的溶解性以及与各种树脂的相溶性，同时还具有优异的耐酸、耐碱与耐热性。

### 2.1.3 溶 剂

溶剂是一些能溶解和分散成膜物质，在涂料涂装之际使涂料具有流动状态，有助于涂膜形成的易挥发的材料，是液体涂料的重要组成成分，在制漆时按一定比例加入漆中，常占液体涂料的很大比例（多在一半以上，少数挥发型漆占70%～80%），但是在液体涂料涂于制品表面之后，全部溶剂都要挥发到空气中去（无溶剂型漆例外）。在粉末涂料和干结的固体漆膜中都不存在溶剂。

作为组成成分的溶剂在涂料中的主要功能是控制与调节涂料黏度，当成品涂料开桶使用时，针对具体施工方法调节涂料黏度与清洗施工工具设备容器时，也要用到溶剂，此时在施工时使用的调稀涂料与清洗工具的溶剂一般称稀释剂。对于同种漆，制漆时加入的溶剂与施工时使用的稀释剂可能是同一种材料，也可能不完全是同一种材料。

#### 2.1.3.1 溶剂作用

溶剂的主要功能是溶解与稀释固体或高黏度的成膜物质，使其成为有适宜黏度的液体，以便能够容易地涂饰于木材表面，并使它流平而形成平整连续均匀的漆膜。目前，我国木器家具使用的绝大多数仍然是液体涂料（有些金属制品和国外家具表面使用粉末涂料），而制漆使用的成膜物质有一部分是固体（如虫胶、松香），相当部分是黏稠液体树脂，经热炼的植物油（聚合油）黏度也很高。所以要制成便于施工的液体涂料就必须用溶剂溶解。有的漆出厂时黏度很高，使用时必须用稀释剂调稀；有的漆出厂时黏度是针对手工刷涂的，而当采用喷涂等其他涂饰方法时也要用稀释剂调成相应的黏度。

许多树脂采用溶剂法合成，即原料在溶剂中进行化学反应，因此在树脂合成反应时即已使用大量溶剂，但是这些溶剂不一定都留在涂料中。涂料制成后在贮存过程中，有足够的溶剂能增加涂料贮存的稳定性，防止成膜物质发生胶凝。贮存油性漆时，桶内充满溶剂蒸气可减少涂料表面的结皮现象。

溶剂比例与黏度适宜的涂料，当涂饰木材表面时可增强涂料对木材表面的润湿性，使涂料便于渗透到木材的孔隙中去，有利于提高涂层的附着力。适量溶剂的存在也有利于改善湿涂层的流平性，能形成均匀的涂层，而不致使涂层厚薄不均或出现涂痕等。

溶剂的品种性质与数量在很大程度上决定了液体涂料的许多性能，如黏度、干燥速度、毒性、气味、易燃、易爆等，也直接间接影响涂料施工与环境安全。因为涂料的毒性、气味、易燃、易爆等性质均主要源于溶剂，因此造漆、用漆时都需谨慎选择与调配溶剂系统，这就需要对溶剂品种和性能有所了解。

2.1.3.2 溶剂性质

溶剂的下列性质是选用溶剂及判定其对涂料适用性的重要依据，诸如溶剂的溶解力、沸点与挥发速度、闪点与爆炸极限、极性、颜色、气味、毒性、化学稳定性以及价格等。理想的适宜的溶剂应是溶解力强，挥发速度适宜以便形成良好的涂膜，闪点宜高以降低引起火灾的危险性，黏度适宜便于涂装作业，无毒性无臭味，化学性质稳定，价格便宜。

溶解力是指溶剂能把成膜物质溶解分散的能力，能使成膜物质均匀地分散在溶剂中而形成稳定的溶液。每种溶剂都只有相对的溶解力，即某种溶剂只能溶解一部分成膜物质，不同溶剂对不同的成膜物质溶解能力不一样。例如，酒精能溶解虫胶却不能溶解植物油，松节油能溶解植物油却不能溶解虫胶与硝化棉。因此，正确选择溶剂必须了解与每种成膜物质相应的溶剂品种，否则用错溶剂将会造成混浊、沉淀、析出、失光甚至报废。

判定溶剂对成膜物质溶解力的强弱，可以通过观察一定浓度溶液的形成速度或观察一定浓度溶液的黏度来确定。溶解力越强，溶解速度越快，溶液黏度越低，可提高涂料固体分含量，增加涂膜的丰满度，有助于流平，溶剂可以允许非溶剂的物质加入量越多，贮存和对温度的稳定性越好。

挥发速度是指溶剂从涂层中挥发到空气中去的速度，其对涂膜的形成有很大影响，尤其是挥发型漆类，溶剂的挥发速度直接影响到涂层干燥的快慢和漆膜形成的质量。

溶剂的挥发速度决定了湿涂层处于流体状态时间的长短。对于挥发型漆，溶剂全部挥发，涂层即干结成膜，故溶剂挥发速度决定了涂层的干燥速度。当漆中溶剂挥发快时，涂层很快胶凝干燥，处于流动状态时间短，不利于流平与操作，会降低涂料对基材的润湿率，影响附着力。非挥发型漆的涂层，溶剂全部挥发涂层不一定干燥，但是涂层也处于胶凝状态而不能流动。

溶剂的挥发速度影响涂膜的形成质量，当溶剂挥发过快时影响表面涂饰的流平性，湿涂层尚未流展均匀便已不能流动，干后漆膜难以平整，同时手工刷涂也没有充裕的回刷理顺时间。喷涂时漆雾尚未达到表面，溶剂已蒸发大半，也影响均匀流平；如施工环境潮湿，挥发型漆的涂层易变白；如挥发慢可能使涂饰制品的立面产生流挂或使干燥时间加长；如长时间滞留在涂膜内部会降低涂膜的硬度，影响附着力，使弹性下降。混合溶剂在挥发过程中若失去溶解力的平衡，真溶剂过早挥发，会出现树脂析出、产生颗粒、白雾、漆膜不平滑等弊病。

施工环境气温自然也影响溶剂挥发速度，同一溶剂夏季要比冬季挥发快些，因此某些漆类配套的稀释剂有冬季用与夏季用的不同品种之分。

影响溶剂挥发速度的因素很多，关系较大的是溶剂的沸点，挥发速度同溶剂的沸点大致成正比（也不完全一致），一般说多数沸点低的溶剂比沸点高的挥发快，如沸点为78.5 ℃的乙醇5 ml 需挥发32 min，而沸点为56.2 ℃的丙酮5 ml 只需5 min。故常用沸点的高低来大致区分溶剂蒸发的快慢，按沸点将溶剂分为低沸点、中沸点与高沸点溶剂三类。

低沸点溶剂：沸点低于100 ℃，如丙酮、乙醇、醋酸乙酯、苯、甲乙酮等，在涂层中挥发较快，有利于防止湿涂层的流挂。

中沸点溶剂：沸点在100～150 ℃，如甲苯、二甲苯、醋酸丁酯、基丁醇等，其挥发速度适中，在涂层中继低沸点溶剂之后挥发，有利于湿涂层的流平与形成致密的漆膜。

高沸点溶剂　沸点高于150 ℃，如环已酮、醋酸戊酯、乙二醇丁基醚、环已醇、松节油等，挥发速度较慢，在涂层中最后挥发，既有利于流平，也能防止挥发型漆因潮湿与低温造成的涂层变白问题等。

#### 2.1.3.3　溶剂品种

现代木器漆中常用溶剂有烃类、酯类、酮类、醚类、醇类等有机溶剂，具体品种与性能如表2-2所列。但是每一具体品种的溶剂都有其一定的溶解力和挥发速度，而现代木制品对涂料性能要求完善，涂料配方中常常不止一种树脂，因此现代木器漆用溶剂很难以一种溶剂组成，常选取几种溶剂的适当比例混合而成，混合溶剂具有溶解力大、挥发速度适当、成膜无缺陷等优良性质。混合溶剂常包括低、中、高沸点的真溶剂、助溶剂与稀释剂。

对某具体树脂来说能够单独溶解者称为真溶剂，例如对硝化棉能真正溶解的酯、醚、酮类溶剂；而单独使用时无实际溶解能力，当与真溶剂并用则可增加溶解力的溶剂，称助溶剂，如醇类溶剂；单独不能溶解，但能稀释硝化棉溶液，降低其黏度的溶剂，常称为稀释剂，如苯类溶剂。

一般混合溶剂中真溶剂、助溶剂与稀释剂的比例约为35∶15∶50，而低、中、高沸点溶剂的比例约为25∶65∶10。

涂料中的溶剂多由涂料制造厂家优选设计实验完成，在涂料出厂时早已按比例加好，勿需用漆者费心研究，但是在用漆施工时仍需调配涂料所用稀释剂，最好使用同厂配套材料，或遵循涂料供应商所提供的各项准则，使用原厂或指定品牌的稀释剂，并依其涂料产品使用说明书推荐混合比例进行调配，否则会有严重的后果。调配涂料时还需兼顾环境气温条件、涂装作业方式等。

在溶剂品种中，值得一提的是近年来随着水性漆的研制与应用，水已成为重要的溶剂。水性漆不同于一般溶剂型漆，而是特别的以水作为主要挥发分的一类漆，在制漆与施工时调黏度与清洗工具、容器设备等都直接使用水。水价廉易得，无毒无味不燃烧，避免了使用有机溶剂可能造成的环境污染、中毒与火灾等现象。一般使用纯净的水就可以，最好采用软水或蒸馏水。用水作溶剂有许多明显的优点，但也有挥发慢与使用水性漆而产生的其他问题。常用溶剂品种性能见表 2－2。

**表 2－2　常用溶剂品种性能**

| 类别 | 品　名 | 相对分子质量 | 沸点/℃ | 熔点/℃ | 蒸气压/(kPa/℃) | 相对密度 | 闪点/℃ |
|---|---|---|---|---|---|---|---|
| 烃类 | 甲苯 | 92.14 | 110.7 | －95 | 2.9/20 | 0.87 | 6 |
| | 二甲苯 | 106.17 | 139.2 | －47.9 | 0.82/20 | 0.87 | 29 |
| | 环已烷 | 84.16 | 80.7 | 6.5 | 27/42 | 0.79 | ＜－14 |
| | 高芳烃石油溶剂 | | 151～193 | ＜0 | | 0.82 | 42 |
| | 低芳烃石油溶剂 | | 151～196 | ＜0 | | 0.80 | 42 |
| 酯类 | 乙酸乙酯 | 88.10 | 77.2 | －84 | 9.7/20 | 0.898 | －5 |
| | *n*－乙酸丁酯 | 116.16 | 125.5 | －77 | 1.3/20 | 0.883 | 13 |
| | 乙酸异丁酯 | 116.16 | 116.3 | －98.9 | 1.7/20 | 0.87 | 21 |
| | *n*－乙酸戊酯 | 130.18 | 142.0 | －70.8 | 1.2/40 | 0.87 | 25 |
| | 乙二醇乙醚乙酸酯 | 132.16 | 156.3 | －61.7 | 0.4/20 | 0.97 | 51 |
| | 丙二醇甲醚乙酸酯 | 132.1 | 146 | ＜－55 | 0.46/20 | 0.97 | 47.7 |
| 酮类 | 丙酮 | 58.08 | 56.2 | －94 | 24.6/20 | 0.79 | －20 |
| | 甲乙酮 | 72.12 | 79.6 | －87.3 | 9.5/20 | 0.80 | －5.6 |
| | 甲基异丁基甲酮 | 100.16 | 119 | －84.7 | 0.67/20 | 0.80 | 17 |
| | 环已酮 | 98.15 | 156.7 | －45 | 0.45/20 | 0.945 | 40 |
| 醚类 | 甲基溶纤剂 | 76.06 | 124.4 | －85 | 0.8/20 | 0.97 | 43 |
| | 乙二醇乙醚 | 90.12 | 134.8 | －70 | 0.5/20 | 0.93 | 45 |
| | 丁基溶纤剂 | 118.17 | 171.2 | ＜－45 | 0.1/20 | 0.91 | 61 |

续表 2-2

| 类别 | 品　名 | 相对分子质量 | 沸点/℃ | 熔点/℃ | 蒸气压/(kPa/℃) | 相对密度 | 闪点/℃ |
|---|---|---|---|---|---|---|---|
| 醇类 | 甲醇 | 32.04 | 64.5 | -95 | 13.3/20 | 0.79 | 12 |
| | 乙醇 | 46.07 | 78.5 | -117.3 | 6.4/20 | 0.798 | 11 |
| | 异丙醇 | 60.09 | 82.3 | -88.5 | 4.3/20 | 0.79 | 11.7 |
| | $n$-丁醇 | 74.12 | 117.7 | -89.8 | 0.58/20 | 0.81 | 37.8 |
| | 环已醇 | 100.16 | 161.1 | 25.1 | 0.11/20 | 0.95 | 62.8 |

### 2.1.4 辅助材料

辅助材料是指在涂料组成中对成膜物质能产生物理和化学作用，辅助其形成优质涂膜的一些材料。在涂料生产中也称助剂、添加剂，它们可明显改进生产工艺，改善施工条件，提高产品质量，赋予特殊功能，现已成为涂料不可缺少的组成部分。在合成树脂涂料中没有不使用助剂的涂料，也没有涂料不使用助剂，涂料助剂的应用水平，已成为衡量涂料生产技术水平的重要标志。

随着涂料工业的发展与涂装技术的进步，许多现代涂料的性能已经相当完善，这主要是由树脂性能决定的，但是品种越来越多的助剂的作用功不可没。助剂在涂料组成中所占数量很少（多为百分之几或更少），但作用显著，许多辅助材料可从它的名称明显地看出它的功用，例如催干剂、增塑剂、固化剂、流平剂、消泡剂、消光剂、增光剂、防潮剂、防结皮剂、紫外光吸收剂、分散剂、乳化剂等。许多助剂不但有明显的单一功用，还有相当的综合效果，例如硬脂酸锌放入涂料中除消光外还能增稠、防沉、防流挂和防浮色等辅助功能。如合成蜡（低分子聚乙烯、聚丙烯、聚四氟乙烯等）不仅消光效果好，而且能赋予漆膜良好的耐水、耐湿热、耐擦伤、防玷污性，并有良好的手感。当与气相二氧化硅并用能使漆膜性能更完善，其消光效应、耐水、耐化学药品、耐磨和层间附着力都有明显改进。

助剂常根据设计配方在制漆时按比例加入，用漆时除固化剂、防潮剂个别助剂之外一般不必添加助剂，但是有关助剂的作用和对涂料性能影响的知识对用漆者还是需要，这里对部分常用助剂简略介绍如下。

#### 2.1.4.1 催干剂

催干剂也称干料、燥液、燥油等，是一些能使油类以及油性漆涂层干燥速度加快的材料，对干性油的吸氧以及氧化聚合反应起着类似催化剂的促进作用，同时还对漆膜性能如硬度、附着力、抗水性、耐候性等也有较大影响，其用量与配比如使用不当，还会使漆膜性能受到损害，并影响涂料贮存性，如结皮、胶胨等。

催干剂主要是一些金属氧化物、金属盐类与金属皂，例如一氧化铅（黄丹）、二氧化锰（土子）、醋酸铅、硫酸锰、环烷酸钴、环烷酸铅、环烷酸锰等。一般制漆时均已按量加足，在施工时不再补加，只是在天冷施工或因贮存过久而干性减退的油性漆可适量加入（一般为2%左右），加多可能引起涂层发黏、慢干、起皱等。

#### 2.1.4.2 流平剂

流平剂是一些能改善湿涂层流平性从而能防止产生缩孔、涂痕、橘皮等流平性不良现象的一些材料。流平性不好与涂料本质、施工环境及施工状况有密切关系，如向涂料中添加适当的流平剂，则能改善湿涂层的流平性，从而能有利于形成平滑均匀的涂膜。

常用流平剂有以下三类材料：

（1）溶剂类。多用于溶剂型漆，主要成分是各种高沸点的混合溶剂（如烃、酮、酯类等），能调整溶剂挥发速度，使涂料在干燥过程中具有均衡的挥发速度及溶解力，不致因溶剂挥发过快，湿涂层黏度过大而妨碍流动。

（2）以相溶性受限制的长链树脂为主要组成物。常用的有聚丙烯酸酯类、醋丁纤维素类等，其作用是降低涂料与基材之间表面张力而提高润湿性。

（3）以相溶性受限制的长链硅树脂为主组成。常用的有二苯基聚硅氧烷、甲基苯基聚硅氧烷、有机基改性硅氧烷等。这些有机硅助剂属多功能型，具有低的表面张力及好的润滑性能，因而能改善流平性，有些品种既可作流平剂，又可作抗浮色发花剂、消泡剂，并有流平增光作用。

#### 2.1.4.3 消光剂和增光剂

消光和增光是用于控制涂料表面光泽的重要手段。传统的木器家具表面涂膜多追求高光泽，但是近年随着人们生活水平的提高，国内外的家具与室内装饰兴起追求安静、舒适和优雅的亚光环境效果，于是各类亚光漆的品种不断涌现。那些加入漆中能使涂膜消光（减低光泽）与增光（提高光泽）的材料称为消光剂和增光剂。

消光剂有金属皂，如硬脂酸铝、钙、锌和镁盐；有改性油消光剂，如桐油中加入橡胶的混合物；有体质颜料消光剂，如硅藻土、高岭土、氢氧化铝、蒙脱土、碳酸钙、滑石粉、石棉粉和二氧化硅等；还有蜡，如棕榈蜡、蜂蜡、羊毛脂、地蜡、合成蜡（低分子聚乙烯、聚丙烯等）以及一些能起消光作用的其他物质。

增光剂主要是那些能提高颜料（填料）在涂料中的分散性，改进湿涂层流平和降低漆膜表面张力的界面活性剂等。

光泽现象的实质是由表面平整光滑程度所决定的光的反射能力，一个表面越是平整其正反射光的量越大，人们便感觉这个表面光泽高；反之，一个表面如果凹凸不平、含颜料的漆膜颜料颗粒较大时，以及分散得不好等情况都会使漆膜表面粗糙不平而影响光泽。因此涂料中加入能改善湿涂层流平性的增光剂材料，便能提高涂膜光泽；反之，涂料中加入了消光剂材料，成膜时均匀分布于涂层表面造成一定程度的凹凸不平就消减了光泽。因此，那些能使漆膜表面产生预期粗糙度，明显地降低其表面光泽的物质称为消光剂。但是作为消光剂加入漆中的材料，不可以影响清漆的透明度和色漆的颜色，并要具有耐磨与耐划痕性，有良好的分散和再分散性，即配成的漆无论初始还是放置较长时间后都应在漆中均匀分散。事实上，如前述现代许多消光剂加入漆中，不仅有良好的消光作用，而且还有许多改善涂膜性能的综合功能。

2.1.4.4 防潮剂

防潮剂也称防白剂，是一些沸点较高挥发较慢的溶剂（如酯、酮类），是专作稀释剂用于挥发型漆（如硝基漆等），遇潮湿天气施工时，临时加入漆中可以防止涂层发白的材料。

在阴雨潮湿天气涂饰挥发型漆时，空气相对湿度高（80%～90%），含较多水蒸气，气温较低，由于挥发型漆很快挥发出大量溶剂，吸收周围热量，使涂层表面温度迅速降低，空气中的水蒸气在漆膜表面凝结成水，混入涂层形成白色雾状，此种现象称之为“泛白”。当用喷枪喷涂时，压缩空气中可能含有蒸气，也会引起泛白。此时加入防潮剂，可使整个涂层溶剂挥发变慢，吸热降温现象缓和，水蒸气凝结现象减少，可防止漆膜泛白的发生。

防潮剂是施工时使用的材料（虽然涂料配方中也含一定量的高沸点溶剂），可代替部分稀释剂来调解漆液黏度，但是当空气湿度过大，加入防潮剂也无效时，只有停止施工。

防潮剂应与稀释剂配合使用，一般可在稀释剂中加入10%～20%，必要时可增至30%～50%，但是不可把防潮剂完全当稀释剂使用，否则浪费溶剂，增加成本，而且使涂层干燥变慢。

## 2.2 涂料分类

涂料品种数量繁多，只有适当分类才便于学习、研究和选用。国内外涂料分类方法很多，大致可概括为标准分类和习惯分类两种。前者为我国有关部门作为标准规定的分类命名的方法，便于全国各行业统一使用；后者为人们习惯的分类方法，应该承认，某些习惯分类方法虽不完善全面，但也能深刻反映涂料的某一方面特性，生产实践中也是可取的。

### 2.2.1 标准分类

按我国有关标准规定的涂料产品分类是采用以涂料组成成膜物质为基础的分类方法，即按成膜物质的树脂种类划分涂料的大类。若成膜物质是由两种以上的树脂混合组成，则以在涂膜中起主要作用的一种为基础作为分类依据。结合我国目前涂料品种的具体情况，将涂料共分为18大类。其名称与代号见表2－3。

**表2－3 涂料分类表**

| 序号 | 代号 | 类 别 | 主要成膜物质 | 备注 |
|---|---|---|---|---|
| 1 | Y | 油脂漆类 | 植物油、合成油 | * |
| 2 | T | 天然树脂漆类 | 改性松香、虫胶、大漆 | * |
| 3 | F | 酚醛树脂漆类 | 改性酚醛树脂、纯酚醛树脂 | * |
| 4 | L | 沥青漆类 | 天然沥青、石油沥青 | |
| 5 | C | 醇酸树脂漆类 | 甘油醇酸树脂、季戊四醇酸树脂 | * |
| 6 | A | 氨基树脂漆类 | 脲醛树脂、三聚氰胺甲醛树脂 | * |
| 7 | Q | 硝基漆类 | 硝酸纤维素酯（硝化棉） | * * |
| 8 | M | 纤维素漆类 | 乙基纤维、醋酸纤维、羟甲基纤维、醋酸丁酸纤维 | |
| 9 | G | 过氯乙烯漆类 | 过氯乙烯树脂 | * |
| 10 | X | 乙烯漆类 | 氯乙烯共聚树脂、聚乙烯醇缩醛树脂 | |
| 11 | B | 丙烯酸漆类 | 丙烯酸酯树脂等 | * |
| 12 | Z | 聚酯漆类 | 不饱和聚酯、饱和聚酯树脂 | * * |
| 13 | H | 环氧树脂漆类 | 环氧树脂、改性环氧树脂 | |
| 14 | S | 聚氨酯漆类 | 聚氨基甲酸酯（聚氨酯） | * * |

续表 2-3

| 序号 | 代号 | 类　别 | 主要成膜物质 | 备注 |
|---|---|---|---|---|
| 15 | W | 元素有机漆类 | 有机硅、有机钛等 | |
| 16 | J | 橡胶漆类 | 天然橡胶及其衍生物等 | |
| 17 | E | 其他漆类 | 以上未包括者 | |
| 18 | | 辅助材料 | 稀释剂、催干剂、固化剂、防潮剂、脱漆剂 | |

注：带＊号者为我国木器家具长期使用过的漆类；带＊＊号者为至今广泛使用的漆类。

### 2.2.2 习惯分类

长期以来人们习惯按涂料组成、性能、用途、施工、固化机理、成膜顺序等划分涂料种类与命名。有些分类与命名虽然不够准确，但对涂料种类描述直观很有特点，在一些书刊以及工程技术资料中也常提到，尤其在使用涂料过程中经常采用习惯分类叫法，为澄清这些概念，下面对一些习惯分类叫法作以介绍。

#### 2.2.2.1 按贮存组分数分类

可分为单组分漆与多组分漆。

单组分漆只有一个组分，倒入容器中涂饰，不必分装也不必按比例调配（稀释除外），如醇酸漆、硝基漆等。

多组分漆包括两个（双组分漆）、三个或四个组分，贮存时需分装，使用前按比例将几个组分调配在一起混合均匀再涂饰。按比例混合后有使用期限，过了期限未使用也不能再用，因此常需现用现配，用多少配多少。如双组分聚氨酯漆、多组分的不饱和聚酯漆等。

#### 2.2.2.2 按组成特点分类

根据成膜物质用油和树脂的含量可分为油性漆和树脂漆；根据溶剂的特点可分为溶剂型漆、无溶剂漆和水性漆。

油性漆：泛指涂料组成中含大量植物油或油改性树脂的漆类。特点为干燥慢，漆膜软。如酚醛漆、酯胶漆等。醇酸漆也可以列入此类。

树脂漆：指涂料组成中成膜物质主要为合成树脂，基本不含油类的漆。如聚氨酯漆、聚酯漆等。其特点为干燥相对较快，漆膜硬，性能好。

溶剂型漆：指涂料组成中含有大量有机溶剂，涂饰后需从涂层中全部挥发出来的漆。在涂饰与干燥过程中对环境有污染，如硝基漆、聚氨酯漆等。

无溶剂型漆：指涂饰后成膜过程中没有溶剂挥发出来的漆类。如聚酯漆，其组成中的溶剂苯乙烯在成膜时与不饱和聚酯发生共聚反应，共同成膜，其固体分含量接近100%。

水性漆：泛指以水作溶剂或分散剂的漆类，其特点是无毒无味，安全卫生，环保，节省有机溶剂。

#### 2.2.2.3 根据漆膜透明度和颜色分类

分为透明清漆、有色透明清漆和不透明色漆等。

透明清漆也称清漆，涂料组成中不含颜料与染料等着色材料，涂于木材表面可形成透明涂膜，显现和保留木材原有花纹与颜色的漆类，如醇酸清漆、硝基清漆、聚氨酯清漆等。

有色透明清漆，清漆组成中含有染料能形成带有颜色的透明漆膜，可用于涂层着色和面着色涂饰。

不透明色漆也称实色漆，指涂料组成中含有颜料，涂于木材表面可形成不透明涂膜，掩盖了基材的花纹与颜色，表面可呈现出白色、黑色以及各种色彩与闪光幻彩等各种效果，用于不透明彩色家具的涂饰。色漆一般包括调和漆和磁漆。如醇酸调和漆、硝基磁漆等。

#### 2.2.2.4 按施工功用分类

可分为腻子、填孔剂、着色剂、头度底漆、二度底漆、面漆等。

腻子是指木材涂饰过程中专用于腻平木材表面局部缺陷（如裂缝、钉眼等）的较稠厚的涂料，或用于全面填平的略稀薄的涂料，二者均含大量体质颜料，过去多由油工自行调配，现已有成品销售，也称透明腻子或填充剂等。

着色剂专用于底着色（木材着色）与涂层着色的材料，主要由染料、颜料等着色材料，用溶剂或水、油类以及树脂漆等调配成便于擦或喷的材料。

头度底漆（封闭底漆），专用于头遍底漆涂饰，主要起封闭作用，可防止木材吸湿、散湿，阻缓木材变形，防止木材含有的油脂、树脂、水分的渗出，可改善整个涂层的附着力，有利于均匀着色和去木毛等。头度底漆不含粉剂，固体分与黏度都比较低，有利于渗入木材，市场成品销售也称“底得宝”。硝基类和聚氨酯漆用得多，以后者效果更好。

二度底漆是整个涂饰过程中的打底材料，在涂饰面漆前一般需涂饰2～3遍二度底漆构成漆膜的主体，二度底漆中含有一定数量的填料能部分渗入管孔内起填充作用。二度底漆应干燥快、附着力好、易于打磨。常用二度底漆有硝基漆、聚氨酯漆和聚氨漆类。现代木材涂饰中以后两者应用居多。

面漆是在整个涂饰过程中用于最后1～2遍罩面的涂料，对制品涂饰外观（色泽、光泽、视觉、手感等）形象起着重要作用。现代木制品涂饰常用硝基漆和聚氨酯漆。

#### 2.2.2.5 按光泽分类

可分为亮光漆、亚光漆，后者又分为半亚、全亚等。

亮光漆也称高光漆、全光漆等，涂于制品表面适当厚度，干后的漆膜便呈现很高的光泽，多用于木制品的亮光装饰。大多数漆类均有亮光品种。

亚光漆指涂料组成中含有消光剂的漆类，涂于制品表面干后漆膜只具有较低的光泽或基本无光泽。按亚光漆的消光程度可分为半亚与全亚等。现代大多数漆类也均有亚光品种，尤以聚氨酯漆居多。

#### 2.2.2.6 按固化机理分类

可分为挥发型漆、非挥发型漆、光敏漆、电子束固化型漆等。

挥发型漆指涂料涂于制品表面之后，涂层中的溶剂全部挥发完毕涂层即干燥成膜的漆类，成膜过程中没有成膜物质的化学反应。如硝基漆、挥发型丙烯酸漆等。

非挥发型漆指成膜固化不是靠溶剂挥发而主要是成膜物质经化学反应而成膜的漆类，如聚氨酯漆等。该类漆涂饰后也有溶剂挥发，但溶剂挥发完涂层不一定固化，需成膜物质的化学反应才成膜。

光敏漆也称紫外线固化涂料，其涂层必须经紫外射线才能固化的漆类，其特点是现代使用的漆类中固化最快的一类漆，一般十几秒或几秒钟可达实干。

电子束固化型漆与光敏漆同属辐射固化型漆，该类漆的涂层必须经电子射线辐射才能固化，其固化速度比光敏漆还快，只是固化设备（电子加速器）过于昂贵，国内外实际应用甚少。

## 2.3 涂料与漆膜性能

涂料性能即代表涂料品质的一些特性，例如液体涂料的黏度、固体分含量，涂于木器家具干固之后漆膜的硬度、耐磨性、光泽等。涂于何种制品上，要求涂料与涂膜应具备哪些性能，所选用的具体牌号的涂料是否能达到这些性能要求，这些是用漆者选漆时必须了解明白的。涂料性能直接影响涂料的使用并在很大程度上决定涂装质量。

涂料性能有几十项，大体可分为液体涂料性能与固体干漆膜的性能。前者是指方便使用与影响涂装质量、涂料消耗、施工效率与成本的一些性能，后者则是涂于木器家具制品表面，干燥固化之后固体干漆膜对制品起装饰保护的一些性能。

某厂家生产供应的具体牌号的涂料品种，都有产品质量标准，都有具体性能指标数值与要求，涂料出厂前几乎都要逐批按有关标准检验，填写产品质量检验单。这是大多数涂料生产厂家都必须做到的。作为用漆的木制品生产厂家对购进的涂料产品也应有原材料进厂检验措施，但多数木器家具厂都做不到，那么用漆者至少要向涂料生产厂家要足资料，包括该厂各种型号的涂料品种、调配比例、使用方法等，并应包括各品种的具体性能指标，例如固体分含量、干燥速度、硬度、施工注意事项等。

### 2.3.1 液体涂料性能

液体涂料性能在一定程度上代表了原漆质量。液体涂料性能包括外观透明度、颜色、固体分含量、黏度、细度、遮盖力、干燥时间、贮存稳定性、施工时限、毒性气味等。

#### 2.3.1.1 清漆透明度

清漆应具有足够的透明度，清澈透明，无任何机械杂质和沉淀物。

清漆即胶体溶液，其透明程度或浑浊程度都是由于光线照射在分散微粒上产生散射光而引起的。在涂料生产过程中，各种物料的纯净程度不够，机械杂质的混入，物料的局部过热，树脂的相溶性差，溶剂对树脂的溶解性低，催干剂的析出以及水分的渗入等都会影响清漆涂料产品的透明度。外观混浊而不透明的产品将影响成膜后涂膜的透明度、颜色与光泽，以及使涂层的附着力和化学介质的抵抗力下降。

根据有关国标规定检测清漆透明度，需首先配制各级透明度（“透明”、“浑浊”）的标准溶液，将试样涂料倒入比色管中，放入暗箱的透射光下与一系列不同混浊程度的标准液比较，选出与试样接近的一级标准液的透明度，以此表示试检涂料的透明度。

此外，也可以采用目测法，直接以目视观察试样的透明度。

#### 2.3.1.2 颜　色

木器家具制品的外观颜色是其表面装饰效果的重要因素，其着色效果常受所用涂料（透明清漆、有色透明清漆、不透明色漆、着色剂等）颜色的影响。

颜色是一种视觉，所谓视觉就是不同波长的光刺激人的眼睛之后，在大脑中所引起的反映。涂膜的颜色是当光照射到涂膜上时，经过吸收、反射、折射等作用后，从其表面反射或透射出来，进入我们眼睛的颜色。决定涂膜颜色的是照射光源、涂膜本身性质和人的眼睛器官。

涂料颜色测定分两种情况，即透明清漆、PU硬化剂和稀释剂等用比色计测，而含染料或颜料的色漆则用目视比色法或用光度计、色度计等仪器测定色差。

清漆颜色测定。清漆本应是无色透明的，真正水白透明无色的清漆可谓上品，但实际上多数清漆往往带有微黄色，有些相当深重，因此清漆的颜色越浅越好。

根据有关《清漆、清油及稀释剂颜色测定法》国标规定，是用铁钴比色计测定清漆颜色。铁钴比色计是用三氯化铁、氯化钴和稀盐酸溶液按标准规定的比例，配成深浅不同的18档色阶溶液，分装于18支试管中，管口密封，按顺序排列于架上即为铁钴比色计。测定时，将受检试样涂料装入试管中，在暗箱的透射光下与铁钴比色计进行比较，选出与试样颜色相同的标准色阶溶液，试样颜色的等级直接以标准色阶的号（铁钴比色计共分18个色号，号越大色越深）表示。如某涂料产品说明书列出甲漆颜色10号、乙漆颜色8号，则后者颜色比前者浅。

色漆颜色测定。不透明色漆膜呈现的颜色应与其所标明的颜色名称一致，纯正均匀，在日光照射下，经久不退颜色。通常用目测观察检验，其颜色应符合指定的标准样板的色差范围。

用目视比色法检测液体色漆颜色时，将标准样品和受检品各取5 ml滴在对色卡上，然后用膜厚计分别拉出25 mm及100 mm的色卡对比，待颜色确定后再涂板判定合格与否。

#### 2.3.1.3 固体分含量

涂料的固体分也称不挥发分，如前述是指涂料组成中除挥发溶剂而外的涂饰后能留下成为固体涂膜的部分（包括成膜物质、着色材料和辅助材料）。固体分含量也称固含量，则是指固体分在涂料组成中的含量比例，用百分比表示。它代表了液体涂料的转化率，即一定量的液体涂料，涂于制品表面干燥后能转化成多少干漆膜。它同时也表示了液体涂料中挥发分的含量比例。例如涂料产品说明书中记载的某品种涂料的固体分含量为40%，即100 g该漆中含40 g固体分，含60 g溶剂。

涂料的固体分含量对涂装工艺、溶剂消耗与环境污染等均有影响，涂料固体分含量越高，比之固体分含量低的涂料一次涂饰则成膜厚度越厚，可减少涂饰遍数与溶剂消耗，从而降低有害气体的挥发，减轻环境污染。

固体分含量可分为原漆固体分含量和喷涂固体分含量，后者是临使用时按说明书规定的主剂、硬化剂与稀释剂调配，配漆稀释后的施工漆液的固体分含量。

一般聚氨酯漆固体分含量为40%～50%，涂饰后一半左右的溶剂要挥发到空气中去；挥发型硝基漆施工稀释后固体分含量为15%～20%，涂饰后大部分溶剂要跑到空气中去；无溶剂型不饱和聚酯和光敏漆可以认为固体分含量为100%，涂饰后其组成中的溶剂基本不挥发。这样看来很明显，选用涂料应尽量选用固体分含量高的。为了保护环境，减少有机溶剂挥发形成的有害气体对大气的污染，国际上提倡研制生产高固体分涂料，即原漆固体分含量在60%甚至70%以上。

测定涂料固体分含量根据有关标准规定采取加热烘焙以除去挥发分的方法。即取少量涂料试样称重，滴于表面皿（或培养皿、玻璃板上），然后放入恒温鼓风烘箱中，在高温下（按不同涂料类别，如硝基漆约80 ℃，醇酸漆、聚氨酯漆120 ℃，聚酯、大漆150 ℃、水性漆160 ℃等）加热烘焙一定时间，取出称重，再烘，经多次烘多次称重至恒重（即前后两次称重的质量接近，即挥发分全部跑掉，只剩下固体分），此时质量即固体分质量，则涂料固体分含量按下式计算：

固体分含量 = 固体分质量/试样质量 ×100%

固体分质量 = 焙烘后试样和容器质量 - 容器质量

许多用漆厂家怀疑涂料厂家说明书中的固含量不实，用漆厂家应自行检测购入涂料的固含量。如无条件按国标检测，本书介绍一简易检测法：取一块样板称重 $A$（如板重50 g），刷漆后称重 $B$（如70 g），则 $B-A$ 为湿漆重（即20 g）；室温干燥2 ~3 d，变成干漆膜称重 $C$（如60 g即干漆膜加样板重）则 $C-A$ 即固体分重，可按下式计算：

$$固含量 = (C-A)/(B-A)\times 100\% = 10/20\times 100\% = 50\%$$

2.3.1.4 黏 度

黏度是流体内部阻碍其相对流动的一种特性，也称黏（滞）性或内摩擦，也就是在使用涂料时人们感觉到的涂料黏稠或稀薄的程度。黏度过大的涂料，其内部运动阻力大，流动困难，不便涂饰，刚涂于制品表面的湿涂层流平性差。采用空气喷涂法从喷枪喷出去的涂料射流难于雾化均匀，涂层易产生涂痕、起皱，影响涂装质量；反之，黏度过低的涂料，涂饰一次的涂层过薄，需增加涂饰遍数，刷或喷涂制品的立面容易造成流挂。

制漆时树脂合成反应结果的树脂或植物油类热炼后的黏度大小决定于其相对分子质量的大小，一般相对分子质量大者黏度高。树脂合成反应制漆或树脂原料与着色材料、助剂等冷混制漆完了出锅时的涂料黏度或调配使用时的涂料黏度是用溶剂调节控制的，即涂料中溶剂含量高则黏度低。

不同的涂装方法要求不同的涂料黏度，例如手工刷涂、高压无气喷涂与淋涂、辊涂等均可使用黏度高些的涂料，而采取空气喷涂法，则一般要求涂料黏度较低。涂装生产施工中常针对具体涂装方法与涂料品种，经试验确定最适宜的施工黏度以便于施工，确保涂装质量，因此，涂料黏度是制定涂饰工艺规程的重要技术参数。

涂料黏度可分为原始黏度和施工黏度，前者也称出厂黏度，即油漆厂制漆后出厂时的原漆黏度，此黏度往往较高，使用时常需加入配套的稀释剂。后者又称工作黏度，即适于某种涂装方法使用并能保证形成正常涂层的黏度。

液体涂料的黏度检测方法有多种，分别适于不同的品种。一般对透明清漆和低黏度色漆的黏度检测以流出法为主；对高黏度的清漆和色漆则通过测定不同剪切速率下的应力的方法测定黏度，一般使用旋转黏度计。

流出法是通过测定液体涂料在一定容积、孔径容器内流出的时间来表示涂料的黏度，常用各种黏度杯（计）测定。

我国有关标准规定使用涂—4 黏度计测定涂料黏度。它是一杯状仪器，上部为圆柱形，下部为圆锥形，在锥形底部有一直径为 4 mm 的孔，黏度计容量为 100 ml。黏度计材料有塑料和金属两种。涂—4 黏度计依据流出法原理测试较低黏度的涂料，即测试 100 ml 涂料试样在 25 ℃时自黏度计底 4 mm 孔中流出的时间秒数，以秒数表示黏度，黏度高的涂料自然流得慢，时间长，故用涂—4 黏度计测定的 25 s 的涂料比 20 s 的涂料黏度高。

#### 2.3.1.5 干燥时间

干燥时间是指液体涂料涂于制品表面，由能流动的湿涂层转化成固体干漆膜所需时间，它表明涂料干燥速度的快慢。在整个涂层干燥过程中经历了表面干燥（也称表干、指干、指触干燥）、重涂时间、实际干燥（实干）与可打磨时间、干硬和完全干燥等阶段。对于具体的涂料品种，这些干燥阶段所需时间都在涂料使用说明书中有所说明，但在用漆厂家的具体施工工艺条件下，这些过程究竟需要多少时间有时需要经过测试来确定，因为其变动的影响因素很多，诸如南方北方、冬夏不同季节的环境温湿度影响，涂层厚度、通风条件、不同涂料品种等。上述各阶段的干燥时间对涂装施工的效率、涂装质量、施工周期等均有很大影响。

表面干燥：刚涂饰过的还能流动的湿涂层一般经过短暂的时间便在表面形成了微薄漆膜，此时手指轻触已不粘手，灰尘落上也不再粘住，涂层干燥至此时即已达到表干阶段。表干快的涂料品种可减少灰尘的影响，干后较少有灰尘颗粒，表面平整，涂饰制品立面也较少流挂。具体表干时间因涂料品种而异，早年使用的油性漆表干常需几个小时，而现代涂饰常用的聚氨酯漆表干一般在 15 min 左右。

重涂时间：聚氨酯漆、不饱和聚酯漆、硝基漆等，当采用“湿碰湿”

工艺连续喷涂时，需确定允许重涂的最短时间间隔即重涂时间，有的漆可能表干即可连涂，有的漆表干重涂也许早了点，因为过早重涂可能咬起下层涂膜，这需由试验确定。

实际干燥：是指手指按压漆膜已不出现痕迹，这时涂层已完全转变成固体漆膜，已干至一定程度，有了一定硬度但不是最终硬度。有些漆干至此时用砂纸打磨可能糊砂纸，不爽滑，即还未干到可打磨的程度。

可打磨时间：面漆有时需要打磨有时不需要打磨（如原光装饰的只涂一遍的面漆层），底漆层多数都必须打磨，因此对于底漆层允许打磨的干燥阶段，干燥时间对整个涂饰工艺过程是很重要的。涂层干至可打磨时间，此时涂层易于打磨，爽滑方便，否则打磨可能糊砂纸，无法打磨。

干硬：是指漆膜已具备相当的硬度，对于面漆干至此时已经可以包装出货，产品表面不怕挤压。此阶段的时间不很准确，上述两个阶段也可称之为干硬。

完全干燥：也称彻底干燥，是指漆膜确已干透，已达到最终硬度，具备了漆膜的全部性能，木器家具产品可以使用。但是漆膜干至此种程度往往需要数日或数周甚至更长时间，此时的油漆制品早已离开车间，可能在家具厂的仓库、商场柜台或已到了用户手上。

根据我国有关标准规定可用专门的干燥时间测定器或棉球法、指触法等测定涂层的表干与实干时间。

吹棉球法：在漆膜表面放一脱脂棉球，用嘴沿水平方向轻吹棉球，如能吹走且涂层表面不留有棉丝，即认为达到表面干燥。

指触法：用手指轻触漆膜表面，如感到有些发黏，但并无漆粘在手指上（或没有指纹留下），即认为达到表面干燥或指触干燥。当在涂膜中央用指头用力地捺，而涂膜上没有指纹，且没有涂膜流动的感觉，又在涂膜中央用指尖急速反复地擦时，涂层表面上没有痕迹即认为达到实际干燥阶段。

压棉球法　在漆膜上用干燥试验器（200 g 重的砝码）压上一片脱脂棉球，经 30 s 后移去试验器与脱脂棉球，若漆膜上没有棉球痕迹及失光现象即认为达到实际干燥。

#### 2.3.1.6 施工时限

施工时限也称配漆使用期（时）限，是指多组分漆当按规定比例调配混合后能允许使用的最长时间。因为多组分漆的几个组分一经混合，交联固化成膜的化学反应便已开始，黏度逐渐增大，即使没有使用也照样干固，便不能再使用了。能够允许正常使用的时限长短，对于方便施工影响很大，如果这个时限太短，有时便来不及操作或黏度增加而影响流平，成膜出现各种缺陷等。例如一般聚氨酯漆的配漆使用期限为4～8 h，聚酯漆的使用期限为15～20 min，聚氨酯漆使用就比聚酯漆方便多了。

检测配漆使用期限可将几个组分在容器中按比例混合后，按规定条件放置，在达到规定的最低时间后，检查其搅拌难易程度，黏度变化和凝胶情况；并将涂饰样板放置一定时间（如24 h或48 h）后与标准样板对比检查漆膜外观有无变化或缺陷（如孔穴、流坠、颗粒等）产生。如果不发生异常现象则认为合格。

#### 2.3.1.7 贮存稳定性

由于涂料是有机高分子的胶体混合物，因而有可能在包装桶内发生化学或物理变化，从而发生质变。例如增稠、分层、絮凝、沉淀、结块、变色、析出、干性减退以及干固硬化等，如果这些变化超过了允许的限度，势必影响涂饰质量，甚至成为废品。故涂料不是可以长期贮存的材料，但是一般应从生产日期算至少有半年至一年以上的使用贮存期，在此期限内贮存应是稳定的。涂料生产厂家应在其产品使用说明书中注明涂料的贮存期限，以便用户在贮存到期前及时处理。

涂料的贮存稳定性与存放的外界环境、温度、日光直接照射等因素有关。而某些特殊涂料如贮存不当，有可能使密闭的包装桶发生爆裂。

### 2.3.2 固体漆膜性能

涂于制品表面的涂料干燥后所形成的固体干漆膜将与制品一起使用多年，应具备一系列性能，以达到对制品的装饰保护作用。这些固体干漆膜应具备的性能包括附着性、硬度、柔韧性、耐热、耐寒、耐冷热温差、耐磨、耐划伤、耐冲击、耐液、光泽、保光保色性等。

#### 2.3.2.1 附着性

附着性也称附着力，系指漆膜与被涂基材表面之间（也包括涂层与涂层之间）通过物理与化学作用相互牢固粘结在一起的能力。附着性好的漆膜才能经久耐用，长久起到对制品的装饰保护作用，否则可能损坏、开裂、脱皮、掉落，因此附着性是漆膜具备一系列装饰保护性能的前提条件和首要性能。关于附着的理论有吸着说、电气说、扩散说和弱境界层理论等多种，但是至今还没有一种能完满地单独解释所有的附着现象的理论，惟吸着说为较多的人认可而算作主流。根据吸着学说，这种附着强度的产生是由于涂膜中聚合物的极性基团（如羟基、羧基等）与被涂基材表面的极性基相互吸引结合的结果。这里相互间距离至关重要，有关研究指出，只有当成膜物质与基材的分子间距离甚短（小于10 μm）时，极性基之间才能产生相互吸引结合的附着力，为此应使成膜物质分子流动，使基材表面能被成膜物质溶液充分润湿，木材头度底漆黏度低些对木材能充分渗透会有利于涂层的附着。

有关研究指出，附着力的理论数值很大，而实测数值要比理论值小很多，这是因为实践中有许多影响附着的因素，如能排除这些影响附着的因素将能提高漆膜的附着力。影响附着力的因素主要有两个，即附着极性点的减少与漆膜内应力。

附着极性点的减少有两方面的原因，即在涂层固化过程中涂料的极性基由于相互交联而不断被消耗；另一原因即基材表面状态以及施工工艺中的许多干扰因素。

在涂层固化过程中会产生多种内应力，例如由于溶剂挥发，湿涂层体积收缩产生一种收缩应力，其方向与涂层表面平行，大小与涂层厚度成正比，这个收缩应力便足以抵消一部分漆膜垂直表面方向的附着力，因此一次涂得过厚的涂层对附着是不利的。

基材表面状态与涂饰工艺中影响漆膜附着力的因素是很多的，例如木材表面不清洁，有油污、胶质、树脂、灰尘等，木材含水率高，木材被水润湿而未干透，涂料黏度高流平性不好，基材砂光不适宜等。

涂料自身性能也会对附着力带来影响，户外用漆的柔韧性（弹性）就对附着力影响很大，当户外制品选用了柔韧性差的涂料时，其涂膜常常不能经受季节、气候、温差变化等因素的影响而开裂。

某些聚合型漆（如聚氨酯漆），当上道涂层干得太过分而再涂下一道时，往往影响附着力。这是因为成膜物质的分子在层间未很好地交联，所以在生产中，如连涂几遍聚氨酯漆时，多采用“湿碰湿”工艺，如因施工条件限制需间隔较长时间再涂时，漆膜表面要经打磨或用溶剂擦拭。底面漆配套不当常会影响附着力，如早年多用虫胶漆打底时，其上的聚酯漆便易整块脱皮。

总之，欲保证附着力，用漆者需从选漆与施工工艺中多加注意，尤其后者。

根据有关标准规定，测定木材表面漆膜附着力多采用割痕法，对于干透的漆膜用锋利刀片在漆膜表面切割成互成直角的二组格状割痕，根据割痕内漆膜损伤程度评级。详见国标《家具表面漆膜附着力交叉切割测定法》GB4893. 4 – 1997。

### 2. 3. 2. 2　硬　度

硬度是材料的一种机械性质，是材料抵抗其他物质刻画、碰撞或压入其表面的能力。经过涂饰涂料的各种木制品，漆膜成为制品的最外部表面，直接经受外界环境的作用，接触其他物体，例如木家具可能承受人体的压力与摩擦，如木地板、沙发扶手、各种台面、椅面、乒乓球案子等，这些部位的表面漆膜都应有较高的硬度。漆膜硬度高，则其表面机械强度高，耐磨性好，能耐磕碰划擦。采用抛光装饰的表面漆膜需要修饰研磨时漆膜硬度高才可以研磨抛光出很高的光泽，所以凡需抛光的木制品，需要选用硬度较高的漆种（如聚酯、聚氨酯、硝基漆等），较软的漆膜打磨抛光性差。但是漆膜硬度并非越高越好，过硬的漆膜柔韧性差，容易脆裂，抗冲击强度低也影响附着力。

根据有关标准采用摆杆硬度计或铅笔硬度计测定其漆膜硬度。

摆杆硬度测定法的基本原理是：通过摆杆下面嵌入的两个钢球接触涂膜样板，即将摆杆放在欲检测的涂膜上摆动，此时钢球压迫漆膜，当摆杆以一定周期摆动时，漆膜如果硬度高，则钢球压入少，点接触，摩擦少，则摆动衰减时间长；反之漆膜软，钢球压入多，接触面大、摩擦大，摆动衰减时间短。测定时先测玻璃摆动衰减（振幅自5°~2°）时间，再测漆膜，二者时间之比为一小数（因一般漆膜硬度没有超过玻璃的），用这一小数值表示漆膜硬度，例如较硬的漆膜0.8以上，较软的漆膜0.2~0.3。

铅笔硬度属于划痕硬度法，即采用在漆膜表面用硬物（铅笔）划出痕迹或划伤涂膜的方法来测定涂膜硬度。

铅笔硬度法有手工操作和仪器试验两种方法，是采用已知硬度的铅笔测定涂膜硬度，以涂膜不被犁伤的铅笔硬度（手工操作），或犁伤涂膜的下一级硬度的铅笔硬度（仪器试验）作为涂膜的硬度。

根据我国有关国标规定，采用一套同一批号的中华牌高级绘图铅笔，操作可用手工或仪器，但作为仲裁时要用仪器试验方法。标准规定的一组中华牌高级绘图铅笔为6H，5H，4H，3H，2H，H，HB，B，2B，3B，4B，5B，6B，其中6H最硬，6B最软，由6H~6B硬度递减。

目前国产木器漆中较硬的为淋涂的光敏漆的漆膜硬度，可达4H，较硬的聚氨酯漆为2~3H。有关涂料生产厂家试验对比摆杆硬度与铅笔硬度的关系，大约情况如下：

| | |
|---|---|
| 0.6以下 | 相当于<1H |
| 0.6~0.7 | 约1H |
| 0.7~0.8 | ≤2H |
| 0.8以上 | 2~3H |

#### 2.3.2.3 耐液性

耐液性是指漆膜接触各种液体（水、溶剂、饮料、酸、碱、盐以及其他化学药品等）时的稳定性，其中包括耐水性、耐酸性、耐碱性、耐溶剂性等。耐液性差的涂料，当其涂膜接触上述液体时可能出现失光、变色、鼓泡、起皱、变白等，耐液性好的涂膜接触液体则无任何变化完好无损。

各种木制品接触液体的机会很多，户外的建筑门窗、车船等经常接触雨雪冰霜；各种家具尤其台面类制品（餐桌、茶几、写字台等）接触各种液体的机会最多，例如茶水、酒、醋、咖啡等，台面类制品的表面漆膜应能经受这些液体的作用而不发生变化。

各类制品经常会受各种不同液体的作用，实验台可能接触强酸、强碱，餐桌上可能滴上几滴醋（含少量醋酸）。接触的时间也不一样，各种船舶长年浸在水中，而家具只偶尔接触到水，但是，木制品表面漆膜必须具备不同程度的耐液性，也应针对不同使用条件的各具体木制品表面漆膜耐液性的检测标准进行检测。

根据国际《家具表面漆膜耐液测定法》GB4893.1－1997 规定，用浸透各种试液的滤纸放在试样表面，经规定时间移去，根据漆膜损伤程度评级。

2.3.2.4 耐热性

耐热性是指漆膜经受了高温作用而不发生任何变化的性能。耐热性差的漆膜遇热可能出现变色、失光、印痕、鼓泡、皱皮、起层、开裂等现象。多数木制品使用中遇热的机会并不多，但是厨房家具、台面类家具可能经常遇到高温情况。

各种木制品在使用中可能遇到干热或湿热两种情况，而后者对漆膜的要求则更高些。所以在检测漆膜耐热性时常分为耐干热与耐湿热两种方法。

根据国标《家具表面漆膜耐干热测定法》GB4893.3－1997 和《家具表面漆膜耐湿热测定法》GB4893.2－1997 两个规定，检测漆膜耐干热时用一铜试杯（内盛矿物油），加热至规定温度置于被试样板漆膜上，经规定时间移走，检查漆膜状态与光泽变化情况评级。检查耐湿热则在铜试杯下放一块湿布进行。

2.3.2.5 耐磨性

漆膜在一定的摩擦力作用下，成颗粒状脱落的难易程度即为漆膜耐磨性，耐磨性好的漆膜经受多次摩擦后均无损伤。

某些需承受摩擦的木制品，对其表面的耐磨性要求很高，如写字台面、椅座面、地板等。这些木制品表面漆膜如果耐磨性差，则很快磨损露白。一般说漆膜坚硬的耐磨性高。

根据国标《家具表面漆膜耐磨性测定法》GB4893.8－1997 规定，采用漆膜磨耗仪测定漆膜的耐磨性。该仪器有一回转圆盘，待测漆膜样板放在圆盘上，圆盘以 70～75 r/min 的速度回转，在漆膜上放一橡胶砂轮，砂轮负载

1 000 g的砝码，在具一定负载的砂轮的研磨下，耐磨性高的漆膜研磨几千转不露白；反之，耐磨性差的漆膜可能研磨几百转便已露白并磨掉（失重）许多漆膜，故漆膜的耐磨性即以一定负载下不露白的研磨转数与漆膜在规定转数（一般为100 r）下的失重克数表示，并以此来评定漆膜耐磨性等级。

#### 2.3.2.6 耐温变性

漆膜耐温变性能也称耐冷热温差变化性能，是指漆膜能经受温度突变的性能，即能抵抗高温与低温异常变化，例如北方冬季生产家具时，油漆车间温度可能在15～20 ℃，油漆完了的家具如送到没有采暖的仓库存放，或在户外运输时，却可能处于－20 ℃，当从户外再进入室内时又突然处在温度上升几十度的条件下，这时耐温变性差的漆膜就有可能开裂损坏。

根据国标《家具表面漆膜耐冷热温差测定法》GB4893.7－1997规定，检测耐温变性时，要将涂漆干透的样板连续放入高温（40 ℃）恒温恒湿箱与低温（－20 ℃）冰箱，观察漆膜的变化，以不发生损坏变化的周期次数表示。

#### 2.3.2.7 耐冲击性

漆膜耐冲击性也称抗冲击强度，是指涂于基材上的涂膜在经受高速率的重力作用下可能发生变形但漆膜不出现开裂以及从基材上脱落的能力，它表现为被试验漆膜的柔韧性和对基材的附着力。耐冲击性能好的涂膜，在重物冲撞的情况下也不开裂损坏脱落。常用冲击试验仪检测，以一定质量的重锤落在涂膜样板上，使涂膜经受拉长变形而不引起破坏的最大高度，用重锤质量与高度的乘积表示涂膜的耐冲击性，通常用N·cm表示。通常涂膜厚度、基材种类与涂漆前基材表面处理状况等均会影响冲击强度。

根据国标《家具表面漆膜抗冲击测定法》规定，采用冲击试验器检测涂膜的耐冲击性，其原理为：一个钢制圆柱形冲击块，从规定高度沿着垂直导管跌落，冲击到放在试件表面的具有规定直径和硬度的钢球上，根据试件表面受冲击部位漆膜破坏的程度，以数字表示的等级来评定漆膜抗冲击的能力。

仪器中的冲击块由硬度略低于钢球的合金钢制成，其质量为500 g±5 g。冲击高度可分别选为10，25，50，100，200，400 mm。测定漆膜最大抗冲击能力时，应逐级通过各冲击高度，直至最大冲击高度或漆膜出现第五级破坏为止。

按该标准规定，其试件可用一定规格的涂漆样板，也可以直接采用家具成品或家具某一部件。涂饰样板尺寸为200 mm×180 mm，制备试件所用材料和表面涂饰工艺应与家具成品一样，涂漆试件制成后室温干燥应在温度不低于 15 ℃、空气流通的环境放置 4 周以上。

试验时，将冲击器放在试件上，使钢球处于冲击部位中心，然后将冲击块提升到规定的冲击高度，向钢球冲击一次，每个冲击高度各冲击 5 个部位。

将试件置于光源下，用放大镜检查各冲击部位的损伤程度。损伤程度评定冲击结果划分五个等级：无任何损伤为一级；漆膜表面无裂纹，但可见冲击印痕者为二级；依次漆膜表面有严重的破坏，通常有五圈以上的环裂、弧裂或漆膜脱落者列为五级。记录每个冲击高度 5 个冲击部位的平均等级作为漆膜耐冲击性的最终评定结果。

2.3.2.8　光泽

漆膜光泽是涂料的重要装饰性能之一。光泽是物体表面对光的反射特性。当物体表面受光线照射时，由于表面光滑程度的不同，光线朝一定方向反射的能力也不同，我们通常称之为光泽。如前述决定一个表面光泽高低的主要因素是该表面粗糙不平的程度，当一个表面很平整光滑的时候，则入射光线能集中而大量向一个方向反射，称正反射。一个表面的正反射光的量越多，人们就感到这个表面越光亮；反之一个表面比较粗糙不平时，入射光线即向各个方向乱反射，称漫反射（散射），一个表面的漫反射光的量越多，人们便感到这个表面没有光泽或光泽很弱。

用于测定表面光泽的光泽仪就是测量物体表面反光能力的仪器。所测得的光泽度数值是指从规定光的入射角在样板表面正反射光量与在相同条件下从理想的标准表面上正反射光量之比值，以百分数来表示。

但是漆膜表面反射光的强弱，不但取决于漆膜表面的平整和粗糙的程度，还取决于漆膜表面对投射光的反射量和透过量的多少。在同一漆膜表面上，以不同投射角投射的光，会出现不同的反光强度。因此，在测定漆膜光泽时，应先固定光的入射角度。日本标准 JIS28741 －1983 中规定不同入射角度所应用的范围见表 2 －4。

**表 2 －4　不同入射角光泽仪应用范围**

| 入射角度/（°） | 85 | 75 | 60 | 45 | 20 |
|---|---|---|---|---|---|
| 适用品种 | 涂膜 | 纸面及其他 | 塑料、涂膜 | 塑料 | 塑料、涂膜 |
| 使用范围 | 60°测定<br>小于 10%<br>的表面 | | | | 60°测定<br>大于 70%<br>的表面 |

美国标准 ASTMD523 中规定的入射角度及应用范围见表 2－5。

**表 2－5 不同入射角及应用范围**

| 入射角度/（°） | 85 | 60 | 20 |
| --- | --- | --- | --- |
| 使用范围 | 低光泽漆膜 | 一般光泽漆膜 | 高光泽漆膜 |

目前我国涂料行业生产的木器漆中，较流行的提法：全光品种光泽在 70% 以上，亚光品种（低光泽的）中，半亚品种光泽为 30% ~60%，全亚品种光泽为 10% ~20%。也有分为 30%、50%、70% 光泽者。

根据国标《家具表面漆膜光泽测定法》GB4893.6－1997 建议，测定家具表面漆膜光泽使用 GZ－Ⅱ型光电光泽仪。实际上，测定高于 70% 光泽的漆膜应使用 20°的光泽仪，测定低于 30% 光泽的漆膜，则以采用 85°的光泽仪更为理想。因此能使用多角光泽计（0°，20°，45°，60°，75°，85°）和变角光泽仪（20° ~85°之间均可测定），一台仪器能有多种用途，从而增大了测试范围。

影响漆膜的光泽效果一般有如下因素：

表面粗糙度。漆膜表面能产生光泽必须有两个条件，其一是表面必须有照射光线照射，其二是有部分反射光。与大多数物体现象一样，当光线投射到漆膜表面，一部分被吸收，一部分被反射和散射，还有一部分被基体折射，透过漆膜再反射出来。如前述表面越是平整则反射部分越多，光泽值越大，如果表面凹凸不平，非常粗糙，则散射部分相应增大，光泽值就很低。因此，若想获得高光泽表面或在原有基础上提高光泽，则应采取一切可能的手段，降低漆膜表面的粗糙度；反之，制造亚光漆则是设法提高漆膜表面轻微的均匀的凹凸不平的程度，添加消光剂则是消光的有效措施。

成膜过程的影响。涂料的成膜过程影响漆膜表面的粗糙程度，在一般情况下，制品涂漆后所成湿涂层，由于溶剂蒸发，漆膜厚度降低并收缩，一些悬浮颗粒重新排列在表面上，产生不同程度的凹凸面。不同涂料基料，因分子结构内自由体积不同，成膜后的收缩率也不同，光泽便有差异。

无论是溶剂型漆、水性漆，还是高固体分漆、无溶剂型漆，在涂饰后成膜过程中都有流动分布的过程，它对干后所成漆膜的平整度有很大影响。这个流动分布正常即湿涂层的流平性好，这里需要涂料配方设计中保证混合溶剂里最后挥发的仍有成膜物质的真溶剂。

现代涂料生产考虑到溶剂的溶解力、挥发速度与价格等多用混合溶剂，混合溶剂中的各部分挥发速度不同，在湿涂层慢慢转化成固体干漆膜的过程中，溶剂陆续挥发，到后期残留溶剂中仍有部分对成膜物质尚能溶解的真溶剂时，它就能保证涂料成膜物质的树脂或聚合物分子能充分伸展并自由互相作用，即能很好地流平，这样就有可能得到高光泽的表面。

反之，当残留组分是助溶剂时，因不能很好溶解成膜物质中的树脂聚合物，此时出现不平衡状态，聚合物分子倾向于形成紧密的卷曲甚至析出（不溶解状态），变成大大小小颗粒或团块物，漆膜表面则呈现明显的不平整，例如作为消光剂放入漆中的某些蜡，当溶剂挥发，因溶解度变小而析出，光泽就大幅度下降而达到了消光的目的。

在成膜过程中，随着溶剂的挥发吸热而引起冷却降温与成膜物质浓度上升，使漆膜表面张力提高，产生溶液自低表面能力区向高表面能力区流动，有人称之为二次流动。二次流动如不能均匀流平即易产生“橘皮”和浮色的缺陷。在给定的涂料体系和施工条件下，有关理论计算得到，表面张力与膜厚的平方成正比，因此足够的膜厚就有足够的驱动力促进漆膜内二次流动的顺利进行，易制得光滑、平整、高光泽的漆膜表面；反之，漆膜薄，导致二次流动困难，易造成漆膜表面的不平整，光泽低，甚至产生“橘皮”等缺陷。

此外，二次流动也必须有部分残留真溶剂才能保证涂层固化前的均匀流平。总之，流平性好的涂料才有可能获得平整光滑的涂膜，而流平性既是涂料配方设计问题也与施工（如膜厚等）有关。

颜料体积浓度的影响。不透明色漆中的颜料，不管研磨得多么细，其颗粒仍然比成膜物质的树脂分子大得多，所以同类型漆，清漆比放入颜料的色漆光泽高。因此色漆中颜色体积浓度增加，即增加漆膜表面的粗糙度而使光泽降低。

颜料颗粒和分布的影响。不透明涂料中所含颜料及填料颗粒大小与粒度分布是影响漆膜光泽的重要因素之一。涂料科研与制漆经验指出，当颜料颗粒平均直径小于0.3 μm时，才能提供高光泽表面。经验指出，在制白醇酸漆时，当放入其中的白颜料与填料的颗粒直径大于3～5 μm时，漆膜光泽将明显降低。实验表明，颗粒大小在3～5 μm时消光效应最明显，故消光剂颗粒尺寸大多在3～5 μm范围。高光泽漆的颜料颗粒大小不仅应小于0.3 μm，而且应尽可能地分散均匀才有利于漆膜的光泽。

施工的影响。除上述涂层需有足够厚度外，涂料品种、涂饰方法、粗孔木材填孔与否以及填孔质量等都会给漆膜光泽与保光性带来影响。

## 复习思考题

1. 涂料由哪些材料组成？成膜物质作用如何？
2. 溶剂有多少种？常用溶剂有哪些？
3. 着色材料有哪两类？常用着色材料有哪些？
4. 涂料是如何分类的？家具常用涂料有哪些？
5. 液体涂料性能有哪些项目？各有何意义？
6. 家具表面漆膜性能国家标准有哪些检测项目？

# 3 涂料品种与性能

木制品生产用涂料品种繁多，只有对常用涂料品种、组成、性能与应用有所了解，才能做到优化选择，合理使用。本章将介绍当前木制家具生产常用的品种及其性能与应用，而对应用量较少的品种只做简单介绍。

## 3.1 油性漆

油性漆是一种习惯的分类叫法，是指涂料组成中含有大量植物油的一类漆。油性漆是一个比较古老的品种，目前在现代木制家具生产中已很少使用。

### 3.1.1 油性漆概述

在我国油性漆应用了数千年，如前述，植物油组成中含有的不饱和脂肪酸含有双键，涂饰后涂层能够吸收空气中的氧气，发生氧化聚合反应，因而能固化成膜。最早是熬炼桐油，加入锰催干剂便是清油，也称熟油，就可用来涂刷木制品。所成油膜，也有一定的耐水、耐热、耐候性以及光泽。

用植物油（经熬炼的桐油、亚麻油等）加入适当溶剂（如松节油、松香水）与催干剂、颜料调配，已能直接使用，如油性调和漆。后来人们发现将天然树脂（如松香）加入油中一起熬炼，所制得的油性漆在光泽、硬度与干燥速度等方面均有提高。于是，用酯胶（将松香溶化放入甘油经酯化反应制得的也称甘油松香或酯胶）与干性油经高温炼制后溶于松节油或松香水，并加入催干剂所制得的透明涂料即称脂胶清漆，当放入颜料便可制得酯胶调和漆、酯胶磁漆等。

油性漆中性能比较好的是酚醛漆，是用酚醛树脂与植物油共作成膜物质的漆。木器用酚醛漆中的酚醛树脂是由苯酚、甲醛与松香、甘油等经化学反应制得的一种红棕色的透明固体树脂，称为松香改性酚醛树脂，再与干性油合炼制得不同油度（油与树脂的比例）的漆料，加入溶剂与催干剂便制得酚醛清漆，加入颜料可制得酚醛磁漆。

酚醛漆的光泽、耐热、耐水与耐化学药品等性能都很不错，在20世纪50~70年代，我国大部分木制品都是用酚醛漆来涂刷。但是包括酚醛漆的油性漆类，其最大的弱点是漆膜软、干燥慢。常温条件下油的氧化聚合反应进行得很慢，涂刷一遍表干也需要几个小时，实干则需要十几或二十几个小时。至于其综合性能与当代应用最多的聚氨酯漆相比，相差就很多了。但值得一提的是，在北欧有一种效果独特的木材涂饰方法，即“油饰”，仍然是用油性漆（主要是用亚麻油制的漆），黏度较低，擦涂，漆液渗入木材管孔内部，漆膜很薄，表面似没有涂层，光泽好像发自木材内部，保留与显现了木材的特有质感，所涂饰的实木家具外观效果别具韵味。

### 3.1.2 醇酸树脂漆

醇酸树脂漆是以醇酸树脂为成膜物质的一类漆。醇酸树脂是由多元醇、多元酸和脂肪酸经酯化缩聚反应制得的一种树脂。实际制漆时，常用丙三醇（一种三元醇，俗名甘油，是无色有甜味的黏性液体）、邻苯二甲酸酐（一种二元酸，简称苯酐，为白色针状晶体）与植物油（桐油、亚麻油、豆油、椰子油、蓖麻油等含脂肪酸的油类）作原料制成各种油度的醇酸树脂，也有用脂肪酸直接改性制得醇酸树脂的。

油度是用树脂和油共作成膜物质时两者的用料比例。这里是指用油类作原料生产醇酸树脂时油类的含量。油度一般分长、中、短油度，长油度与短油度相比较，前者油含量多，树脂少，后者则油含量少，树脂多。例如长油度醇酸树脂含油量在60%以上，中油度为50%~60%，短油度在50%以下。油度对醇酸树脂以及醇酸树脂漆的性能均有影响。一般来说，短油度的光泽、硬度、干燥速度、黏度等均比长油度高，而长油度的刷涂流平性、柔韧性、耐水性、耐候性、贮存稳定性等均比短油度好。

木制品涂饰过去相当长一段时间应用较多的是醇酸清漆和醇酸磁漆。醇酸清漆是用醇酸树脂加入适量催干剂与溶剂制成。催干剂多用环烷酸锰、环烷酸铅、环烷酸钴等，溶剂多用松香水、松节油与苯类。醇酸磁漆的组成相当于清漆中加入着色颜料与体质颜料。

醇酸树脂漆性能主要决定于醇酸树脂的性能，醇酸树脂至今是性能优异、用量较大的涂料用树脂，用醇酸树脂所制的醇酸树脂漆有良好的户外耐久性、高的光泽，漆膜柔韧，附着力好，耐候性高，不易老化，保光保色性好，并有一定的耐热、耐水与耐液性。醇酸树脂具有良好的制漆性，尤其不仅能单独制漆，还能与多种树脂并用制漆，例如在硝基漆中，氨基醇酸漆中以及聚氨酯漆中都会用到醇酸树脂。

但是，单用中长油度醇酸树脂制得的醇酸树脂漆，虽不属于油性漆类，却有油性漆类的弱点，由于含油量较多，故其漆膜柔韧性好而硬度低，涂层干燥慢。目前大部分中高档家具生产已很少采用。

## 3.2 硝基漆

硝基漆原称硝酸纤维素漆（Nitrocellulose 即硝酸纤维素，缩写成 NC），也称喷漆、蜡克（Lacquer）。约于 1930 年问世，原本为汽车用漆而发明，后来成为世界性木器用漆的主要品种。

我国在 20 世纪 80 年代之前，硝基漆是木器漆中的首选品种，当时常用来涂饰中高档家具、钢琴、缝纫机台板等，到 20 世纪 80 年代之后，由于性能优异的聚氨酯漆、聚酯漆等漆种的成功使用，却让位给了聚氨酯漆、聚酯漆。但是，硝基漆并没有被淘汰，美国人对硝基漆很偏爱，至今美国的产量与用量仍占国际首位。国内许多生产出口家具、工艺品等的厂家，外商指定要用硝基漆涂饰，因此大多采用硝基漆。目前国内的部分家具、木制品以及室内装修也仍然采用硝基漆涂饰或硝基改性聚氨酯漆涂饰。虽然硝基漆的综合性能不及聚氨酯漆、聚酯漆等，但其也有些独特性能是聚氨酯漆等漆种所不及，因此，硝基漆仍是目前家具生产的重要漆种之一。

### 3.2.1 硝基漆组成

硝基漆是以硝化棉（硝酸纤维素酯）为主要成膜物质的一类漆。以硝化棉为主体，加入合成树脂、增塑剂与混合溶剂便可制成无色透明硝基清漆，如加入染料可制成有色透明硝基漆，如加入着色颜料与体质颜料可制成有色不透明的色漆。硝基漆是上述成分按一定配方比例冷混调配的，针对用途，调节配方，可获得具体的硝基漆品种。其中硝化棉与合成树脂是硝基漆的主要成膜物质，增塑剂可提高漆膜的柔韧性，颜料与染料能赋予涂层适宜的色彩，其中颜料在不透明色漆漆膜中具有遮盖性。

这四种成分一般构成硝基漆的不挥发分，即能形成漆膜的固体分，其质量比例一般占硝基漆的 10% ~30%。漆中的混合溶剂用于溶解与稀释硝化棉和合成树脂，使之成为液体涂料，它是硝基漆中的挥发分，占硝基漆的 70% ~90%。

#### 3.2.1.1 硝化棉

硝化棉是硝酸纤维素酯的简称，是硝酸与纤维素作用生成的一种酯。工业生产硝化棉是用脱脂棉短绒经浓硝酸和硫酸的混合液浸湿、硝化制成。硝化棉外形为白色或微黄色纤维状，密度约为 1.6 $g/cm^3$，不溶于水，可溶于酮或酯类有机溶剂。将其溶液涂于制品表面，溶剂挥发便可形成硝化棉的涂膜，涂膜比较坚硬，有一定的抗潮与耐化学药品的腐蚀能力，故能作成膜物质。

根据硝化程度的不同可制得不同含氮量和黏度的硝化棉，其性能也不同，木器漆使用较多的是含氮量为11.7%～12.2%的RS型，其综合性能可满足木器漆膜的要求。硝化棉的黏度一般用落球黏度计测量（将规定的硝化棉溶于酯、醇、苯混合溶剂中，将规定直径与质量的钢球置于硝化棉溶液中，用秒表记录钢球降落规定高度所需时间秒数，即为硝化棉的黏度值），可制得1/4 s，1/2 s，5 s，10 s，30 s，40 s等多种。秒数越多黏度越高，表示其聚合度高，机械强度高，性能好，但溶解性差，常需大量强溶剂（酯、酮类）才能溶解。

经硝化制得的硝化棉是危险品（含氮量高的硝化棉便是炸药），其发火点是180 ℃，在贮藏中会自燃而爆炸，但液化贮存则无此危险，故通常将制得的硝化棉用乙醇、异丙醇等润湿，做成湿棉。

单用硝化棉制漆其性能并不完善，硝化棉涂膜光泽不高，比较硬脆，韧性较差，附着力不好，需大量溶剂溶解（致使硝基漆的固体分含量低）等，故在硝基漆生产过程中常加入各种合成树脂以改善漆膜性能。

3.2.1.2　合成树脂

现代硝基漆生产过程中主要加入合成树脂，几乎大部分合成树脂均可与硝化棉并用制漆，其中应用较多的是松香树脂和醇酸树脂。

硝基漆中加入树脂的目的在于提高光泽和改善涂膜的附着性，在不增加黏度的情况下，提高硝基漆的固体分含量，赋予漆膜韧性，提高耐候性。添加树脂宜选用酸值低、耐水性、耐候性均好者。常用的松香树脂中主要采用甘油松香（酯胶）与顺丁烯二酸酐松香甘油酯。加入松香树脂可明显地增加漆膜的光泽、硬度和打磨抛光性，能制成黏度不高而固体分含量较高的漆液，并且干燥快，颜色浅，耐水与耐碱性都很好，但耐候性与耐寒性差，硬脆易裂，不宜制作户外用漆。

硝基漆中加入的醇酸树脂多为大豆油、椰子油、蓖麻油改性的醇酸树脂，用植物油制取的醇酸树脂也称油改性醇酸树脂，是一种富有柔软韧性的合成树脂，因而能明显改善硝基漆漆膜的柔韧性、附着力、耐候性与光泽等。

总之，硝基漆中实际上加入了大量的合成树脂（其数量一般为硝化棉的0.5～5倍），从而明显地改进了漆膜的硬度、光泽、附着性，增强了耐水、耐热、耐化学药品等性能，并相应提高了涂料的固体分含量。

#### 3.2.1.3 增塑剂

硝基漆中的辅助材料主要使用增塑剂。硝化棉具有一定的强韧性，收缩率高，单独使用其挠性不够、影响附着，受外力作用易脆裂、收缩及剥落，当加入增塑剂便能使涂膜变得有适度柔韧性，附着良好，耐久性提高，并能适量提高其丰满度。但是所用增塑剂应对硝化棉和树脂相溶性良好，易溶、不挥发，利于湿涂层的流平。常用的增塑剂有邻苯二甲酸二丁酯、磷酸三甲酚酯、磷酸三苯酯以及蓖麻油等。但是其添加量以硝化棉的30%～50%为宜，用量过多可能会降低涂膜硬度与耐久性。

#### 3.2.1.4 溶 剂

在硝基漆组成中增塑剂也随硝化棉和合成树脂一起成膜，这三种原材料的性质和配比是决定涂料性能的决定因素，而能否获得良好的涂膜状态，溶剂是决定性因素。各种溶剂的溶解力及挥发速率等因素，对于硝基漆的生产、贮藏、施工及漆膜光泽、附着性、表面状态等多方面性能均有影响，溶剂能使溶解性不相同的三种成分保持相溶的溶解状态，在涂层整个干燥过程中溶剂的溶解力必须保持平衡，因此挥发速率的平衡非常重要。溶剂对于木材吸收、水分凝聚要有良好的抵抗性，对下层涂膜不能有过分的溶解。要满足这些条件硝基漆需要多种溶剂的配合。

作为主要成膜物质的硝化棉是一种较难溶解的高分子纤维酯类，再考虑到硝基漆的多种材料组成，简单地使用一种单一的溶剂效果不会好，必须使用混合溶剂。根据溶解力、挥发速度以及经济因素，混合溶剂一般由真溶剂、助溶剂与稀释剂组成。

真溶剂也称活性溶剂，系指能溶解硝化棉的酯、酮类溶剂，常用的有醋酸乙酯、醋酸丁酯、醋酸戊酯、丙酮、甲基异丁基酮、环己酮等。

助溶剂也称潜溶剂，是指不能直接溶解硝化棉的醇类溶剂，但将其与真溶剂混合（需真溶剂量多）也能溶解硝化棉，常用的有乙醇、丁醇、异丙醇等。

稀释剂则是一些既不能溶解也不能助溶，但对硝化棉溶液能起稀释作用的一些芳烃溶剂，如甲苯、二甲苯等苯类溶剂，同时也是漆中合成树脂的良好溶剂，并能降低混合溶剂的成本。

涂料厂家要兼顾多种因素，根据树脂和溶剂的溶解度参数，依据沸点、相对挥发速率、混合溶剂的挥发平衡、合理的稀释比值以及安全、毒性与价格等诸多因素设计优选合理配方。

由上述真溶剂、助溶剂与稀释剂构成硝基漆的挥发分，如前述占硝基漆的很大比例。一般硝基漆出厂时的固体分含量为30%左右，即挥发分占

70%左右。即便使用这样固体分的漆，施工黏度仍很高，实际上无法刷涂、擦涂或喷涂；因此硝基漆施工时还需用专门配套的硝基漆稀释剂（也称硝基稀料、信那水、香蕉水等），施工时用于调节硝基漆黏度以及洗刷工具与设备等。这部分施工时使用的稀释剂的组成与硝基漆中的挥发分基本一致，也包括真溶剂、助溶剂和稀释剂三个部分，只是比例与品种略有变化，苯类稍多。

无论用何种方法涂饰硝基漆，都需使用稀释剂，但用量不同。常依据原漆的固体分含量与黏度、涂饰的不同阶段（头度底漆或面漆）、不同表面（水平面或垂直立面）、不同季节参考说明书规定比例试验确定。

#### 3.2.1.5 着色材料

当在硝基漆中加入各种着色颜料与体质颜料则可制成硝基磁漆、底漆与腻子等不透明色漆品种，并能增加漆膜硬度与机械强度。当在硝基漆中加入可溶性的染料则可制成有色底漆、面漆与着色剂等透明硝基漆品种。

### 3.2.2 硝基漆固化机理

硝基漆涂层的干燥主要靠漆中所含溶剂的蒸发。硝基漆属典型的挥发型漆，一旦涂层中所含溶剂全部挥发完毕，涂层便干燥固化，变成固体漆膜，在这一成膜过程中没有任何成膜物质的化学反应发生。因此，施工环境的温湿度条件对其影响较大，当温度较高时（如高于30℃），由于溶剂的急剧蒸发，会影响湿涂层的顺利流平，涂膜变得粗糙，可能发生针孔、气泡等缺陷。当采用空气喷涂法时，喷涂射流中由于溶剂的急剧蒸发而使得喷涂漆雾以半干状态的漆粒喷在制品表面上，可能会导致所成漆膜带有颗粒而粗糙。

在阴雨天施工，空气湿度大，由于硝基漆涂层溶剂的急剧蒸发从周围吸热，使涂层表面降温，导致周围空气中的水蒸气达到露点而变成小水滴混入涂层，引起涂层变白，也称泛白、白化，属一种涂饰缺陷。当温度过低时（如低于5℃），则溶剂不能自如蒸发而影响涂层干燥，或残留溶剂太多而不能获得清澈透明的涂膜。

### 3.2.3 硝基漆品种

按木材涂装施工过程的功用，其品种可以构成独立的涂装体系，它包括硝基腻子、填孔漆、着色剂、头度底漆、二度底漆、面漆等。

按透明度与颜色可分为透明硝基清漆、有色透明清漆与有色不透明色漆。

按光泽则可分为亮光硝基漆和亚光硝基漆。

3.2.3.1 着色剂

着色剂由染料与颜料等着色材料用水、溶剂、油类以及清漆调配而成，硝基着色剂也可以将染料放入稀的硝基漆中调成，需要注意的是硝基漆中溶剂对染料的溶解性。目前许多涂料生产厂家已能推出此类成品着色剂，可喷涂也可擦涂，常用于底着色，也可用于面着色。

3.2.3.2 硝基填孔漆

填孔漆又称填孔剂，如前述在硝基清漆中放入填充性好的体质颜料便可以制得硝基填孔剂。要保证填孔效果填料的选择很重要。要保证填孔漆对木材有很好的附着力，树脂的选用很重要，当将颜料与染料放入填孔剂中可制得填孔着色剂，填孔同时着色。采用刮涂或擦涂效果好，颜料能使木材导管浮出，涂过清漆看起来有凸起纹路之感，木纹清晰富有立体感。染料则能使木筋更好着色。

3.2.3.3 封闭底漆

封闭底漆也称头度底漆，是整个木材涂装施工过程中重要的一道涂层。要达到封闭的目的首先应有良好的渗透性，能很好地渗入到木材的孔隙中，赶出空气，在木材内部形成漆膜可防止木材脂类物质的外溢，减少上面涂层的渗入，同时还要与上面涂层有良好的柔和性，所用合成树脂一般应比硝化棉多，可使用醇酸树脂、缩丁醛树脂、脱蜡虫胶、酚醛树脂等。

3.2.3.4 二度底漆

二度底漆也称打磨漆，用于中间涂层，固体分含量较高，含有一定数量的体质颜料（滑石粉）与硬脂酸锌等粉状物质，具有一定的渗透填充性，并便于打磨平滑。但这部分粉质材料不宜过多，否则会影响漆膜的透明性。

3.2.3.5 面漆

面漆是整个涂装工艺过程中最后涂饰的一道漆，也是最重要的一道漆，其涂膜应具有一系列完善的装饰保护性能。面漆有不含颜料的透明清面漆，含有颜料的不透明彩色面漆；还有亮光与亚光不同品种。

### 3.2.4 硝基漆性能

硝基漆的优缺点都很突出，正因为有明显的优点，才有很大的应用价值，在某些木制品尤其出口家具、工艺品上广泛应用。

（1）干燥快。硝基漆属于挥发型漆，涂层干燥快，一般涂饰一遍常温下 10 min 或十几分钟可达表干，因此可采用表干连涂工艺，在间隔时间不长的情况下，可连续涂饰多遍。其干燥速度一般比油性漆能快许多倍。但是尽管涂层表干快，如连续涂饰数层之后，涂层下部完全干透也需要相当长的时间。

（2）单组分漆，施工方便。与现代流行使用的聚氨酯漆、不饱和聚酯漆等多组分漆相比，硝基漆为单组分漆不必分装贮存，也不必按比例配漆，也没有配漆使用期限，因而施工方便。

（3）装饰性好。硝基清漆颜色浅，透明度高，可用于木器的浅色与本色涂饰，充分显现木材花纹与天然质感。硝基漆漆膜坚硬，打磨抛光性好，当涂层达到一定厚度，经研磨抛光修饰后可以获得较柔和的光泽。近些年兴起的显孔（全开放）装饰最适于选用硝基漆涂饰。特别是用硝基漆制作显孔亚光涂层，具有独特韵味，是其他漆种难以替代的。美式涂装工艺多采用硝基漆。

（4）漆膜坚硬耐磨。机械强度高，但有时硬脆易裂，尤其涂饰过厚，有的硝基漆涂膜当使用一段时间后就会出现顺木纹方向的裂纹。

（5）具有一定的耐水性、耐油性、耐污染与耐稀酸性。但不耐碱性、耐溶剂性差。硝基漆的耐热耐寒性都不高，硝化棉是热塑性材料，在较高温度下使用容易分解，漆膜在低温下容易冻裂。

（6）固体分含量低、涂膜丰满度差。由于施工时需要使用大量稀释剂来降低黏度，因此涂饰硝基漆时，施工漆液的固体分含量一般只有百分之十几。每涂饰一遍的涂层很薄，当要求达到一定厚度的漆膜时，需涂饰多遍，过去手工擦涂常需几十遍，致使施工工艺烦琐，手工施工周期长，劳动强度高。

（7）挥发分含量高。施工过程中将挥发大量有害气体，易燃，易爆，有毒，污染环境，需增加施工场所的通风设施与动力消耗。

### 3.2.5 硝基漆应用

目前，我国大部分出口家具、工艺品及室内装修广泛使用硝基漆涂饰，尤其显孔亚光涂饰首选硝基漆。我国涂料行业已能配套供应丰富的硝基漆系列品种。硝基漆可采用手工擦涂、刷涂、空气喷涂、高压无气喷涂、淋涂、浸涂等多种涂饰方法，现代涂饰多以空气喷涂为主。

## 3.3 不饱和聚酯漆

不饱和聚酯漆是用不饱和聚酯树脂作主要成膜物质的一类漆，简称聚酯漆。不饱和聚酯是聚酯树脂（Polyesterresin，缩写 PE）的一种。不饱和聚酯漆在我国木器生产上的应用大约自 20 世纪 60 年代开始。60 年代中期，北京、上海等地的钢琴、收音机壳、高档家具等已开始陆续使用不饱和聚酯漆涂饰。世界涂料发展历史中，不饱和聚酯漆是十分重要的漆类，它不仅具有优异的综合理化性能，而且独具特点，属于无溶剂型涂料的代表性品种，现今在钢琴表面涂饰、宝丽板制造和高档家具生产上已广泛应用。

### 3.3.1　不饱和聚酯漆组成

在不饱和聚酯漆的组成中，成膜物质主要是不饱和聚酯树脂，溶剂多用苯乙烯，辅助材料有引发剂、促进剂与阻聚剂、隔氧剂等，不透明色漆品种中含有着色颜料与体质颜料，有色透明品种中含有染料。

#### 3.3.1.1　不饱和聚酯

聚酯是多元醇与多元酸缩聚产物。由于多元醇与多元酸品种很多，当选用不同原料与合成工艺时，可以得到不同类型的聚酯树脂。

醇类是含羟基（—OH）的一类化合物。含一个羟基的为单元醇，如乙醇（$C_2H_5OH$，酒精）；含两个羟基的为二元醇，如乙二醇、丙二醇都是无色黏稠液体；含三个羟基的为三元醇，如丙三醇。三元以上即为多元醇。

有机酸为含羧基（—COOH）的化合物，含一个羧基的为单元酸，如甲酸（HCOOH，俗名蚁酸，无色有刺激味的液体），是最简单的脂肪酸。同理含两个羧基的为二元酸，如邻苯二甲酸（无色晶体）、顺丁烯二酸等，二元以上即为多元酸。

当由饱和的二元醇（如乙二醇、丙二醇）与不饱和的二元酸（如顺丁烯二酸）经缩聚反应制得的是一种线型聚酯，其分子结构中含有双键，即有未饱和的碳原子，故称为不饱和聚酯。它能溶于苯乙烯（无色易燃的液体）中，在一定的条件下（如在引发剂或热作用下）能与苯乙烯发生聚合反应而形成体形结构的聚酯树脂，即性能优异的不饱和聚酯漆的漆膜。

#### 3.3.1.2　交联单体

苯乙烯是交联型不饱和聚酯所用的单体，由于价廉和所制的漆膜质量较好等特点，已被广泛采用。

苯乙烯是一种无色、易燃、易挥发的液体，是一种含双键结构的不饱和化合物，它能溶解不饱和聚酯，是不饱和聚酯的溶剂。但是它与大多数漆中的溶剂不同，它能与被其溶解的不饱和聚酯发生聚合反应而共同成膜，所以一般称苯乙烯为活性稀释剂，可聚合溶剂。由于苯乙烯的这种兼作溶剂与成膜物质的特性，而使不饱和聚酯漆的涂层在成膜过程中基本不挥发溶剂，而使不饱和聚酯漆成为独具特点的无溶剂型漆。

3.3.1.3 着色材料

当制造有色品种时，可在不饱和聚酯漆中放入着色颜料（如氧化铁红、钛白、群青等）、体质颜料（如滑石粉、碳酸钙等）和染料（如酸性染料或活性染料等），需要注意的是应该采用不能被过氧化物（引发剂）所破坏的和不能与不饱和聚酯发生反应的物质。作为聚酯树脂漆的着色材料，所采用的颜料、染料和体质颜料对聚合反应也不应有影响。

3.3.1.4 引发剂和促进剂

不饱和聚酯与苯乙烯的成膜反应需要有辅助成膜材料引发剂与促进剂的参加才能实现。不饱和聚酯与苯乙烯之间的共聚反应是游离基聚合反应，反应能够进行首先必须有游离基存在，引发剂（也称交联催化剂、固化剂等）就是一些能在聚酯漆涂层中分解游离基的材料。

游离基也称自由基，是化合物分子中的共价键在外界（如光、热等）作用下分裂成的含有不成对价电子的原子或原子集团。游离基聚合反应就是通过化合物分子中的共价键均裂成自由基而进行的反应。

最常应用的聚酯漆聚合引发剂是各种过氧化物，如过氧化环已酮、过氧化甲乙酮和过氧化苯甲酰等。

过氧化环已酮是由过氧化氢（双氧水）与环已酮在低温条件下反应制成，再用邻苯二甲酸二丁酯调成含50%的过氧化环已酮的白色糊状物（也称过氧化环已酮浆），一般冷藏保存。

过氧化苯甲酰是一种白色结晶粉末，稍有气味，不溶于水，微溶于乙醇，可溶于苯与氯仿等。干品极不稳定，摩擦、撞击、遇热能引起爆炸，贮存时一般注入25%～30%的水，宜在低温黑暗处保存，用作引发剂时制成含邻苯二甲酸二丁酯的糊状物。

过氧化物只有在高温条件下才能很快分解游离基，在适于常温固化的木器漆涂层中还不能直接发挥作用，而促进剂正是在常温下能加速过氧化物分解游离基的材料，故聚酯漆中还需加入促进剂。促进剂也称活化剂，具有还原的性能，它与过氧化物（氧化剂）可组成引发聚合作用的氧化还原系统，以增进聚酯树脂中的引发效应，使聚酯在常温下固化。

实际涂装施工中需根据涂料生产厂提供的具体品种的引发剂与促进剂配套使用。当引发剂用过氧化环已酮、过氧化甲乙酮时，促进剂要用环烷酸钴。环烷酸钴原为紫色半固体黏稠物，常用苯乙烯稀释至含金属钴2%的紫色溶液。当使用过氧化苯甲酰时，促进剂要用二甲基苯胺、二乙基苯胺，均为淡黄色的苯乙烯溶液。

#### 3.3.1.5 多组分组成

不饱和聚酯漆属于多组分漆，常包括3或4个组分，使用前是分装的，就是买来的一套不饱和聚酯漆会有3或4个包装，也称3或4罐装。3组分的非蜡型聚酯漆，其中组分一（也称主剂）为不饱和聚酯的苯乙烯溶液，即常称为不饱和聚酯漆的部分。制漆时树脂合成完毕，制成的聚酯通常移入稀释罐内，搅拌冷却至一定温度后先加入阻聚剂（对苯二酚等）然后即加入苯乙烯，继续冷却，搅匀，过滤即得的透明产品。

不饱和聚酯与苯乙烯的比例对涂料性能有影响，如苯乙烯太多则固化物的收缩率大，漆料的黏度也太低，若苯乙烯太少，则不足以固化。所以一般聚酯与苯乙烯的比例约为65:35或70:30。因此不饱和聚酯漆施工时不可以轻易加入溶剂稀释，因为聚酯的溶剂苯乙烯是要参与交联反应的，这不同于其他漆类的挥发溶剂。

不饱和聚酯漆组分二即引发剂（也称固化剂、白水），组分三则是促进剂（蓝水）。如是蜡型聚酯漆则还有组分四，即蜡液，一般为4%的石蜡苯乙烯溶液。

### 3.3.2 聚酯漆性能

聚酯漆是木器漆中独具特点的漆类，同时又具有优异的综合性能。

不饱和聚酯漆的最大特点是漆中的交联单体苯乙烯兼有溶剂和成膜物质的双重作用，而使聚酯漆成为无溶剂型漆，理论上讲涂层成膜时没有溶剂挥发，漆中组分几乎全部成膜，固体分含量近100%（配漆与涂漆前后可能有极少量苯乙烯挥发），涂料转化率极高，涂饰一次便可形成较厚的漆膜，可以减少施工涂层数，施工周期短，施工过程中基本没有有害气体的挥发，对环境污染小。

国内外木器漆多数为溶剂型漆，固体分含量一般为50%～60%，例如醇酸漆、硝基漆、聚氨酯漆、酸固化氨基醇酸漆等，均含有大量涂饰后必须全部挥发掉的溶剂，既对环境造成污染又消耗了大量的溶剂。

聚酯是合成树脂中之上品，因此聚酯漆漆膜综合性能优异，其表现为：

（1）漆膜坚硬耐磨，硬度可达3 H以上，因而机械强度高。

（2）漆膜具有良好的耐水、耐热、耐酸、耐溶剂、耐多种化学药品性，并具电气绝缘性。

（3）漆膜对制品不仅有良好的保护性能，并具有很高的装饰性能，聚酯漆漆膜有极高的丰满度，很高的光泽与透明度，清漆颜色浅，漆膜具有保光保色性，经抛光的聚酯漆膜可达到十分理想的装饰效果。

聚酯漆也有以下缺点：

(1) 多组分漆贮藏使用比较麻烦，配漆后施工时限短，如环境气温高，引发剂、促进剂量加多可能配漆后来不及操作而固化，一般需现用现配，用多少配多少。

(2) 由于性能独特，故聚酯漆对涂饰基材、配套材料相溶性差，均有选择性，如基材材面的不洁物质或木材的含有物质都有可能影响聚酯漆的固化，对下面涂层、着色剂均有选择性。

(3) 传统聚酯漆须隔氧施工，蜡型聚酯漆必须打磨抛光，由于制品立面与曲面易流挂，故多用于平面的涂饰，少数厂家有涂立面品种，但产品少。

(4) 使用聚酯漆需特别注意安全，引发剂与促进剂如直接混合可能燃烧爆炸。

### 3.3.3 聚酯漆应用

目前，我国聚酯漆多用于钢琴和部分高档家具的涂装。各类品种均有使用，诸如聚酯腻子、底漆、面漆，透明与不透明，亮光与亚光品种，以及传统嫌氧聚酯漆与现代气干聚酯漆并用等。

大量应用聚氨酯（PU）的涂饰工艺中，为了提高涂层丰满度或追求高效果往往选用聚酯底漆做底层处理，上面罩聚氨酯面漆，这样不仅效果好，而且比涂聚氨酯底漆节省遍数，简化工艺，提高劳动生产率。当然钢琴表面涂饰聚酯漆工艺，有时也选用聚氨酯头度底漆。

涂饰聚酯漆可用手工刷涂、喷涂、淋涂等。

#### 3.3.3.1 配　漆

近年来我国涂料市场品种丰富，许多厂家均有具体牌号的不饱和聚酯漆，由于厂家原料来源不同，配方设计不同，故产品性能以及配比会有变化，原则上应按具体厂家的涂料产品使用说明书规定比例配漆。

我国早年北方使用的传统聚酯漆参考配比的大致范围如下（按质量比）：

聚酯漆 100 份、引发剂 2~6 份、促进剂 1~3 份、蜡液 1~3 份，配漆混合的顺序一般为先将按比例称取的聚酯漆与促进剂混合搅拌均匀，再放入引发剂，反之亦可。

实际上引发剂、促进剂的加入量受地域、季节以及环境气温影响很大，因为任何化学反应当温度升高时都会加速，甚至聚酯漆涂层如高温加热时没有促进剂也能反应，故不同温度范围引发剂与促进剂用量有所变化，具体可参考表 3-1。

**表3－1　聚酯漆随温度变化的配比范围参考用量**

| 温度/℃ \ 组分 | 聚酯漆 | 引发剂 | 促进剂 |
|---|---|---|---|
| 14～17 | 100 | 2 | 1 |
| 18～22 | 100 | 1.7 | 0.85 |
| 23～27 | 100 | 1.4 | 0.7 |
| 28～32 | 100 | 1.1 | 0.55 |

注：当相对湿度＞85%时，可酌加0.1%～0.2%的促进剂，如喷涂环境气温很低时，应设法提高喷涂室温，并用热水加热涂料。

#### 3.3.3.2　隔氧施工法

（1）蜡封隔氧。在聚酯漆中加入少量石蜡，由于石蜡的加入，在一定程度上降低易挥发单体的损失，并改善涂料的流平性，通常加入量为漆量的0.1%～0.3%。石蜡的熔点对漆膜的形成有很大关系，若熔点过高，则石蜡不能很好地溶于苯乙烯中，且易结晶；若熔点过低，则石蜡不能很好地在湿涂层中浮起，所以一般选用54 ℃左右的石蜡。

蜡型聚酯漆的涂装须在38 ℃以下进行，尽可能在15～30 ℃之间，若在38 ℃以上，则石蜡有可能溶解在硬化的树脂中而不浮于涂层表面，起不到隔氧的作用。

一次涂饰的蜡型聚酯漆涂层厚度须在100 μm以上，太薄不利于石蜡的上浮。通常一次涂装厚度为200～300 μm，非蜡型聚酯漆可以涂薄些。

蜡型聚酯漆一般采用刷涂、淋涂或喷涂，如前述固化后的涂膜必须磨掉蜡层抛出光泽。

蜡的加入量不宜太多，以免影响层间的附着，当连续涂饰几遍时，每遍间隔约0.5 h。如果连续涂2～3遍时，第1、2遍可以不放蜡液，最后一遍再放。

（2）薄膜覆盖隔氧。薄膜隔氧的非蜡型聚酯漆使用时，常是按件配漆，被涂饰的板件（例如一个桌面、一个柜门或一张人造板）经表面处理（砂光、填孔、着色、腻平或打底）后，将按比例计算好的涂饰量（一般为125～250 g/m$^2$），按组分称量（生产中也有用量桶、量杯量取的，须先算好质量换算容积）混合均匀倒在板件中央，适当刷开，放上隔氧的涤纶薄膜（事先把薄膜固定在比工件稍大的木框上），再用工业毡子制作的工具（用两块木板将毡子夹在中间）或橡皮辊筒在薄膜上面将聚酯漆刮或辊赶均匀并赶除涂层上的气泡。罩上薄膜的聚酯漆涂层常温下静置30～40 min，也可送入烘炉（50～60 ℃）内15～25 min干燥，然后揭去薄膜便可获得平整光滑的漆膜表面，此时漆膜已干至相当硬度，但远未干透。

注意薄膜隔氧的效果，薄膜覆盖的涂层不能漏气。一般靠木框或金属框的质量，或用金属卡具将工件与木框卡紧，或用小布袋（内装沙子）压在薄膜边角，则干后的聚酯漆膜平整不致产生波纹。薄膜表面保持平整干净对聚酯漆膜表面的光洁关系很大。

3.3.3.3　双口喷枪喷涂与双头淋漆机淋涂

聚酯漆涂饰的最大困难是施工时限太短，一般为20～40 min，一次配漆不宜过多，必须现用现配，操作极为不便，普通单口喷枪难以实现连续喷涂，需采用双组分喷涂装置，即双口喷枪或双头淋漆机。前者可使两种漆料在喷嘴前的气流中混合，从而保证漆料不致在储罐内胶凝。

当采用双头淋漆机淋涂工件时，可将聚酯漆分别装入两个淋头中，把引发剂和促进剂分别放在两个淋头中，设法保证从两个淋头中流出的漆液比例为1:1。两部分漆液在工件表面相遇混合反应成膜，需保证淋涂工艺参数（温度、流量、传送带速度、淋头底缝宽度等）的稳定。表3－2为在贴木纹纸板件上双头淋漆机淋涂的部分参数。

**表3－2　贴木纹纸板件上双头淋漆机淋涂聚酯漆工艺参数**

| 参数　组分<br>项目 | 含引发剂漆液 | 含促进剂漆液 |
|---|---|---|
| 涂料黏度(福特4号杯)/s | 50～60 | 55～65 |
| 传送带速度/（m/min） | 70～90 | 70～90 |
| 淋涂量/（g/m²） | 160～180 | 160～180 |
| 混合后胶凝时间/min | 30～40 | 30～40 |

## 3.3.4　使用注意事项

聚酯漆的使用还须注意以下事项：

（1）如前述引发剂与促进剂相遇反应非常激烈，要十分当心。绝不可直接混合，否则可能燃烧爆炸，贮存运输都要分装，配漆也不宜在同一工作台上挨得很近，以免无意碰洒遇到一起。

（2）引发剂与促进剂也不能与酸或其他易燃物质在一起贮运，引发剂也不能与酸的钴、锰、铅、锌、镍等的盐类在一起混合。

（3）不可把用引发剂浸过的棉纱或布在阳光下照射，可保存在水中，使用过的布或棉纱应在安全的地方烧掉，不能把引发剂和余漆倒进一般的下水道。

（4）如促进剂温度升至35 ℃以上或突然倒进温度较高的容器时可能发泡喷出，与易燃物质接触可能引起自然起火。

（5）引发剂应在低温黑暗处保存，在光线作用下它可能分解，聚酯漆也应存于暗处，受热或曝光也易于变质。

（6）要按涂料生产厂家提供的产品使用说明书进行贮存与使用，按其规定比例配漆，也须视环境气温试验调整比例。一般现用现配，用多少配多少。配漆应搅拌均匀，但搅拌不宜急剧或过细，以免起泡，使涂层产生气泡，破裂则变成针孔，故需缓慢搅拌。

（7）已放入引发剂、促进剂的漆或一次未使用完的漆不宜加进新漆，因旧漆已发生胶凝，黏度相当高，新漆即将开始胶凝，故新旧漆不能充分混溶而形成粒状涂膜，已经附着了旧漆的刷具、容器、喷枪、搅拌棒等用于新漆也有类似情况，故需洗过再用。

（8）可以选择或要求供漆厂家提供适于某种涂饰法（刷、喷、淋等）黏度的聚酯漆，直接使用聚酯漆原液涂饰而不要稀释。要降低黏度最好加入低黏度的不饱和聚酯，尽量不加苯乙烯或其他稀释剂，否则不能一次涂厚，增加涂饰次数，干燥后涂膜收缩大，发生收缩皱纹而得不到良好的涂膜。若加入丙酮则可能发生针孔，附着力差。

（9）当涂饰细孔木材（导管孔管沟小或没有管孔的树种如椴木、松木等），如不填孔直接涂饰时，应使用低黏度聚酯漆，使其充分渗透，有利于涂层的附着；当涂饰粗孔材（如柳安、水曲柳等），如不填孔直接涂饰应选用黏度略高的聚酯漆，以免向粗管孔渗透而发生收缩皱纹。

（10）如连续涂饰几遍可采用湿碰湿工艺，重涂间隔以25 min左右为宜，如喷涂后超过8h再涂，必须经砂纸研磨后再涂，否则影响层间附着性。

（11）采用刷涂与普通喷枪喷涂，配漆量宜在施工时限内用完；如采用双头喷枪、双头淋漆机涂饰，两部分漆没有混合，应无使用时限的限制，但宜注意已放入引发剂那部分聚酯漆，如发现其黏度突然增加很快（证明已开始反应），如夏季气温28～30 ℃，超过55 s，则必须停止涂饰，并将漆从淋头中取出倒掉。由于这个组分存放时间有限（只几个小时），最好临涂漆前短时间内制备，剩余部分可放在5～10 ℃冰箱中。

（12）涂饰聚酯漆前，要把木材表面处理平整、干净，去除油脂脏污，木材含水率不宜过高，染色或润湿处理后必须干燥至木材表层含水率在10%以下。底漆不宜用虫胶，可以用硝基、聚氨酯与聚乙烯醇缩丁醛液等。

最好用同类配套底漆。如用聚氨酯作底漆涂饰之后必须在 5 h 之内罩聚酯漆，否则可能附着不牢。

(13) 施工用的刷具、容器、工具等涂漆后都应及时用丙酮或洗衣粉（也可以用 PU 或 NC 的稀料）洗刷，否则很快硬固无法洗除。但是刷子上的丙酮与水要甩净，否则带入漆中将影响固化。

(14) 涂饰过程中如反复多次涂刷，急剧干燥（引发剂、促进剂加入过多或急剧加温）则易引起气泡针孔；干燥过程中涂层被风吹过，涂膜易变粗糙，延迟干燥，因此车间要求无流动空气，气流速度最大不超过 1 m/s。干燥过程中也应避免阳光直射，光的作用也有可能引起涂层出现气泡和针孔。当自冷库取出较冷的漆在较暖的作业场地涂于较暖的材面上，则因温度急剧上升而易发生气泡、针孔等。硝基漆尘落在聚酯漆涂层上就有可能引起针孔，所以不宜在喷硝基漆喷涂室内喷涂聚酯漆。

(15) 许多因素可能会影响聚酯漆的固化，如某些树种的不明内含物（浸提成分），贴面薄木透胶，木材深色部位（多为心材）、节子、树脂囊等含多量树脂成分，都可能使聚酯漆不干燥、变色或涂膜粗糙。

(16) 车间应有很好的排气抽风的通风系统，并应从车间下部抽出空气，因苯乙烯的蒸气有时会分布在不高的位置上。砂光聚酯漆膜的漆尘磨屑也应排除。当聚酯漆膜经砂纸研磨时，易产生静电而造成研磨粉屑不易除去的情形，致使无法得到良好的漆膜表面，此时可以利用静电去除枪吹之或用静电去除剂擦拭后吹干，或以树脂布轻轻擦拭均可。

(17) 使用引发剂应戴保护眼镜和橡皮手套，如引发剂刺激了眼睛，可用 2% 的碳酸氢钠（俗称小苏打）溶液或用大量的水清洗并及时请医生检查，不可自用含油药物，否则可能加剧伤情；引发剂落到皮肤上必须擦掉，并用肥皂水洗净，不可用酒精或其他溶液；引发剂落在工作服上应立刻用清水洗去。

## 3.4 聚氨酯漆

聚氨酯漆即聚氨基甲酸酯漆（Polyurethane，缩写 PU），目前我国木器涂料市场上有把不饱和聚酯漆（PE）与聚氨酯漆（PU）笼统称作“聚酯漆”者，这不够准确。根据我国涂料分类的有关标准，这是从化学组成、性能特点、固化机理与施工应用都根本不相同的两类漆，在我国涂料共分为 18 大类的分类标准中，这是列在第十二类（聚酯漆类）与第十四类（聚氨酯漆类）的两大类漆，因此不饱和聚酯漆（PE）可称聚酯漆，聚氨酯漆则不宜称作聚酯漆。

聚氨酯漆是当前我国木制家具生产用漆中最重要的漆类，得到最广泛的推广与应用，市场上约80%的家具是用各种聚氨酯漆涂饰的。此外其他木制品，木质乐器、车船的木构件、室内装修等也在逐步使用聚氨酯漆。

20世纪60~70年代，我国的木器家具中，一般产品普遍使用酚醛树脂漆与醇酸树脂漆，中高档产品则普遍使用硝基漆。我国木器用聚氨酯漆开始在20世纪60年代，但是由于当时的聚氨酯漆产品质量与性能还不够完善，没有引起人们的重视，直到20世纪80年代中期，聚氨酯漆的品种丰富，性能改进，适应并满足了家具市场的激烈竞争，这才在家具表面涂饰中得到广泛应用，一统天下。

### 3.4.1 聚氨酯漆组成

当前聚氨酯漆也是品种最丰富的一类木器漆，它几乎能适应现代木材涂装方方面面的需要，对木材涂装技术发展也做出了贡献。

按木材涂装施工功用分类，聚氨酯有头度底漆、二度底漆、面漆、腻子、填孔漆与着色剂等品种。

按透明度与颜色分类有透明清面漆、清底漆，有透明色漆，有不透明的黑色、白色、彩色、珠光、闪光、仿皮、裂纹漆等多种品种。

按是否分装储存有单组分聚氨酯漆与双组分聚氨酯漆，后者是目前木制品涂装用漆应用最广泛的品种。

按光泽分类有亮光、亚光聚氨酯漆，后者又分为半亚和全亚等。

#### 3.4.1.1 双组分羟基固化型聚氨酯漆

双组分羟基固化型聚氨酯漆是聚氨酯涂料大类中应用最广泛、调节适应性宽、最具代表性的产品，也是目前我国大部分木制品正在使用的品种。

双组分中的一个组分即异氰酸酯部分，也称含异氰酸基（—NCO）组分，常称乙组分或硬化剂；另一个组分即羟基部分，也称含羟基（—OH）组分，常称甲组分或主剂。目前木器漆涂料市场的习惯称谓即主剂与硬化剂两个组分。双组分漆贮存分装，使用前将两个组分按比例混合，则异氰酸酯基与羟基发生化学反应，形成聚氨酯高聚物（高分子化合物）。配漆后有施工时限，在时限内如及时涂于制品表面，则上述交联固化成膜的聚合反应所形成的高聚物即聚氨酯漆膜；如超过施工时限未及时涂在制品表面，仍在配漆桶中，则聚合化学反应照常进行，而配好的漆液黏度逐渐增稠，最后固化在桶中报废。聚氨酯漆仍然是由成膜物质、溶剂、辅助材料（助剂）、着色材料组成，主剂与硬化剂都是成膜物质的原料。

主剂：即含羟基组分，可称作多羟基树脂（多羟基化合物），或称大分子多元醇，因为小分子的多元醇（如三羟甲基丙烷等），只能与多异氰酸酯反应制造预聚物或加成物，或是制造聚酯树脂的原料，不能单独成为双组分漆中的甲组分（主剂），这是因为：它是水溶性物质，与乙组分不能混合，两者互斥，造成缩孔，颜料絮凝；相对分子质量太小，结膜时间太长，即使结膜，内应力也大；吸水性大，成膜过程中要吸潮，漆膜发白，所以必须将这些小分子的多元醇改变成相对分子质量较大而疏水性的树脂。

可用作双组分漆用的多羟基树脂一般有：聚酯、丙烯酸树脂、聚醚、环氧树脂、蓖麻油或其加工产品、醋酸丁酸纤维素等。

（1）聚酯。将二元酸（常用己二酸、苯酐、间苯二甲酸等）与过量的多元醇（三羟甲基丙烷、一缩乙二醇等）酯化，按不同配比可制得一系列含羟基聚酯。也可以为了提高对颜料的润湿性、流平性、丰满度、耐水性，用醇酸树脂代替聚酯（因为醇酸树脂也属于聚酯，也称其为油改性聚酯），但其改性油不宜含不饱和双键。一般可用壬酸或月桂酸，以脂肪酸法合成醇酸树脂，因醇过量而留有适当数量的羟基。而实际上当前生产木器用聚氨酯漆用量最多的就是醇酸树脂和丙烯酸树脂。

（2）丙烯酸树脂。含羟基的丙烯酸树脂与脂肪族多异氰酸酯配合可制得性能优良的聚氨酯漆。丙烯酸树脂耐候性优良，干燥快、耐溶剂，机械性能好，并可提高聚氨酯的固体分含量。聚氨酯清漆多选择丙烯酸树脂，而清漆多用于木器，故当前木器漆多采用丙烯酸树脂。当前木器漆中除主要使用醇酸树脂和丙烯酸树脂外，也把硝化棉、醋酸丁酸纤维素加入羟基树脂中，加速聚氨酯漆的表干不沾尘，并改善缩孔等弊病。

硬化剂：即多异氰酸酯组分，含异氰酸基（—NCO），直接采用挥发性的二异氰酸酯（如TDI、HDI等），毒性大，配制涂料则异氰酸酯挥发到空气中，危害工人健康，而且功能团只有两个，相对分子量又小，不能迅速固化，所以必须把它加工成低挥发性的低聚物，使二异氰酸酯或与其他多元醇结合，或本身聚合起来，与部分多元醇结合即增加了相对分子质量，减少挥发性，降低毒性。加工成为不挥发的多异氰酸酯的工艺有三种：

（1）二异氰酸酯与多元醇（例如三羟甲基丙烷，一种无色吸潮湿性晶体，多用于制造醇酸树脂、聚氨酯树脂）加成，生成以氨酯键连接的多异氰酸酯，常称之为加成物，这是木器漆中常用的硬化剂。

（2）二异氰酸酯与水等反应，形成缩二脲型多异氰酸酯，典型的如HDI（己二异氰酸酯）缩二脲多异氰酸酯，其特点是不泛黄、耐候性好，可与聚酯、聚丙烯酯配套制漆，是木器漆近年逐渐多用的一类。

(3) 二异氰酸酯聚合，成为三聚体异氰酸酯，有TDI/HDI混合三聚体、HDI三聚体，不泛黄、漆膜硬、溶解性好，可制高固体分涂料，是木器漆主要使用的一类。

综上所述，作为聚氨酯漆的硬化剂，不直接使用有毒的易挥发的二异氰酸酯，而是加工成毒性降低的不挥发的多异氰酸酯。供作硬化剂原料的二异氰酸酯有以下几种：

甲苯二异氰酸酯（TDI）、二苯甲烷二异氰酸酯（MDI）、多亚甲基多苯多异氰酸酯。

以上三种属于芳香族异氰酸酯，应用较早，制得的漆膜虽具有优良的机械性能、耐化学药品性，但易变黄。近年木器漆逐渐使用不变黄的脂肪族二异氰酸酯，有以下几种：

己二异氰酸酯（HDI）、异佛尔酮二异氰酸酯（IPDI）、三甲基己二异氰酸酯（TMDI）、二环己基甲烷二异氰酸酯（HMDI）和苯二亚甲基二异氰酸酯（XDI）等。

溶剂：聚氨酯所用溶剂与其他漆类有所不同，除考虑溶解力、挥发速率等溶剂共性外，还须考虑漆中含异氰酸基（—NCO）的特性，因此需注意两点：一是溶剂不能含有能与异氰酸基（—NCO）反应的物质，使漆变质；二是溶剂对羟基（—NO）的反应性的影响。因此醇、醇醚类含羟基（—OH）的溶剂都不能使用，烃基溶剂溶解力低，故采用较多的是醋酸乙酯、醋酸丁酯等酯类溶剂，还有丙二醇醋酸酯。此外还使用甲基异丁基酮、甲基戊基酮、环己酮等酮类溶剂，但后者臭味较大，且酮类溶剂可能使聚氨酯漆色泽变深。

聚氨酯对水敏感，溶剂中如含水分带到多异氰酸酯组分中会引起胶凝，使漆罐鼓胀，在漆膜中引起气泡和针孔，异氰酸酯易与水反应，每1分子的水与1分子的异氰酸酯反应生成胺与二氧化碳。

在涂层中二氧化碳（$CO_2$）气体跑出便是气泡，胺可继续与异氰酸酯反应生成脲以及缩二脲，因此溶剂中的水会消耗不少异氰酸酯而影响成膜时需要的异氰酸酯的量，因而影响固化。所以聚氨酯漆必须用无水溶剂，而普通工业级的溶剂都多少含些水分。因此聚氨酯漆要求用所谓“氨酯级溶剂”，即指含杂质极少不含醇、水的溶剂。相对的施工稀释用溶剂与制漆用溶剂要求可以稍稍降低，因为施工临时少量稀释，涂布后迅速挥发，影响会小些。

助剂：聚氨酯漆的优异性能有赖助剂的帮助，因此制漆时常放入多种助剂，例如防缩孔剂、消泡剂、光稳定剂、吸潮剂、消光剂、流平剂、颜料润湿分散剂、防擦伤剂等。由于助剂是制漆配方设计与原料优选的问题，主要由涂料生产厂家考虑，并在制漆时均已加足，不需用漆者再加，故这里不再赘述。

着色材料：与溶剂使用类似，着色材料的选用须注意，以不与异氰酸酯发生反应、不含水分、不影响涂料固化为宜。

配漆：配漆主要是异氰酸基对羟基的比例，双组分聚氨酯漆的制造技术之一是确定恰当的异氰酸基与羟基的比例。漆中如多异氰酸酯（—NCO）加入太少，不足与羟基（—OH）反应，则漆膜交联度较低，抗溶剂性、抗化学品、抗水性、机械强度等涂料性能明显下降，漆膜发软。若多异氰酸酯加入太多，则多余的异氰酸基吸收空气中潮气转化成脲，增加了交联密度，提高了抗溶剂性、抗化学品性，异氰酸基过多时，漆膜较脆。这个适宜比例就是涂料厂家开发研制产品时精心设计的，也就是涂料产品使用说明书中注明的配漆比例，这需视具体牌号的品种按说明书中规定比例配漆。

3.4.1.2　单组分聚氨酯漆

双组分漆的性能优异，但需分装贮存、按比例配漆，配漆后有施工时限等，比较麻烦。木器漆中，我国在使用双组分漆约 20 多年后的 20 世纪 80 年代又出现了单组分聚氨酯漆。当前木器漆应用较多的单组分聚氨酯漆是氨酯油和氨酯醇酸。

（1）氨酯油　如前述我国早年使用的油性漆多为用干油性（桐油、亚麻油）加热熬炼再加入催干剂，或再加入松香以及酚醛树脂加热熬炼制成，其涂层主要依靠干性油中的不饱和脂肪酸的双键吸氧干燥。氨酯油则是在干性油中加入多元醇与二异氰酸酯，再加钴、锰、铅等催干剂。其过程为先将干性油与多元醇（如季戊四醇等）进行酯交换反应，再与二异氰酸酯（如 TDI）反应，加入催干剂制成，其涂层仍以油脂的不饱和双键在空气中吸氧干燥固化。

氨酯油比醇酸树脂干燥快、硬度高、耐磨性好，抗水、抗弱碱性好，这主要是多异氰酸酯的作用。但氨酯油的综合性能不及双组分聚氨酯漆，可能是因为氨酯油中不含游离的异氰酸基，故无中毒问题，所以它的贮存稳定性好，施工时限长，单组分施工应用方便，价格低，故有一定的应用价值。

（2）氨酯醇酸　为了降低成本，减少 TDI 用量，在制造氨酯油的基础上可制造氨酯醇酸。如前述一般用多元醇、多元酸与植物油反应即制得醇酸树脂，这里用季戊四酵（四元醇）、苯酐（邻苯二甲酸酐、二元酸）、亚麻油，再加入 TDI 反应便可制得氨酯醇酸，它所涂漆膜，干燥快而坚硬，其硬度、耐水性、耐磨性、附着力等均优于普通醇酸树脂。

### 3.4.2 聚氨酯漆性能

在涂料产品中，迄今为止聚氨酯涂料可以算得上性能较为完善的漆类，尤其近几十年在世界上发展迅速，品种繁多，综合性能优异，几乎用于国民经济的各个部门，也是国内外木制品涂装用漆极为重要的漆种之一，涂饰木器家具不仅具有优异的保护性能，而且兼有良好装饰性能。

（1）氨酯键的特点是在高聚物分子之间能形成环形与非环形的氢键。在外力作用下，氢键可分离而吸收外来的能量，当外力除去后又可重新再形成氢键。如此氢键裂开，又再形成的可逆重复，使聚氨酯漆膜具有高度机械耐磨性和韧性。与其他类涂料相比，在相同硬度条件下，由于氢键的作用，聚氨酯漆膜的断裂伸长率最高，因此聚氨酯漆膜具有良好的物理机械性能，坚硬耐磨，耐磨性几乎是各类漆中最突出的，可制成多种耐磨性高的专用漆，如纱管漆、地板漆、甲板漆等。

（2）漆膜附着力好。聚氨酯对各种基材（金属、木材、橡胶、混凝土、塑料等）表面均有良好的附着力，因此能用于制造聚氨酯胶粘剂。尤其对木材的附着性更好，据有关研究指出，异氰酸基能与木材的纤维素（含羟基，分子式为 $[C_6H_7O_2(OH)_3]_n$）起化学反应而使聚氨酯坚固地附着在材面上。因此极适于作木材的封闭漆与底漆，其固化不受木材内含物以及节疤油分影响。

（3）漆膜具有优异的耐化学腐蚀性能，漆膜能耐酸、碱、盐液、石油产品、水、油、溶剂等化学药品，因而可用于涂饰化工设备，如贮槽、管道等。

（4）聚氨酯漆涂层能在高温下烘干，也能在低温固化。在典型的常温固化涂料（环氧树脂漆、不饱和聚酯漆、聚氨酯漆三类）中，环氧树脂与不饱和聚酯在10 ℃以下就难以固化，只有聚氨酯在0 ℃也能正常固化，因此能施工的季节长。因为它在常温下能迅速固化，所以对大型工程如大型油罐、大型飞机等可以常温施工而获得优于普通烘烤漆的效果。

（5）聚氨酯漆膜的弹性可根据需要而调节其成分配比，可从极坚硬的调节到极柔韧的弹性涂层，而一般涂料如环氧、不饱和聚酯、氨基醇酸等只能制成刚性涂层，难以赋予高弹性。

（6）聚氨酯漆膜具有很高的耐热、耐寒性，涂漆制品一般能在 -40 ~ 120 ℃条件下使用（有的品种可耐高温达180 ℃以及燃着的香烟），因此能制得耐高温的绝缘漆。

（7）聚氨酯不仅能独立制漆，并与聚酯、聚醚、环氧、醇酸、聚丙烯酸酯、醋酸丁酸纤维素等相溶性好，均能与其配合制漆，以适应不同要求而丰富涂料品种。

(8) 聚氨酯有优异的制漆性能，可以制成溶剂型漆、液态无溶剂型漆、水性漆、粉末涂料、单罐装与多罐装的漆，以及制成头度底漆、二度底漆、高光面漆、亚光面漆、透明与不透明以及高装饰要求的闪光、珠光、幻彩、仿皮等多种形态，可以满足不同需要。

(9) 涂料品种中有些品种（如环氧、氧化橡胶等）保护功能好而装饰性稍差；有些品种（如硝基漆等）则装饰性好而保护功能差，而聚氨酯漆则兼具优异的保护功能和装饰性。聚氨酯清漆透明度高颜色浅，漆膜平滑光洁，丰满光亮，不仅具有一系列保护性能也有很高的装饰价值，故广泛用于高档家具、高级木制品、钢琴以及大型客机等。由于具有上述优良性能，聚氨酯漆在国防、基建、化工防腐、车船、飞机、木器、电气绝缘等各方面都得到广泛的应用，新品种不断涌现，极有发展前途。当然聚氨酯漆并非完美无缺，它也有些缺点，有些方面还在不断改进。

应用最广泛的木器用双组分漆，其调漆使用不便，配漆后有施工时限；有些聚氨酯漆中含部分游离异氰酸酯，人体吸入有碍健康，施工中应加强通风；异氰酸酯很活泼，对水、潮气、醇类都很敏感，贮存需密闭，施工中宜避水；对溶剂要求高，需无水无醇；施工中需精细操作，不慎易引起针孔气泡、层间剥离等。用芳香族多异氰酸酯（如 TDI）作原料制的漆易变黄，近年用脂肪族多异氰酸酯（如 HDI）作原料可制成不黄变的聚氨酯漆。

### 3.4.3 聚氨酯漆应用

当前我国木制品涂装可称得上是“聚氨酯时代”，历来没有哪一类涂料在木器上的应用如此广泛，大部分的木家具、木质乐器、室内装修、木地板与其他木制品都在使用着各种类型的聚氨酯漆。可以采用手工刷涂，由于施工时限比聚酯漆长许多，因此喷涂、淋涂不一定使用双头喷枪与淋漆机。随着涂料品种的丰富，一般都能提供配套产品，因而用漆厂家多能使用一种牌号的聚氨酯头度底漆、二度底漆以及各种面漆。

由于聚氨酯属于反应性涂料，对环境敏感，故其涂膜质量与施工有密切关系，对基材表面处理、施工环境的温度、湿度、涂层衔接等均须注意。除一般性涂料施工共性、注意事项外，还需特别注意下列各点：

(1) 双组分配比量对成膜性能影响大，必须按规定比例配准，硬化剂加多则漆膜脆；太少则漆膜软、干燥慢，降低了耐水、耐化学药品性。

(2) 应根据具体型号、涂料产品说明书规定比例配漆，按当日需要量调配，用多少配多少。两组分混合后充分搅匀需静置20min左右待气泡消失后再涂饰。如配漆当日未用完则以专用配套稀释剂稀释至3倍，密封后可于次日与新漆混合使用，但混合的新漆应占80%以上。

（3）储漆罐要密闭，以免吸潮变质（尤其硬化剂组分）。

（4）聚氨酯漆原漆黏度可能因不同生产厂家的具体型号而异，冬季与夏季也不一样，施工时黏度高易发生气泡，故需用配套的专用稀释剂稀释，由于上述原因则稀释率不同，应针对具体施工方法参考说明书建议的稀释比例试验确定最适宜的黏度，自选溶剂可用无水醋酸丁酯、无水二甲苯、无水环己酮等，最好使用配套稀料，而不可乱用其他稀料（如硝基稀料等）代替，因为硝基漆稀释剂内含醇、微量水和游离酸。

（5）配漆与涂饰过程中，忌与水、酸、碱、醇类接触，木材含水率不可过高，木材润湿或底涂层均需干透再涂漆。注意空气喷涂时压缩空气中不得带入水、油等杂质。

（6）不宜一次涂厚，可多次薄涂，否则易发生气泡针孔。双组分聚氨酯漆可采取“湿碰湿”工艺喷涂，即表干连涂。需参考说明书建议的重涂时间间隔试验确定最适宜的重涂时间，因品种不同可能有差别。间隔时间也不可过长，否则层间交联不好，影响层间附着力。对固化已久的漆膜需用砂纸打磨或用溶剂擦拭后再涂漆。

（7）某些颜料、染料及醇溶性着色剂等能与聚氨酯发生反应，不宜放入漆中，或使用前需经试验，例如某些酸性染料、碱性染料、铅丹、锌黄与炭黑等颜料。当漂白木材使用酸性漂白剂时，涂漆前需充分中和，以免反应变黄。

（8）施工环境温度过低，涂层干燥慢；温度过高，可能出现气泡与失光。此外含羟基组分的用量不当，或涂层太厚也可能使干燥慢。溶剂含水、被涂表面潮湿、催化剂用量过多、树脂存放过久等均可使涂层暗淡失光。

（9）施工完毕后即用配套稀释剂或环己酮与重质苯的混合物将工具、容器、设备等充分洗净。

（10）由于聚氨酯有毒，施工应特别注意劳动保护，工作场所必须通风良好，操作人员中午休息或下班后应漱口。

## 3.5 光敏漆

光敏漆也称紫外光固化涂料或光固化涂料（Ultraviolet，缩写UV），是应用光能引发而固化成膜的涂料，此类漆的涂层必须经紫外线照射才能固化成膜。光敏漆20世纪60年代末在国外兴起并首先在木材表面涂饰上得到应用。在我国20世纪70年代光敏漆已引起木器行业的重视，80年代在板式家具表面开始应用，曾经历曲折，90年代以来在木地板与板式家具上又开始应用起来。

光敏漆是当前国内外木器用漆的重要品种，不仅性能优异而且独具特性，是极有发展前途的品种。

### 3.5.1 光敏漆组成

光敏漆的主要组成有反应性预聚物（光敏树脂）、交联单体、光敏剂（光引发剂）、溶剂、助剂、着色材料等。

#### 3.5.1.1 光敏树脂

光敏树脂是光敏漆的主要成膜物质，是最主要成分，它决定涂膜的性能，属聚合型树脂，是含有双键的预聚物或低聚物。常用品种有不饱和聚酯、丙烯酸聚酯、丙烯酸聚氨酯、丙烯酸环氧酯等。现代光敏漆以应用后两者居多。丙烯酸聚氨酯具有优异的物理机械性能，耐化学性好，附着力大，漆膜光泽高，丰满度好；丙烯酸环氧酯的硬度高，光泽与耐化学性好，附着力强，可制光敏底漆与光敏腻子，作面漆可以抛光。

#### 3.5.1.2 交联单体

与不饱和聚酯漆类似，光敏漆中的交联单体除与光敏树脂发生聚合反应交联固化共同成膜，并溶解树脂，兼有溶剂的作用。因为一般预聚物都有很高的黏度，多在100 cps以上（旋转黏度计），为便于施工应用需稀释降低黏度；为确保涂料的高固体分与不发生色移现象，光敏漆的交联单体需要使用反应型活性稀释剂，早年应用的光敏漆多使用苯乙烯，现代则应用多官能基的丙烯酸酯类，由于官能基数量对涂膜性能有决定性的影响，故单官能基的丙烯酸酯类因其相对分子质量低，挥发性强，有刺激气味而很少使用，而多用二官能基、三官能基以及六官能基的多官能基丙烯酸单体。此外光敏漆中交联单体的选用还考虑对皮肤的刺激性以及对涂膜收缩性的影响，后者还需同时考虑硬化度、涂膜的厚薄及光源照射强度与距离等对收缩性的影响。

#### 3.5.1.3 光引发剂（光敏剂）

光敏剂是以近紫外光区（300~400 nm）的光激发而能产生游离基的物质。光敏漆的涂层能固化成膜是光敏树脂与交联单体之间的游离基聚合反应的结果。当用紫外线照射光敏漆涂层时，光敏剂吸收特定波长的紫外线，其化学键被打断，解离生成活性游离基，起引发作用，使树脂与活性稀释剂（交联单体）中的活性基团产生连锁反应，迅速交联成网状体型结构的光敏漆膜。作为光引发剂的物质很多，选择时需考虑：在紫外光照射下自由基产生速率，在阴暗处的保存性、热安定性、溶解性、毒性、挥发性与黄变性等。曾多用安息香醚类作光敏剂，如安息香乙醚、安息香丙醚等。

3.5.1.4 溶剂

在不要求100%固体含量的光敏漆中，加入适量溶剂可解决许多交联单体无法克服的问题，如湿涂层的润湿效果及硬化速度（一般单体的浓度与反应速率成比例）。较为常用的溶剂有甲苯、二甲苯、醋酸乙酯、醋酸丁酯、甲乙酮、丙酮、二氯甲烷等。溶剂的挥发性不可太慢，以免固化后的涂膜中溶剂残存过多。加入溶剂的光敏漆在施工后最好先经红外线辐射加热，使溶剂蒸发，预热对湿涂层流平也有很大帮助，但需注意的是可能会造成流挂；在无法加热时，至少湿涂层也应静置一段时间再行照射。但不可静置太久，以免大量氧气影响固化速度，因此再次强调，低沸点溶剂较适合使用。

3.5.1.5 助剂

光敏漆所用助剂区别于一般反应型涂料，有以下特点：

(1) 要求100%固含量的光敏漆需用100%固含量的助剂，所以如助剂还含有溶剂等挥发成分，则光敏漆便不是100%固含量了。

(2) 绝大部分光敏漆皆有酸性，需考虑助剂的酸碱性以及其后的色移现象是否会发生。

(3) 除高浓度作业外一般消泡剂很少使用。

(4) 助剂本身在紫外光照射下是否会裂解或变黄等。

常用助剂有流平剂（如乙基纤维素、醋酸丁酸纤维素）、防流挂剂、稳定剂、消泡剂、促进剂等。

3.5.1.6 着色材料

颜料多用于制造紫外线固化型油墨，木器漆中应用较少。现代木器用光敏漆中多用染料制造透明色漆品种。着色材料的加入有可能吸收紫外线，因此需注意制漆过程中尽量避免阳光照射及研磨时发热（甚至连日光灯照射距离亦不宜太近）。此外还需注意着色材料对紫外光的透光性，需先有相当了解，选择适合的着色材料。

### 3.5.2 光敏漆性能

光敏漆具有如下优点：

(1) 涂层干燥快。当光敏漆涂层一经紫外线照射，光敏剂迅速分解游离基而引发光敏树脂的聚合反应，交联固化成膜。这个过程时间很短，早期的光敏漆常在数十秒或几分钟内达实干，现代光敏漆已能在几秒钟（2～3 s

或3～5 s）内达实干。由于其特有的固化机理与无溶剂性以及干燥极快，与许多传统涂料比较显示其无比的优越性。这是迄今国内实际应用着的木器漆中干燥最快的品种，有利于大量生产。

（2）涂装施工周期短。由于干燥快，紫外干燥装置的长度短，被涂装的木器家具零部件一经照射便可收集堆垛，因此可大大节约油漆车间的生产面积，缩短涂装施工周期，为组织机械化连续涂装流水线创造了优越条件，与许多干燥最费时间的传统涂料相比大大提高了涂装生产率。

（3）无溶剂型漆。多数光敏漆可以做成固含量近100%的品种，涂料转化率高，一次可得较厚涂膜。涂饰与干燥过程中很少溶剂挥发，基本是一种无污染的涂料，施工卫生条件好，对操作人员基本无危害。

（4）施工方便。我国早期的光敏漆曾做成多组分漆，现代光敏漆多为单组分漆，因而使用方便，不必分装，也不必按比例配漆，也不受配漆使用期限限制。

（5）漆膜性能优异。由不饱和聚酯、丙烯酸聚氨酯、丙烯酸环氧酯等做光敏树脂，均属合成树脂中的上品，其性能优异，漆膜的装饰保护性能很高，例如漆膜的铅笔硬度可达4～6H，开裂试验均在6个循环以上。光敏漆漆膜不仅坚硬耐磨，并具优异的耐溶剂、耐化学药品等性能。

光敏漆也存在如下缺点：

（1）限于目前国内只有直线形紫外线灯管作紫外光源，故只适用于平表面板式零部件的表面涂装，光敏漆涂层未吸收紫外光线的部分不能固化，因此组装好的整体家具以及表面线型较多的复杂的立体制品目前还不能应用，否则会因照射距离不同而干燥不均匀。

（2）光敏漆涂装需慎选着色剂，紫外光照射可能产生褪色以及涂层变黄。

（3）重涂涂膜需充分研磨，否则涂层间附着不良。

（4）一般气干型漆可自然干燥无须固化装置的投资，而光敏漆生产成本比其他漆类既高，又需紫外线固化装置的投资，并且紫外光灯管还有使用寿命问题，需换新的灯管。

（5）光敏漆接触人体会有刺激，紫外光长期直接照射人体会受到伤害。

### 3.5.3 光敏漆应用

光敏漆由于固化速度快，省能源，无污染，设备面积小，因此国内外大量被用于木材、纸张、塑料、金属、运动器材等的涂装，并呈快速发展的态势。我国自20世纪90年代以来，在木地板以及板式家具上得到了广泛的应用。尤其组成机械化涂装流水线，使木材涂装的生产效率与机械化自动化的程度大为提高。

由于光敏漆硬化非常快，在短时间内即可达到最终硬度，且在经紫外线照射之前，必须先使其湿涂层稳定，安定消光度，溶剂挥发完，再行照射，这些对正常施工都是很重要的，否则将会发生多种涂装缺陷。其中尤以做好静置干燥为首要条件，光敏漆涂装应注意以下事项：

（1）静置时间。光敏漆湿涂层经紫外线照射前最好有一段流平阶段挥发溶剂，否则由于光固化比历来传统的各种涂料固化都快便容易产生干燥缺陷。这段静置时间如常温最好在 20～30 min，如红外线加热则需 10～15 min。

（2）紫外线照射时间。光敏漆涂层需经紫外线照射才能固化，当照射不足时将会影响固化和漆膜性能；反之，若多度照射时，漆膜性能也会受到损伤。因为紫外线对大多数涂膜都是破坏因素，是漆膜老化的主要原因，所以辐照强度、紫外灯管对涂层的照射距离、传送带速度等均影响照射时间的长短，生产实践中各工艺参数均应经实验确定。

（3）涂料价位分析。光敏漆涂膜性能优异，但价格要比一般涂料高，因此常常影响其优先选用。然而，由于其无溶剂性，固体分含量接近 100%，涂料转化率高，因此其涂装成本并不算高。光敏漆与一般聚氨酯漆涂装成本比较见表 3－3。

**表 3－3　光敏漆与一般聚氨酯漆涂装成本比较**

| 品　种 | 一般聚氨酯漆 | 光敏漆 |
| --- | --- | --- |
| 涂布量/（$g/m^2$） | 130 | 45 |
| 固化后干漆膜量/（$g/m^2$） | 45 | 45 |
| 涂料单价比 | 1 | 3 |
| 涂装单价比 | 130 | 135 |

## 3.6 水性漆

水性漆是指成膜物质溶于水或分散在水中的漆，包括水溶性漆和水乳胶漆两种。它不同于一般溶剂型漆，是以水作为主要挥发分的。水性漆的使用节约了大量的有机溶剂，改善了施工条件，保障了施工安全，所以近年来，水性漆在世界各国发展迅速，以合成树脂代替油脂，以水代替有机溶剂，这是世界涂料发展的两个主要方向。

如前述各类漆中，其主要成膜物质通常是固体或极黏稠的液体，为了使涂料便于涂饰，常使其溶解或稳定地分散在某些溶剂中，长期以来所能使用的绝大多数是有机溶剂，如松节油、松香水、苯、酯、酮、醇类等。大部分涂料中溶剂含量都在50%以上（挥发型漆调漆后喷涂时的溶剂含量高达80%~90%），当湿涂层干燥时大量溶剂都要挥发到大气中去（只有无溶剂型漆例外)，既污染环境，又浪费资源，还容易引起中毒、火灾与爆炸。因此，用水代替有机溶剂制漆的经济意义重大。

水性漆有以下共同优点：

(1) 无毒无味，不挥发有害气体，不污染环境，施工卫生条件好。

(2) 用水作溶剂，价廉易得，净化容易，节约有机溶剂。

(3) 施工方便，涂料黏度高可用水稀释，水性漆刷、辊、淋、喷、浸均可，施工工具设备容器等可用水清洗。

树脂能均匀溶解于水中成为胶体溶液的称为水溶性树脂，用于制水溶性漆；以微细的树脂粒子团（粒子直径0.1~10 μm）分散在水中成为乳液的称为乳胶。乳胶的体系是由连续相（亦称外相—水)、分散相（亦称内相—树脂）及乳化剂三者组成。

乳胶漆的主要组成是水分散聚合物乳液与各种添加剂（增稠剂、成膜助剂、清洗剂、防霉剂等)，色漆品种再加入颜料色浆，在水性漆的发展过程中，水乳胶漆是一个主要品种。

由于木材属于对水敏感的材料，长期以来水性漆在木材表面的应用受到限制。直到目前其他表面（主要是金属）应用水性漆已比较普通，而国内外木材涂装应用水性漆仍很有限，所能应用的品种数量有限，其性能至今不及木材涂装传统的溶剂型漆，但是其发展前途令人注目，其独特的特点又是传统的溶剂型漆所无法比拟的。

## 3.7 亚光漆

亚光漆相对亮光漆而言，是指所成漆膜具有较低的光泽或无光泽的漆类，用于亚光装饰。大部分具高光泽的亮光漆均可因加入消光剂而制得不同消光程度的亚光漆。因此，前述各类漆均有相应的亚光漆品种，在涂料组成上与亮光漆的主要区别是含有消光剂。当制造不透明的色漆时增加涂料中的颜料体积浓度（也就是多加着色颜料与体质颜料)，也能使漆膜的光泽降低，此外，近年树脂行业也有了亚光树脂品种，即制造亚光漆时不仅放入消光剂，也可选用亚光树脂。

如前述能作消光剂的材料很多，例如滑石粉、碳酸钙、硅藻土、碳酸镁、云母粉、二氧化硅等体质颜料。此外涂料中加入硬脂酸锌、硬脂酸铝以及铅、锌、锶、镁、钙的有机酸皂、石蜡、蜂蜡等都可使漆膜消光。现代制漆除用亚光树脂外，多以气相二氧化硅与合成蜡等作消光剂。

漆膜的光泽的高低决定于表面反光的结果，平整的表面正反射光的量越多，便越给人以高光泽的感觉；反之，粗糙的表面漫反射光的量越多，便给人以低光泽的感觉。亚光漆膜的较低光泽正是由于消光剂的颗粒均匀地分布在漆膜表面，造成表面微观的凹凸不平，使射入漆膜表面的光线强烈散射的结果。

硝基漆、聚酯漆、聚氨酯漆、光敏漆等均有不同亚光度（半亚、全亚等）的亚光品种，亚光漆膜光泽柔和优雅，手感平滑，用于亚光涂装具有独特的装饰效果。

**复习思考题**

1. 醇酸漆的组成与性能如何？
2. 硝基漆的组成与性能如何？在家具表面涂饰中有何意义？
3. 何谓聚氨酯树脂？聚氨酯漆组成、性能和应用如何？
4. 何谓聚酯树脂？聚酯漆有何独特性能？
5. 光敏漆有何独特性能？
6. 开发应用水性漆有哪些意义？

# 4 涂饰施工工艺

涂饰施工工艺是指完成木制家具涂饰过程所需解决的一系列工艺技术问题。本章将根据涂饰工艺顺序介绍基材处理、着色、涂饰涂料和漆膜修整。

## 4.1 涂饰施工概述

制漆厂生产的涂料是涂饰的原料，涂料性能的优劣，最终是通过涂层来体现的。涂层性能的好坏不仅取决于涂料本身的质量，而且与形成涂层的全过程的技术（包括涂饰施工工艺、装备和作业环境）有极大的关系。因此，正确选择与涂料相适应的涂饰施工技术是充分发挥涂料性能的必要条件。

### 4.1.1 涂饰施工基本内容

涂饰施工基本内容包括基材处理、透明涂饰着色作业、底漆面漆的涂饰、漆膜的研磨与抛光、涂层固化等。着色作业仅在透明涂饰时进行，其他内容则在透明与不透明涂饰时均需进行。由于涂层固化在整个涂饰过程中多次重复（即每一个涂层都需进行良好的干燥固化之后才能进入下一道工序），其对涂饰质量与效率影响较大，本书将在以后的章节专门叙述。

### 4.1.2 涂饰施工要求

为了达到满意的涂饰效果，不仅要考虑涂料本身的用途和性能，还应考虑涂料的涂饰施工工艺，因为涂料的性能和作用是靠涂层体现出来的。因此，选择涂料品种、合适的涂饰施工艺和涂饰设备及作业环境是互相促进、互相制约的。为保证涂层质量，对涂饰施工的要求如下：

（1）明确施工目的，认真分析涂料性能和用途。由于每一涂料品种都有它特殊的性能和优缺点，应扬长避短，正确选择涂料的品种和涂装体系。

（2）制定工艺规程。结合被涂产品的特点和要求以及涂饰施工单位的实际情况，制定一套科学、先进、合理的涂饰工艺规程。该工艺规程应包括内容有：涂料品种、详细涂饰工序及其技术条件、使用的设备和工具、质量标准和检测、验收标准和方法等，以利于操作人员按工艺规程要求选择涂料品种，按工艺要求精细操作，以保证产品质量。

（3）严格进行表面处理。根据被涂物的使用条件和使用环境，利用合适的方法对被涂物进行严格的表面处理，达到工艺规程所规定的技术指标。

（4）选择最佳涂饰工艺。涂饰施工单位应根据本单位的具体条件，诸如涂饰环境、涂饰对象、涂料品种和配套性能、经济成本等条件来选择合适的涂饰工艺和涂饰设备进行涂饰施工。

（5）保证涂层干燥条件。按涂料的技术要求和所具有的条件保证涂层干燥所需的条件，以得到性能良好的涂层。

（6）严格监控质量。为保证涂饰质量，必须拥有准确的检测仪器和可靠的检测方法，对涂饰作业中的每一个重要环节进行监测，以控制涂饰质量达到规定的标准。涂饰质量的检测包括涂饰前处理质量的检测、涂料产品自身质量的检测、涂饰施工过程中各工序的质量监控以及涂饰完成后涂膜质量的检测。

（7）及时处理涂层缺陷。对涂饰过程中和最终涂层性能的检测中查出的缺陷应及时处理，并采取相应的措施进行补救，以保证涂层质量，达到涂饰的目的。

### 4.1.3 涂层组成

根据涂饰的目的和不同的要求，通常产品的涂层由多层涂层组成。其中包括腻子、底漆、面漆、罩光等。

对于粗糙不平的基体，通常涂一层腻子，以提高外观的装饰效果。

底漆层是指与被涂工件基体直接接触的最下层的漆层。底漆层的作用是强化涂层与基体之间的附着力，并发挥涂料的缓蚀作用，提高涂层的防护性能。

面漆层在底漆层之上，其主要作用是提高装饰性，使漆膜具有一定的物理力学性能。不透明涂饰面漆层决定了产品的基本色彩，使涂层丰满美观。

罩光漆层是涂层的最外层，主要目的是增加产品的光泽，通常用于光泽要求高的高级涂层。

### 4.1.4 涂料的配套选择原则

在涂料施工中，很少采用单层涂层，因为这样难以获得满足产品质量要求的涂层。涂料的配套选择就是进行涂饰体系的设计，要根据被保护对象及其环境要求条件制定出一套科学的涂料体系，以最大限度地发挥涂膜性能。

#### 4.1.4.1 涂料的选择

在选择涂料时，除了要了解涂料产品说明书中介绍的涂料性能、技术指标和涂料作业性能之外，还应考虑以下几方面的问题，以选择最适宜的涂料品种。

（1）根据涂饰目的选择涂料。

（2）根据被涂物所处的工作环境要求来选择涂料。由于任何涂料产品的性能指标都不能十全十美，而有其适用范围，因此要弄清被保护材料和设备的使用条件和技术要求，使被涂物件的使用条件与所选涂料的性能适用范围吻合。

（3）根据施工条件，依据所具有的施工设备及干燥设备的条件来选用合适的涂料。

（4）根据具体情况，从节约的原则出发，把当前利益和长远利益、直接利益和间接利益结合起来考虑。在进行经济核算时要将材料费用、表面处理费用、施工费用、涂膜使用寿命及其维修费用等加以综合估算，择其经济效益最佳者。

（5）根据被涂物材料性质选择涂料品种，注意所选涂料的配套性。

#### 4.1.4.2 涂科的配套原则

所谓涂料的配套性就是涂饰基材和涂料以及各层涂料之间的适应性。选择涂料应依照一定的原则，以保证涂层具有良好的防护性和装饰性，满足使用条件对涂层性能的要求，它包括如下几方面的内容：

（1）涂料和基材之间的配套。不同材质的表面，必须选用适宜的涂料品种与其匹配，对于木制品、纸张、皮革和塑料表面不能选用需要高温烘干的烘烤成膜涂料，而必须采用自干或仅需低温烘干就可固化成膜的涂料。

（2）涂膜各层之间应有良好的配套性。底漆与面漆应配套，最好是烘干型底漆与烘干型面漆配套，自干型底漆与自干型面漆配套，同漆基的底漆与面漆配套。当选用强溶剂的面漆时，底漆必须能耐强溶剂而不被咬起。此外，底漆和面漆应有大致相近的硬度和伸张强度。硬度高的面漆与硬度很低的底漆配套，常产生起皱的弊病。

（3）在采用多层异类涂层时，应考虑涂层之间的附着性。附着力差的面漆（如过氯乙烯漆、硝基漆）应选择附着力强的底漆（如环氧底漆、醇酸底漆等）。在底漆和面漆性能都很好而两者层间结合不太好的情况下，可采用中间过渡层，以改善底层和面层的附着性能。

（4）涂料与施工工艺的配套。每种涂料和施工工艺均有自己的特点和一定的适用范围，配套适当与否直接影响涂层质量、涂饰效率和涂饰成本。

涂料的施工工艺应严格按涂料说明书中规定的施工工艺进行。高黏度涂料一般选用高压无气喷涂、辊涂施工；平板件产品可采用光敏漆辊涂或淋漆；因此，对于一定的涂料必须选用与之相配套的施工工艺。

（5）涂料与辅助材料之间的配套。涂料的辅助材料虽不是主要成膜物质，但对涂料施工、固化成膜过程和涂层性能却有很大影响。辅助材料包括稀释剂、催干剂、固化剂、防潮剂、消泡剂、增塑剂、稳定剂、流平剂等。它们的作用主要是改善涂料的施工性能和涂料的使用性能，防止涂层产生弊病，但它们必须使用得当，否则将产生不良的影响。例如，每类涂料均有其特定的稀释剂，不能乱用；当过氯乙烯漆使用硝基漆稀释剂时，将会使过氯乙烯树脂析出，因此，各种辅助材料的使用一定要慎重，切不可马虎。

### 4.1.5 施工工艺的确定

在选择了合适的涂料体系后，便应按照规定的技术要求，选用合适的施工工艺和施工设备，把涂料涂饰在被涂物的表面上。要尽量减少涂层弊病，最大限度地提高涂料的利用率和涂饰作业的劳动生产率，改善涂饰作业环境和施工劳动条件，减少对环境的污染，得到具有最佳保护性和装饰性的涂层，以满足产品的使用要求。

涂饰工艺中，除传统的刷涂、空气喷涂、浸涂、辊涂、淋涂外，近年来已开发出高效、节能的涂饰工艺，如粉末流化床涂饰、粉末静电涂饰等，可适用于使用不同种类的涂料，涂饰形状规格不同的工件。

一种性能优良的涂料，若不以合适的施工设备和正确的施工方法涂饰，其特性是很难体现出来的。通常在选择涂饰方法或涂饰设备时，必须考虑以下内容：

（1）被涂物的形状、面积大小、生产数量、生产规模以及其工件表面形态。对形状较简单、数量适中的被涂物，可选择空气喷涂、高压无气喷涂和辊涂、淋涂等设备进行涂饰施工。对形状复杂、体积较小、生产量大的被涂物则可选取建造合适的涂饰生产线采用空气喷涂、浸涂等进行涂饰施工。

（2）根据所用涂料的特性选择适宜的涂饰设备进行涂饰施工。高黏度涂料应选用高压无气喷涂设备涂饰施工，低黏度涂料可采用空气喷涂设备涂饰施工。

（3）要选用高效、节能设备。从涂饰的经济效益来考虑，首先选用造价适中、涂饰效率高、涂料利用率高、涂饰合格率高的涂饰设备和节能、高效的涂层干燥设备，如远红外干燥设备等。

（4）要重视环保因素。要从易于操作、保护施工环境、有利于施工人员健康和环境保护的角度来选择涂饰设备。

总之，选择涂饰方法和涂饰设备时，上述应考虑的各因素之间不是孤立的，而是彼此联系和相互制约的，因此必须根据具体情况综合平衡，正确选择最合适的涂饰方法和合理配置的涂饰设备，以达到高质、高产、高效、节能之功效。

## 4.2 基材处理

基材是指底漆与着色剂等涂饰材料直接涂于其上的木器家具制品的表面材料，它可能是实木板方材、实木指接集成材、刨切薄木或镟制单板（常称实木皮），也可能是胶合板、刨花板、中密度纤维板（也称中纤板或密度板）等人造板，还可能是经过或未经过树脂处理的各种装饰纸（如木纹纸等）。涂饰前基材应是平整干净无缺陷，颜色均匀素净，不含树脂等，但实际上，无论是实木还是人造板基材表面涂饰前往往是不合乎要求而需要进行处理。基材处理，也称材面整修，是木材涂饰之前处理的重要环节。

现代木材涂饰应有这样的认识：基材材面的好坏关系到80%以上的涂饰效果。过去木器行业有句俗话叫“三分木工七分油工”；而现代涂料行业流行“三分油漆七分木材”，就是说木材原有素质好或经过材面整修良好时，可用最少的材料（涂膜），获得最佳的涂饰效果。当材面整修不良或材质实在太差，而想依赖涂饰底漆面漆的涂膜来弥补，是一极大错误且愚笨的想法。一定要重视涂漆之前的表面处理，也称表面准备，做好准备工作涂漆才能获得良好效果。

### 4.2.1 去 污

木制品的零部件在机械加工过程中，其表面难免要留有油脂、胶迹，特别是榫接合的胶接处、表面胶贴装饰薄木的拼缝处、单板封边的边部，含有挤出而没被刮净或擦净的胶，这些油脂与胶将严重影响涂饰着色的均匀（或无法着色）和涂层的固化与附着力。

另外，白坯制品或零部件在生产、运输和贮存过程中，表面会落有许多灰尘或受到机械损伤，用砂纸或砂布打磨时也会积存大量磨屑，所有这些灰尘、粉屑和脏污如不清除，将会隔在漆膜和木材之间，影响漆膜对木材的附着力，也影响透明涂饰木纹的清晰显现和涂饰效果。特别是藏在管孔、裂缝和洞眼处的灰尘磨屑，将会影响填孔剂与腻子的牢固附着。

表面油脂与胶迹清洁可用温水、热肥皂水或碱水清洗，也可以用酒精、汽油或其他溶剂擦拭溶掉，在用碱水或肥皂水清洗后，还应用清水洗刷一遍，干后用砂纸顺木纹打磨。也可用玻璃碎片、刨刀、刮刀等刮除表面的黏附物，然后再用细砂纸顺木纹方向磨平。

表面或管孔内的灰尘磨屑可用压缩空气吹，用鸡毛掸子掸，也可用棕刷等扫，最好不要用湿布去擦，以免灰尘腻在木纹之间，表面将变得灰暗无光泽，透明涂饰的木纹将不清晰。

### 4.2.2 去 脂

针叶材（如红松）所含树脂在涂漆前必须去除。因为这类木材的节子、晚材等部位，往往聚积了大量树脂。树脂中所含的松节油等成分会引起油性漆的固化不良、染色不匀及降低漆膜的附着力。去除树脂可采取溶剂溶解、碱液洗涤、漆膜封闭和挖补等方法。

#### 4.2.2.1 溶剂溶解

松脂中的主要成分（松香、松节油等）均可溶于多种溶剂中，因此可用相应溶剂溶解去除。常用溶剂有丙酮、酒精、苯类、煤油、正己烷、三氧乙烯、四氯化碳等。局部松脂较多的地方，可用布、棉纱等蘸上述一种溶剂擦拭。如松脂面积较大时，可将溶剂浸在锯屑中放在松脂上反复搓拭，如果在擦拭或搓拭的同时提高室温或用暖风机加热零部件或板面，则去脂效果更好。

采用溶剂去脂的缺点是成本较高，溶剂有毒，容易着火。

#### 4.2.2.2 碱液洗涤

采用碱液洗涤去脂时，可用5%～6%的碳酸钠或4%～5%的苛性钠（火碱）水溶液。如能将氢氧化钠等碱溶液（占80%）与丙酮水溶液（占20%）混合使用，效果更好。配制丙酮溶液与碱溶液时，应使用60～80 ℃的热水，并应将丙酮、碱分别倒入水中稀释。将配好的溶液用草刷（不要用板刷等）涂于含松脂部位，待使用3～4 h后，以海绵、旧布或刷子用热水或2%的碳酸钠溶液将已皂化的松脂洗掉即可。

采用碱液处理是因为碱可与松脂反应生成可溶性的皂，就能用清水洗掉。但如清洗不完全可能会出现碱污染（材面颜色变深）。采用碱处理与溶剂去脂比较，一般去脂后材面颜色都会不同程度地变深，因此作浅色或本色装饰时最好用溶剂处理。

#### 4.2.2.3 漆膜封闭

材面表层去脂后深处的树脂还有可能渗出，故需用松脂不溶的漆类封闭，早年多用虫胶漆，现代多用聚氨酯底漆。

#### 4.2.2.4 挖 补

木材表面上不断渗出松脂的虫眼等缺陷，应采用挖补的方法去除树脂。挖补木块应注意纤维方向和胶缝严密。

### 4.2.3 脱色（漂白）

木材涂饰工艺中的脱色（漂白），目的在于使木材颜色变浅，使制品或零部件材面色泽均匀，消除污染、色斑，再经过涂饰可渲染木材高雅美观之天然质感与显现着色填充的色彩效果。与造纸漂白情况不同，不是也不可能把木材漂成白纸一样白，所以准确地说可称为木材脱色。

漂白与消除污染的主要方法是选用适当漂白剂涂于木材表面，待材面颜色变浅后再用清水洗掉作用过的漂白剂。应用较多的漂白剂与助剂有：过氧化氢（双氧水）、草酸、亚硫酸氢钠、亚氯酸钠、碳酸钠、高锰酸钾、氨水等。这些材料配成适当浓度的漂白剂溶液涂于木材表面即可，举例如下：

（1）浓度为30% ~35%的过氧化氢与28%的氨水在使用前等量混合，涂于木材表面，有效时间约30 min。也可先涂氨水，然后再涂过氧化氢，待木材颜色变浅，要充分水洗。

（2）将无水碳酸钠10 g溶于60 ml的50 ℃温水中作甲液；在80 ml浓度为35%的双氧水中加入20 ml水作乙液。先将甲液涂于木材表面，待均匀浸透5 min后，用木粉或旧布擦去表面渗出物，接着再涂乙液，干燥3 h以上。如果漂白效果不佳，可将干燥时间延长至18 ~24 h，漂白后水洗。操作时注意，两种溶液不可预先混合，每种溶液要专用一把刷子。此法对不同的树种漂白效果有差异，按由好到次的顺序约为：柳桉→柞木→水曲柳→桦木→刺楸→山毛榉。

（3）35%的过氧化氢与冰醋酸按1∶1的比例混合涂于材面。

（4）35%的过氧化氢中加入无水顺丁烯二酸，待完全溶解后涂于材面。

（5）35%的过氧化氢中加入有机胺或乙醇，涂于材面。

（6）在密闭室内燃烧硫黄，产生的二氧化硫气体直接接触木材表面，也可使其脱色。

此外曾受各种污染变色的木材表面，可用以下方法脱色处理：

铁污染：木材与铁接触后，其中所含单宁、酚类物质与铁离子发生化学反应，形成单宁铁化合物和酚铁等化合物，表面出现青黑色的络合物。可用浓度为2% ~5%的过氧化氢（pH值约为8）涂擦被污染部位，干后用水清洗。铁污染也可用4%的草酸水溶液处理，除去污染后，再以50 g/m$^2$的用量涂以浓度为7%的亚磷酸钠的水溶液。经过这样处理后的木材表面，将不再发生铁污染。

酸污染：木材接触酸类物质便受到酸污染，表面呈淡红色，变色程度因树种而不同。消除酸污染时，先在2%的双氧水中加入氨水，将其pH值调到8~9，再涂于木材表面被污染处，处理过程中，随时观察去污情况，逐渐提高过氧化氢的浓度，直到10%为止。为防止脱色后表面颜色不均匀，可在未被污染部位也涂上极稀（0.2%）的双氧水溶液。

碱污染：木材表面受到碱性物质污染后，变色的情况因树种和木材表面的pH值而不同，有灰褐色、黄褐色、红褐色等。用草酸处理碱污染的表面，往往效果不佳，草酸溶液浓度过高，又将引起酸污染。可先用pH值为7~5的弱酸性双氧水溶液处理，并按处理后的脱色情况，逐渐提高其浓度，最高不超过10%。用浓度为1%的雕白粉溶液（pH值为5）也能有效地清除碱污染。

青变菌污染：青变菌类侵入松木，常使其边材发生局部青、红等色变，清除此类污染，宜用氧化作用较强的次氯酸系列的漂白剂，如次氯酸钠、次氯酸钙（漂白粉）等，其溶液的pH值宜为12。也可用浓度为10%的二氯化三聚异氰酸钠的水溶液（pH为6.2~6.8），处理后再用水洗。如发现材面泛黄，耐光性差时，再用pH值为8的双氧水处理。

因木材树种繁多，每块木材所含色素不同，分布情况也不一样，上述配方均是在特定情况下的试验结果。同一配方在不同情况下，其具体使用效果可能不一样，有些树种可能很好，有的可能很差，有的树种也许根本无法漂白，因此对具体木材，所选漂白剂之品种、浓度、涂饰遍数与所用时间等尚需试验摸索。

具体漂白操作尤需注意如下事项：

（1）漂白剂多属强氧化剂，贮存与使用须多加注意。不同的漂白剂一般不可随便直接混合使用（可在木材表面混合，或经过试验有文字介绍可混合），否则可能燃烧或爆炸。

（2）配好的漂白剂溶液适于贮存在玻璃或陶瓷容器里（容器应稍大或盛量少些，因混合溶液可能发热膨胀起泡沫），不能放入金属容器内，否则可能与金属反应，不但不能漂白，反而可能使木材染色。

（3）配好的漂白剂溶液要放在隔绝光线和阴凉的地方，放置不可过久，否则可能变质。

（4）有些漂白剂有毒（如草酸），多数漂白剂对人体与皮肤都有腐蚀作用，漂白剂均会刺激鼻眼，因此操作时应戴口罩、橡皮手套和橡皮或棉纤维的围裙等，室内应适当换气，不可将漂白液弄到嘴里或眼里，如已溅到皮肤上，要用大量清水冲洗，并涂擦硼酸软膏。

（5）漂白液可以使用喷枪、橡皮、海绵、纤维、尼龙或草制成的刷子涂饰，不使用动物性毛刷，要在干燥和清净的木材表面上，顺纤维方向均匀地涂上漂白液。涂饰量要合适，不宜用过量，过量其作用可能快，但增加成本。用喷枪喷后，还应用刷子或海绵把药液擦入木材里。

(6) 漂白液的漂白作用仅在湿润期间有效，干燥后则失效，因此与涂漆相反，漂白操作可选在高湿天气或下雨时进行，一般不宜加热干燥以免降低漂白效果。两液混合的漂白液一般在混合后 10h 内效果最好。

(7) 依材质的不同漂白液有时需涂 1~3 次，漂白后用水洗或以浸水海绵擦漂白面至黄色消失，可用吹风机吹除水分。如仅需漂白局部材面时，其他部分可先涂水，而使漂白不致有明显的界线，需漂白部分如是细长条状(顺纤维方向)，可先在其两侧涂水后再漂白，小的局部漂白还可以用一小团洁净的棉纱浸透漂白液后压在要漂白的表面，在达到漂白要求之前始终保持棉纱团上有漂白液。

(8) 厚度薄的单板或薄木可采用浸渍法漂白，将漂白液放入浸槽，可一片片浸渍漂白，时间依材质与漂白程度要求而定，一般约 3 min，然后以流水洗涤。浸渍时漂白液可能起泡沫，故容器需大些，以防溢出造成损失。

(9) 漂白胶合板部件，注意避免过多的漂白液流到胶合板的端头，防止胶合板开胶。用后剩余的漂白液，不可倒回未用的漂白液中，以防影响漂白效果。

(10) 由于漂白液都是水溶液，故漂白操作同时使木材表面被水湿润，易引起木毛，在漂白完毕后，待木材完全干燥，要用细砂纸轻轻砂光木材表面，除去残余药剂与木毛，使材面平滑。

(11) 单宁含量较多的木材，事先可用 5%~10% 碳酸钠水溶液处置，可获得较佳漂白效果。

(12) 不得过度漂白，否则会破坏木质素，减弱木材强度。

(13) 过氧化氢会使人体毛发变黄变红，漂白后材面未除干净时，也可能使聚氨酯漆涂层变色。

### 4.2.4 腻　平

一般人造板表面缺陷较少，天然材料常因本身结构与机械加工的原因，会有许多缺陷，例如节子、虫眼、裂纹、缝隙及局部凹陷、钉眼、榫孔和钝棱等局部缺陷，这在透明和不透明涂饰时都可能遇到，如不加以处理，会吸收许多涂料造成浪费，还会使涂层的基础不平整。因此在涂饰前常用稠厚的腻子对局部缺陷进行填补。这对于透明和不透明涂饰都是不可缺少的工序。当然如果材质好，没有缺陷就不必进行。

在木材涂饰施工中，用腻子腻平局部缺陷也称嵌补或填腻子。腻子一般是由颜料和黏结剂调配而成。颜料主要使用体质颜料，透明涂饰用的腻子为与着色色调一致，常需放入少量相应的着色颜料。黏结剂可以使用水、胶液以及各种的成膜物质。依据黏结剂的不同，腻子可分以下几种。

#### 4.2.4.1 水性腻子

用水将碳酸钙与着色颜料调配成的稠厚膏状物。其优点是调配简单，使用方便，但是干燥较慢、附着力很差，干燥后收缩较大，只适于一般产品使用。这种腻子最简便的调配方法，就是采用已调配好的水性填孔着色剂，再加一定量的碳酸钙即可调成。

#### 4.2.4.2 胶性腻子

用浓度约6%的胶水将碳酸钙、少量着色颜料调成的稠厚膏状物。它的性能略好于水性腻子，因此可用于中级产品，有时也用于高级产品的初次腻平。

#### 4.2.4.3 硝基腻子

硝基腻子也称喷漆腻子、快干腻子，可用硝基清漆、体质颜料、着色颜料调配而成。硝基漆可按1∶(2～3）兑入稀料（信那水），体质颜料约占75%，这种腻子干燥快，干后坚硬，不易打磨。

硝基腻子多用于涂过硝基漆的表面需进一步填补的地方，如透明涂饰时涂过硝基漆以后的局部缺陷，不透明涂饰时涂过第一道色漆以后填补洞眼、缝隙。硝基腻子干燥后宜用水砂湿磨。

#### 4.2.4.4 填平漆

填平漆是专门用于不透明涂饰的全都填平材料。主要用于大管孔木材及刨花板表面，其组成与腻子类似，也可分为油性、胶性、硝基填平漆等。

填腻子绝大多数是用手工操作的，所用工具有嵌刀与各种刮刀。其方法，嵌补前要清除缺陷处的灰尘和木屑，再将腻子压入缺陷处，然后顺木纹方向先压后刮平，使腻子填满缺陷并略高出表面，待干后收缩下陷能与表面一平。操作时尽量少玷污其周围表面，否则留下较大的刮痕，增加打磨量，影响着色效果。

木材表面的缺陷很难一次完全腻平，当涂过底漆之后发现腻子干后收缩，就要再填一次，称复填腻子。一般是每涂过一遍底漆之后检查一次收缩和遗漏的洞眼再填一次，直至完全腻平，可能需填2～3次。

每遍腻子干后都要单独用砂纸打磨填腻子处，或随白坯木材表面以及涂层一起打磨，经过打磨再涂下道腻子。

局部缺陷腻平的过程对于透明与不透明涂饰都是一样的。

### 4.2.5 白茬砂光

基材砂光也称白茬砂光或白坯砂光，就是用砂纸、砂布或砂带手工或机械研磨木材表面，日本人称涂饰前木材素的调整，目的是为了清除基材表面的不平、污迹与木毛，以获得一个平滑的涂饰基础。这是整个涂饰过程中非常重要的工序，对最终涂饰质量有很大的影响。

#### 4.2.5.1 基材砂光

任何档次的木器家具制品最终的表面涂膜都要求极其平整光滑，这个效果需要逐个涂层积累，并从白坯木材开始。因为漆膜都是很薄的（一般为几十至一二百微米），如果白坯基材表面是粗糙不平的，那么尽管对中间涂层和最终的表面漆膜做大量修饰研磨也无济于事。基材研磨一次和涂饰一次的效果相同，有人不理解这一点反而期望减少研磨而增加填腻或涂饰以求获得表面的平滑，结果导致质量不佳且浪费涂料。欲获得平滑涂膜表面，研磨砂光是最好且省工省料的方法。

用砂纸对白坯木材全面细致地研磨可进一步使白坯表面平整、光滑、洁净，消除素材表面的污迹、木毛、划痕、压痕以及木材表面吸附的水分、气体、油脂等，改善木材表层界面的化学性质和状态。同时研磨的质量还直接关系到涂饰效率、木纹显现的程度、漆膜的表面状态以及光泽与附着力。因此说白坯木材研磨是影响涂饰质量的决定性因素也不为过。还有人说，白坯基材研磨不良，往后的涂饰工程必会失败。

研磨一般分手工和机械两种情况，前者效率低，操作者体力劳动强度大，不易得到均一平坦的研磨效果，砂纸中包一块平垫木再磨会好些。但手工研磨适于曲面、边角等机械无法磨到之处，比较灵活机动，适应性强。

木材研磨时应注意顺纤维方向进行，手工研磨用力大小要均匀，如横纤维研磨会损伤材面留下较深的划痕（砂纸道子），待着色后便是明显的划痕印记，影响涂饰效果。砂纸磨一段时间便已失效，须更换，磨屑粉尘需彻底清除干净。

一般带式砂光机多用于大平面材面砂光，作业简便，研磨质量与效率都很好，不可强行研磨无法研磨的曲面与边角。也有小型的可研磨一定曲面的砂光机，砂光机有多种类型可任选，使用中应特别注意其转速、研磨方法、压力、次数、砂纸号等。由于机械效率高，研磨中可能产生大量粉尘，应有除尘装置，且磨后的木材表面上的磨屑要用洁净之布刷拭或用压缩空气吹除留在导管内的磨屑，还应注意防止吹除后飘于空气中的粉尘再度降落附着在材面上。

基材研磨较重要的工艺因素是砂纸的选择，砂纸目数（一般代表砂粒的粒度，目数越大砂纸越细）常根据材质（主要是硬度）、木材表面粗糙度与研磨次数来决定。材质硬选粗一些（目数小一些）的砂纸，反之用细砂纸。研磨次数的顺序可按先粗后细的原则，中间换 2～3 个目数即可。粗砂纸研磨快但研磨的表面粗，细砂纸研磨的慢表面细，例如机械粗砂光可用 80#～100#砂纸，硬木手工粗砂可用 120#～150#，软木手工粗砂可用 150#～180#，最后细砂可用 180#～240#。也有个别情况，例如已装配完的小门，可在砂光机砂光时就做不到完全顺纤维方向砂光，总会有两个边是横纤维的，此时第一遍砂光就要选择细一些的砂纸（180#以上）砂光。

一般先用粗砂纸可完成研磨量的大部分（约 80%），再用细砂纸研磨消除粗砂纸的砂痕及剩余的研磨量。如果使用太粗的砂纸容易产生砂痕，难以消除，反之选用太细的砂纸有可能影响研磨效率以及涂层的附着力。

当前许多木器家具行业多用进口砂纸，感到部分国产砂纸粒度不均匀，易造成局部砂痕过深。还有许多厂家在涂面漆前的底漆膜砂光都用进口砂纸。

#### 4.2.5.2 去木毛

仅仅研磨还不够，还不能完全去除木毛，木毛是木材表面的微细木纤维，平时可能倒伏在木材表面或管孔中，一旦木材表面被液体（漂白液、去脂液、着色剂等）润湿，便膨胀竖起使表面粗糙不平，木毛周围极易聚集大量染料溶液，使着色不均匀，木毛的存在还可能使填孔不实、木纹不鲜明、涂层渗陷，因此高质量的涂饰基材研磨必须同时去除木毛。

去木毛的主要方法是采取先润湿，后干燥，再砂磨。现代涂装常采用低固含量、低黏度的聚氨酯封闭底漆（商品名称为底得宝）涂饰木材表面，使木毛吸湿竖起，因含漆的木毛竖起比较硬脆易磨，干燥后可用细砂纸顺纤维方向轻轻打磨，木毛即可去掉。打磨时不可用力过大，否则会产生新的木毛。

平整或成型的零件表面也可以用热轧法处理木毛。热轧机上有 2～3 对辊筒，将上辊筒加热到 200 ℃左右，辊轧压力为 0.4～2.5 MPa，零件以 2～15 m/min 的进给速度通过辊筒热轧以后表面密实、光滑，木毛将不再竖起，涂饰时还可以节省涂料用量。如果在热轧前先在表面上涂一层稀薄的脲醛树脂胶，辊轧后，不仅表面光滑，而且略带光泽，用于家具内部零件如搁板或隔板等，就可不需再涂清漆或其他涂料。

白坯木器家具或其零部件经过砂磨使表面平整，也去除了木材表面吸附的水分、气体、油脂、灰尘等，改善了木材表面的界面化学性质，此时，应尽快涂漆，如不及时涂漆，上述表面吸附物就会再度出现，就需要再一次研磨。

基材砂光一般以手感平滑为准，据有关资料研究，涂漆前基材砂光要求基材粗糙度在 30 μm 以下，透明涂饰应在 16 μm 以下。

### 4.2.6 填管孔

木材系多孔结构，木材组织中细胞与细胞之间有间隙，也有许多导管，当木材被切割、刨削和砂光时，便会露出细胞腔和管孔、管沟，虽经过精细砂光除去木毛，但仍有大量孔隙存在，表面仍然是不平整的，尤其阔叶材表面更为明显。因此在涂饰涂料之前，用专门的填孔剂（填充剂、透明腻子）将木材的全部孔隙填塞起来，称为填管孔或填孔。只有填满、填实、填牢孔隙才有可能获得丰满厚实具极高光泽的表面漆膜。另外填孔还有防止渗漆、木材着色和显现木纹的作用，这在填孔装饰中具有重要意义。当对木材没有明显管孔、管沟的树种表面和特意作显孔装饰（全开放、半开放）者，填孔操作可不进行。

填孔剂也称填孔材料，其组成与腻子类似，但其黏度要比腻子稀薄，常用填料、黏结剂、着色材料与稀释剂组成，依据黏结剂种类，可将填孔剂分为水性、油性、胶性、硝基和聚氨酯等。早年生产多为用漆者自行调配，近年许多油漆涂料生产厂已有成品填孔剂（透明腻子等）商品供货，如双组分聚氨酯类和单组分硝基类腻子，干燥快，透明度高，质量好。

填孔方法有擦涂法、刮涂法和辊涂法。填孔剂可用软布、棉纱擦涂，亦可使用刮刀手工刮涂。平表面家具零部件可使用专门填孔的辊涂机辊涂。手工擦或刮涂时主要应将填孔剂填入孔内，而擦除孔外多余的填孔剂，以利于木纹的鲜明与清漆涂膜的透明度。

填孔后干燥很重要，经填孔的板件或制品不可紧密放置而应进行良好的通风干燥，如气温过低应送入专门的干燥间加热干燥，干透再涂漆，否则管孔中可能存有残余溶剂，经涂漆过一段时间后，可能变白，造成涂饰缺陷。

## 4.3 着　色

着色即使家具外观呈现某种色彩的操作。木器家具的外观色彩是其装饰质量和装饰效果的首要因素，因为人们选购木器家具的第一印象即外观色彩，其次才是家具的款式造型与用料做工等，因此外观色彩对木器家具的商品与使用价值是很重要的。

### 4.3.1 概 述

人们看到的木器家具的外观色彩通常分为不透明色彩与透明色彩两种情况，前者是木器家具表面涂饰的1~2遍含有颜料的不透明色漆形成的颜色。例如表面涂了白、黑或多种色彩的不透明色漆，人们便看到一件白色或黑色或各种彩色甚至还有黑白相间的家具，但是基材被遮盖了，基材材质质感看不见了。

透明着色则是既看到某种色彩同时还能看到基材的材质树种、花纹图案。透明彩色可能是在实木板方材或实木皮上用着色剂直接着色，也可能是在涂层中着色（即施工中所谓的底着色与中着色或中修色工艺），最后外罩透明清漆的效果，也可以是在各种装饰纸（木纹纸、石纹纸等）贴面的家具表面涂几遍透明清漆的效果。在实木表面的透明涂饰着色不仅要给制品外观以某种颜色，同时还应清晰显现木材花纹与天然质感，有时还有可能使一般树种（如木材花纹不清晰或木材颜色平淡）通过着色模拟珍贵树种，从而提高木制品的附加值。

着色剂是指由着色材料（染料与颜料）用水、溶剂、油或漆液再加适当助剂调配而成的成品或半成品（可再调入底、面漆中），可直接用于木材或涂层的着色。用擦涂、喷涂、浸涂或辊涂均可着色，当用着色剂直接擦涂或喷涂木材做底着色时，如着色效果好（色泽层次、显现木纹等），可以直接涂清底漆与清面漆。如果达不到要求（如色泽没达到最终要求或不均匀等）可对涂层再进行着色，也称中修色，此时将着色剂加在底漆或面漆中，也可在底漆膜上直接喷涂着色剂或专门色漆。在未进行底着色的透明涂饰过程中，只在涂面漆阶段使用有色透明面漆涂饰并着色，如果这样做效果达到要求则既简化了工艺，也节省了材料，但着色效果欠佳，木纹不够清晰，装饰效果差。

早年使用的着色剂几乎没有油漆涂料生产厂家的成品供货，多由木器家具厂的油漆车间油工师傅自行调配，自20世纪90年代以来，我国木器涂装有了很大进步，各涂料生产厂家纷纷推出品种繁多的着色剂，如色浆、色膏、色母、着色油、擦拭着色剂、有色透明面漆等。这些着色剂的原材料不外乎上述的着色材料（颜料、染料）、溶剂、树脂和助剂等，但各厂家的具体品种都有较强的针对性、配套性和专业性。现代着色剂中所用着色材料虽然也用颜料、染料，但是比传统的着色材料已有了很大改变，例如透明半透明的氧化铁系颜料，金属络合物染料、合成树脂、新型助剂以及相应溶剂的使用等，所以现代着色剂的性能更为完善，色泽鲜艳耐久，色谱齐全，透明度高，能更清晰地显现木纹，木材质感效果好，固化快，使用方便等。由于各涂料生产厂家不同品种的着色剂常强调其针对性、配套性和专业性，因此实际使用时需根据涂料使用说明书所提供的品种、性能和使用方法进行优选与使用，不可凭传统经验。选用时应注意以下事项：

（1）色谱是否齐全，能否调出用户要求的色泽。

（2）着色剂的耐光、耐热、耐酸、耐碱性能如何，是否容易褪色。

（3）色泽鲜明度、透明度，是否影响木纹和木材质感的清晰显现。

（4）渗透性、干燥速度如何，是否便于施工操作。

（5）使用配套稀释剂和涂料品种。

（6）有无引起木材膨胀、起毛粗糙或涂层间渗色溶色现象发生，有无气味与毒性。

（7）适合于何种涂饰方法（擦涂、喷涂），是否同时完成着色和填孔以及成本价格等。

现代木材透明涂饰的着色作业较常见的方法是底着色中修色和面着色两种作法。前者即在木材表面直接着色后涂底漆，在底漆涂层上进行修色补色，最后罩透明清漆，此法着色效果好；面着色是在整个涂饰过程中的最后1～2遍涂面漆时使用有色透明面漆，涂面漆同时对涂层着色，此法着色工艺简单，但着色效果差。

着色剂主要包括颜料着色剂、染料着色剂和色浆着色剂。

### 4.3.2 颜料着色

颜料着色主要分为水性颜料填孔着色剂（水粉子）和油性颜料填孔着色剂（油粉子）。

#### 4.3.2.1 水性颜料填孔着色剂

其成分与前面所讲的水性填孔剂相同，即在填孔的同时着色，着色颜料常用铁红、铁黄、哈巴粉等。下面列出部分色泽的水性颜料填孔着色剂的参考配方，见表4－1。

调配方法，按表中比例先将老粉放入水中调成粥状，搅拌均匀，按照先浅后深的顺序陆续加入着色颜料，如用铁黑和炭黑应先用酒精溶解之后再放入水中。如果用于涂擦粗孔材（如水曲柳），调得稠厚些填孔效果好，但是太稠不便涂擦；如用于细孔无孔材（椴木、松木）可调得稀些。

水粉子干燥较快，在大面积表面上涂擦时，最好分段进行，以保证填孔着色的质量。

表 4－1 水性颜料填孔着色剂配方

| 质量比/% 色泽 材料 | 本色 | 浅黄色 | 橘黄色 | 浅柚木色 | 深柚木色 | 荔枝色 | 栗壳色 | 蟹青色 | 红木色 |
|---|---|---|---|---|---|---|---|---|---|
| 碳酸钙 | 70 | 71.3 | 69 | 67.8 | 69.8 | 68 | 64.2 | 68.5 | 63 |
| 立德粉 | 1 | | | | | | | | |
| 铬　黄 | | | 2 | | | | | | |
| 铁　红 | | 0.2 | 0.5 | | | 1.5 | 2.1 | 0.5 | 1.8 |
| 铁　黄 | 1 | 0.1 | | 0.6 | 0.5 | 1 | | 0.5 | |
| 哈巴粉 | | 0.4 | | 2.6 | 2.7 | | 6.2 | | |
| 红　丹 | | | 0.5 | | | | | | |
| 铁　黑 | | | | | | | | 1.5 | |
| 墨　汁 | | | | | | 5.5 | 1.5 | | 3.2 |
| 水 | 28 | 28 | 28 | 29 | 27 | 24 | 26 | 29 | 32 |

4.3.2.2 油性颜料填孔着色剂

它是用体质颜料、着色颜料、油或油性漆以及相应的稀释剂调配而成，使用时即在填孔的同时着色。下面列出部分油性颜料填孔着色剂的参考配方，见表 4－2。

表 4－2 油性颜料填孔着色剂配方

| 质量比/% 色泽 材料 | 本色 | 淡黄色 | 橘黄色 | 柚木色 | 棕色 | 浅棕色 | 浅咖啡色 |
|---|---|---|---|---|---|---|---|
| 碳酸钙 | 74 | 71.3 | | 68.1 | | 57 | 69.34 |
| 硫酸钙 | | | 50.2 | | 46 | | |
| 立德粉 | 1.3 | | | | | | |
| 哈巴粉 | | 0.41 | | | | 2 | |
| 铬　黄 | 0.05 | | | | | | |
| 铁　黄 | | 0.1 | | 1.8 | | | 1.04 |
| 石　黄 | | | 4.2 | | | | |

续表 4-2

| 质量比/% 色泽 材料 | 本色 | 淡黄色 | 橘黄色 | 柚木色 | 棕色 | 浅棕色 | 浅咖啡色 |
|---|---|---|---|---|---|---|---|
| 地板黄 | | | | | 5.5 | | |
| 铁　红 | | 0.21 | | 1.8 | | 1 | |
| 红　土 | | | | | 1 | | |
| 樟　丹 | | | 1.3 | | 1.8 | | |
| 铁　黑 | | | | 1.3 | | | |
| 炭　黑 | | | | | 0.9 | 1 | 0.17 |
| 清　油 | 4.55 | 5.3 | 2.5 | 4.5 | 5.8 | 10 | 6.4 |
| 煤　油 | 7.6 | 10.34 | | 10 | | | 11.26 |
| 松香水 | 12.5 | 12.34 | 41.8 | 12.5 | 30 | 29 | 11.79 |

调配方法，一般先用清油或油性漆与老粉调和，并用松香水与煤油稀释之后再加入着色颜料调匀即可。油粉子贮存易挥发结块，因此一次不宜配多，最好现用现配。

油粉子擦涂方法与水粉子大致相同，但涂后应稍停，使填入管孔的油粉子稍干硬些再擦，否则有可能使已擦入管孔的油粉子又带出。

油粉子与水粉子相比，油粉的着色透明度高，显纹效果好，不引起材面膨胀起毛，一般用于装饰质量要求高的制品，但干燥比水粉子慢，一般常温下干燥 8~12h，并对上层涂料有要求，要注意配套性。现代涂装已很少采用。

### 4.3.3 染料着色

染料着色主要分为水性染料着色剂和醇性染料着色剂。

#### 4.3.3.1 水性染料着色剂

水性染料着色剂是将能溶于水的染料（主要是酸性染料、碱性染料和直接染料等），按百分之几的比例用热水冲泡溶解配成的染料水溶液，生产中也称为水色。应用较多的是酸性染料，如成品酸性混合染料（黄纳粉、黑纳粉）。水色一般用于木材表面着色。下面列出部分色泽的水色参考配方，见表 4-3。

**表 4-3　水性染料着色剂配方**

| 质量比/% 材料 \ 色泽 | 浅柚木 | 深柚木 | 蟹青色 | 荔枝色 | 栗壳色 | 红木色 | 古铜色 |
|---|---|---|---|---|---|---|---|
| 黄纳粉 | 3.5 | 2.3 | 2 | 6.6 | 12 | | 4 |
| 黑纳粉 | | | | | | 17 | |
| 墨　汁 | 1.7 | 4.7 | 9 | 3.4 | 25 | | 16 |
| 开　水 | 94.8 | 93 | 89 | 90 | 63 | 83 | 80 |

调配水色时，根据使用量按比例称取黄纳粉、黑纳粉等放在碗中，用开水浸泡溶解，经搅拌均匀静置冷却，用纱布过滤后再用。

涂饰水色可用刷子、海绵、软布、棉球等手工涂擦，也可以用喷涂、辊涂和浸涂。应用较多的是手工刷涂，刷涂水色往返次数不宜多，宜于一次完成，否则可能造成色花和起泡。涂水色后一般不宜用纱布擦拭，避免纱布纤维黏附在着色表面，引起涂膜缺陷。

使用水色的特点是色调鲜艳透明，便于显现木纹，耐光性好，调配简便，但干燥缓慢使施工周期加长。另外木材直接着色，易起木毛和着色不匀，在木材表面处理阶段一定要彻底去木毛。

#### 4.3.3.2　醇性染料着色剂

醇性染料着色剂是将能溶于酒精的染料（碱性染料、醇溶性染料与酸性染料）用酒精或虫胶清漆调配而成，生产中也称为酒色。应用较多的是碱性染料，如品红、品绿、品紫、杏黄等。一般用于涂层着色和调整色差，很少用于直接着染木材表面。由于酒色多用于修整底色的不足和拼色，因此着色材料常需根据具体底色情况加入，故一般没有严格配方，常凭生产经验判断。

当使用碱性染料调配酒色时，可预先放在瓶内用酒精浸溶，当用虫胶漆调配酒色时再适量移入漆中。

由于酒精与木材相溶性大，对木材的渗透性好，干燥快，故酒色更适于喷涂、淋涂或辊涂，也可以用排笔、板刷手工刷涂。刷涂酒色需要相当熟练的技术，顺木纹用较快的动作刷涂，且不宜多回刷子，因每刷一次都会加深色调。调配时要调得淡些，免得一旦刷深不好调整改正。酒色常需连续涂刷 2～3 次，每次干后用细的旧砂纸轻轻打磨再涂下一次，直至最后一次，颜色恰好达到需要的程度。

醇性染料着色剂色泽鲜明，但不及水色艳丽和耐光。干燥快，对木材渗透性好，比水色可较少引起木材膨胀和起毛。但由于干燥快，渗透性好，流展性差，则要求较高的涂饰技巧，容易着色不均。

### 4.3.4 色浆着色

色浆着色主要分为水性色浆着色剂、油性色浆着色剂和树脂色浆着色剂。

#### 4.3.4.1 水性色浆着色剂

水性色浆由水溶性黏结剂将颜料、染料和填料调配而成，并用水作稀释剂。

用作黏合剂的常为羧甲基纤维素，是一种白色粉末状物质，易吸湿，溶于水可制成黏性溶液，用它来作水性色浆的黏结剂，可使填孔着色层有良好的附着力。

着色材料多用酸性原染料与氧化铁颜料，一般不宜用成品混合酸性染料（如黄纳粉、黑纳粉等）。染料与颜料品种以及用量可根据具体产品色泽要求试验确定。部分色泽的水性色浆参考配方，见表4-4。

**表4-4 水性色浆配方**

| 成分 | 材 料 | 色泽名称和配方质量比 | | | |
|---|---|---|---|---|---|
| | | 红木色 | 中黄纳色 | 浅柚木色 | 蟹青色 |
| 黏结剂 | 4%羧甲基纤维素 | 110 | 100 | 110 | 110 |
| | 聚醋酸乙烯乳液 | 36 | 36 | 36 | 36 |
| 着色材料 | 酸性媒介棕 | 5.1 | 10 | 0.5 | 4 |
| | 弱酸性黑 | 1.1 | 2.5 | | |
| | 酸性大红 | 0.4 | 1 | | |
| | 酸性红 | 0.05 | 1 | | |
| | 酸性嫩黄 | 2.1 | 4 | | |
| | 酸性橙 | 4.5 | 10 | | |
| | 墨汁 | | 2 | | 3 |
| | 氧化铁红 | 1.8 | 4 | 0.5 | 1 |
| | 氧化铁黄 | 1.5 | 4 | | 1 |
| | 氧化铁棕 | | | 1.5 | |
| 填料 | 滑石粉 | 150 | 150 | 140 | 150 |
| | 石膏 | 30 | 30 | 30 | 30 |
| 稀释剂 | 水 | 84 | 84 | 84 | 84 |

调配水性色浆时，先称取羧甲基纤维素用水隔夜浸渍溶解，呈透明糊状，搅拌均匀（不要调成块状），然后将按配方量称取的各种染料混合后再放入着色颜料，均匀混合在一起，用沸水冲泡混合的染料与颜料，使其均匀溶解、分散，再加入聚醋酸乙烯乳液和已溶解好的羧甲基纤维素，最后加入填充料，搅拌均匀即成。

水性色浆可用带刮刀的辊涂机涂饰平表面的板式部件，也可以手工刮涂。水性色浆干燥较快，所以手工刮涂需快速操作，需一次刮净。

手工刮涂时，先用漆刷蘸色浆满涂于零件表面，随即快速用羊角或钢刮刀顺木纹方向一次刮净，显露清晰的木纹。在室温20~25 ℃下，隔20 min，用同法重刮一次。施工剩余的色浆，可加入少量的水封面以防干结，在下次使用前将水倒掉即可使用。

水性色浆主要用于木材表面填孔着色，在经过清净砂光的白坯木材表面上刮涂一度水性色浆，干燥，再刮涂一度水性色浆，干燥后砂光，然后涂饰底漆与面漆。

上述水性色浆的特点是：干燥快，成本低，无毒无味，操作方便，有利于手工和机械施工，简化了涂饰工艺，提高了涂饰效率。

当在机械化连续涂饰流水线上使用水性色浆时，被涂饰板件通过80 ℃的远红外辐射热烘道，经7 min可达实干，当涂饰二度水性色浆后，经烘道约需14 min后便可涂底漆。手工刮涂，每一遍在室温20 ℃时，需15 ~ 20 min干燥便可砂光涂底漆。

水性色浆与前述水性颜料填孔着色剂比较，由于含黏结剂而填孔效果好，附着牢固，由于含染料而着色效果好、色泽鲜明纯正。

水性色浆的缺点是，在干燥过程中，当水分挥发后，填实的管孔有收缩现象，封闭性差。

#### 4.3.4.2 油性色浆着色剂

油性色浆的组成与前述油性颜料填孔着色剂类似，但也有区别，即含有染料，并用蓖麻油作黏结剂，专与聚氨酯漆配套使用。

调配油性色浆时，着色材料使用油溶性染料（如油溶黄、油溶红等）和一般着色颜料（如铁红、铁黄等）。油溶性染料先用松节油加热溶解，再与其他材料混合一起搅拌均匀。着色材料要视具体色泽要求经试验确定。

蓖麻油是一种不干性油，其分子结构中含有羟基（—OH），能与聚氨酯漆中的甲组分（含异氰酸基—NCO组分）反应成膜。所以用上述油性色浆涂擦木材表面填孔着色后，一般不会干燥，可接涂聚氨酯底漆（黏度稍低，在所用聚氨酯漆中加入10% ~15%的聚氨酯稀释剂），则色浆可随底漆一起干燥。涂底漆时需注意，顺木纹涂刷，少回刷子，否则可能出现翻底刷花现象。

使用油性色浆填孔着色，可以手工刷涂、擦涂，也可以用机械辊涂，其流动性好，清洗方便。

使用油性色浆时，在白坯木材表面清净砂光并涂水色（浅色不必涂，深色需要涂）干燥的基础上，涂擦油性色浆，然后涂聚氨酯底漆与面漆，并且只能与聚氨酯漆配套使用。

用油性色浆填孔着色，色泽鲜艳，木纹清晰，填孔坚牢，装饰质量高。

4.3.4.3 树脂色浆着色剂

树脂色浆着色剂主要用合成树脂（如聚氨酯、醇酸树脂等）作黏结剂，着色材料用染料与颜料，此外还有填料以及与黏结剂、染料相应的稀释剂。

其中含有颜料与填料的树脂色浆只能用于涂擦木材表面，为木材填孔着色。如仅含有染料而不含颜料与填料的树脂色浆，则可用于木材表面与涂层表面的着色，但是不能填孔。

用树脂色浆着色与填孔，木纹清晰透明，富立体感，填孔坚牢，着色与填孔效果好，可提高装饰质量，但成本较高，干燥较慢。

### 4.3.5 着色过程

用着色剂针对透明涂饰进行着色，可归纳为三个阶段，即涂底色（基材着色）、中着色或中修色（涂层着色）与修色（调整色差）。因为一个满意的色彩，不是一次着色处理便可获得的，它是多次着色处理积累的结果。

涂底色即为白坯木材着色，是将着色剂直接涂在基材上，它是着色的基础，底色做好将为整个制品的外观色泽定了基调。底色做得满意达到了具体色调的要求，可以不再进行其他着色操作，使着色工艺简化。对于装饰质量要求高的则在底色基础上需进行涂层着色（中修色）与拼色。

涂层着色是在底色基础上涂底漆，在底漆干透的涂层上涂饰各种染料溶液，或者在中间涂层的漆中加入相应染料进行涂层着色。涂层着色只能用染料着色剂，由于颜料、染料的着色效果不同，染料着色鲜明艳丽，因此用染料着色剂对涂层着色可进一步加强色调，完善着色过程，提高装饰质量。

总之涂层着色是对底色的加强与修正，尤其在中间涂层的漆液中放入染料，常常要针对底色的色差具体情况进行。

修色即调整色差，是指一件制品经过涂底色和涂层着色之后，涂层表面可能还会出现局部色调深浅不均匀的现象，或一批板件中有个别颜色不一的现象，此时需经过修色操作使色调均匀一致。修色也包括对颜色不均匀的木材进行调整。在实际生产中修色剂应用较多的是染料着色剂，它干燥快，调配方便。

综上所述，只要选择适宜的着色材料，采用合理的着色过程，便会达到理想的着色效果。

## 4.4 涂饰涂料

虽然经过上述基材表面处理与着色作业等许多工序，但是制品表面尚没有涂膜，而木制品表面具有一系列装饰保护性能，有一定厚度的涂膜，通常是由多道性能作用不同的底漆、面漆涂层构成。

为使木材表面漆膜显得丰满厚实，经久耐磨，涂漆必须达到足够的厚度，但也并不是越厚越好。涂得过厚，不仅浪费涂料与工时，而且漆膜脆性大，韧性降低，不能受剧烈的温度变化，容易开裂，漆膜也显得臃肿，这显然不必要，也是不合理的。为使漆膜达到必要的厚度，从节约涂料与工时的观点来看，最好是通过一次涂漆操作来完成，然而实践证明，这是不可取的。因为除了不饱和聚酯漆以外，大多数漆种一次涂饰形成的较厚涂层容易“流挂”，不利干透，内应力大，且常导致漆膜起皱、光泽不均匀等质量缺陷。

因此，木器家具制品表面具有装饰、保护性能并有足够厚度的漆膜总是由性能、作用各不相同的底漆面漆的多次涂饰所形成。一般从基材表面开始涂饰的几遍底漆（也称打底）构成漆膜基础，最后制品表面涂饰的1~2遍面漆构成漆膜外观表面。

### 4.4.1 底漆封闭

封闭底漆或称封固底漆（商品涂料常称底得宝），是一些固体分含量和黏度都很低，且渗透性好的底漆涂料。按现代木材涂饰的观念，木材封闭作业对整体涂饰后的涂膜效果是非常重要的。有人比喻未经封闭底漆对材面的封闭，就进行打磨底漆和面漆涂饰，就如同人未穿内衣一般，是既不恰当也不合理的做法。封闭底漆涂饰的功用在于：由于封固漆易于渗透，因此多为薄喷，较少在材面成膜，多渗入木材深处成膜，能起到封闭作用，可阻止木材的吸湿散湿，防止木材所含水分、油脂与其他化学成分的渗出，赋予上层涂料以良好的施涂基面，防止上层涂料与溶剂的渗入，利于木毛的竖起，且易于着色与研磨，可改善整个涂层的附着力，利于保持木材的天然美感。

木材中的油脂与水分如不能有效地加以封闭，经过一段时间会破坏涂膜的附着性，造成剥离缺陷。由于粗孔材导管粗长，它的吸漆力比较强，如封闭不好木材将会逐渐吸收过多的底漆（二度底漆）而致使底漆承托力不足，将会影响整个涂层的丰满度。木毛的彻底除去有利于透明涂饰中木纹的清晰显现。

封闭底漆多选用硝基和聚氨酯系列漆，尤以聚氨酯漆的封闭作用更强。封闭底漆只有充分渗入木材才起作用，故其对木材表面的润湿与渗透性十分重要。因此要使用低固含量（常为5% ~10%）与低黏度（10 ~ 12s，涂—4杯，25 ℃）的底漆，由于其干燥速度快，涂饰不宜过厚，一般喷涂一遍，如遇油脂多的木材需多涂一遍。每次涂饰量为60 ~ 90 g/m$^2$，涂后需干透，适量研磨，注意不能研磨过度。

### 4.4.2 涂底漆

涂底漆也称打底，即在整个涂饰过程中开始涂饰的几遍漆或特指第一遍漆，第二遍漆称为二度底漆，是紧接着木材表面处理填孔着色之后进行的，常涂饰2 ~ 3 遍。其主要作用在于构成涂膜的主体，即木材涂饰所形成的整个涂膜主要靠底漆完成，底漆涂层可使面漆涂层不致被木材吸收而影响成膜，失去光泽。所以要求底漆必须流平性好、透明度高、干燥快、易研磨、附着力好。有时也会因木制品品种性质用途的不同而对其硬度、韧性、渗透性等有所要求。

底漆涂料中除含有适于砂磨的树脂、助剂以外，还含少量易于渗入管孔的填充料，一般呈乳白色黏稠液体，固体分含量较高，有一定的填充性，干后涂膜易磨，可获得较为平滑的底漆层，再上涂面漆便可获得平整光滑的表面效果。

根据涂饰质量要求可选用适宜的底漆品种，当前应用较多的是聚氨酯类底漆，除有较好的底漆品质外，还有突出的附着力。欲获得丰满坚韧的涂膜，可用不饱和聚酯底漆。硝基类漆因为是挥发型漆，干后漆膜易渗，并且耐溶剂性与耐热性差，故多用于显孔装饰，不适于丰满度要求高的涂饰。

涂膜的厚度与丰满度常决定于涂料类别、固含量、喷涂次数与涂饰量，例如底漆使用聚氨酯类常需喷涂 2 ~ 3 遍，如使用聚酯类则喷 1 ~ 2 遍即可。

### 4.4.3 涂面漆

涂面漆即在整个涂饰过程中最后涂饰的几遍漆。涂饰的几遍底漆干燥后需精细研磨，为上涂面漆造成较为平整的基础，以便进入涂面漆阶段。面漆涂饰一般为1 ~ 2 遍，决定着最后整个涂饰质量、产品外观与装饰效果。

依据木制品涂饰设计中确定的透明与不透明、亮光或亚光、原光或抛光等，选择相应的面漆涂饰。对所选用的具体品牌的面漆应确认其光泽、硬度、透明度、固化速度、重涂时间、配比等理化性能、使用方法与配套性。如采用原光装饰方法，即在最后的1~2遍面漆涂饰之后，经干燥便可结束全部涂饰工程。此时应选用优质面漆，最好在无尘室内采用空气喷涂法精细喷涂，喷后如能在无尘且温度稍高（30~40 ℃）的专门干燥室中较快干燥，能获得较理想的涂饰效果；如采用抛光装饰方法可在最后一遍面漆涂完，经彻底干燥，再对表面漆膜进行研磨抛光处理。选用有色不透明全光色漆涂饰时，为了增强涂层的光泽和丰满度，可在涂层最后一道面漆中加入一定量的同类清漆，或有时再涂一遍同类清漆罩光亦可。

底漆与面漆的涂饰均可采用“湿碰湿”工艺（油性漆除外）或“涂磨涂”工艺。前者是在喷涂多道底漆面漆时可在前一道涂层表干后即可接涂下一道，此法可简化工艺，提高效率，节省能源，节省场地，缩短施工周期，可适应大批量流水线生产需要。后者是传统的方法即在每涂一道漆后经干燥打磨后再涂下一道漆，相对延长了施工周期，涂饰效果会更好一些。

涂面漆应特别精心操作，多组分漆应准确按涂料产品使用说明书规定的比例配好施工漆液，注意配漆使用期限，调好黏度。面漆应用多层细筛网仔细过滤。亚光漆与不透明色漆等含颜料与亚粉（消光剂）的涂料，使用前需充分搅拌。精细操作，喷涂均匀，避免涂层厚薄不均匀以及颜色与光泽的不同。尤其注意施工环境卫生条件，喷涂以及晾干或烘干场所都应是干净无尘，能在调温调湿和空气净化除尘的喷涂室中操作最好，以确保预期的涂饰效果。

涂完面漆后应有足够的时间使漆膜干透，然后才能进行研磨与抛光或包装出厂。

## 4.5 漆膜修整

各类中高级木制品，都要求漆膜表面高度的平整光洁，尽管在涂饰前木材白坯表面都经过精细的加工，但在表面处理和涂漆过程中，由于种种原因，还会出现若干的微观不平度，为了最后经过干燥（固化）的面漆漆膜表面质量能满足产品标准的要求，这就需要对漆膜表面进行砂光和抛光。

### 4.5.1 漆膜修整意义

木材表面用水性填孔剂填孔，用染料水溶液染色后，吸水膨胀，干燥后又可能出现一些木毛，粗孔材表面管孔如未填满填实，涂漆时将会向孔内渗陷，涂层干燥后就显出粗糙不平。

溶剂型涂料的组成中，含有50%以上的挥发性溶剂，在涂层干燥过程中，随着溶剂的蒸发，涂层将发生体积收缩，涂层越厚，溶剂含量越多，收缩也越严重。特别是当干燥（固化）规程制定得不合理，干燥过程进行得不恰当时，漆膜表面会产生气泡、针孔、起皱和“橘皮”等缺陷。

涂饰工具使用不当，使涂层沾上刷毛或织物纤维，由于手工涂饰时技术不熟练，操作不够认真仔细，特别是在涂料本身流平性差的情况下，涂层表面留下刷痕等涂饰痕迹或涂层的厚度不均匀，干燥后的漆膜表面微观不平度也就必将暴露无遗。

最为常见的是涂饰施工场所的卫生条件不好，空气中粉尘多。涂料使用前未经仔细过滤，涂料容器或涂饰工具不能保持清净等，这些就使干燥后的漆膜表面不可避免地会出现一些明显的颗粒，变得粗糙不平。

上述这些情况说明，在涂饰前的表面处理以及涂漆过程中，表面上重新出现微观不平的可能性是很大的，往往是不可避免的，因此，每当出现这种情况，都必须及时用砂纸打磨后，才能进行下一道涂饰，这就是所谓中间涂层的研磨。而对最后一道面漆漆膜实干以后的打磨，就是漆膜表面的最后修整。通常原光涂饰时，往往只需进行中间涂层的研磨，最后一道面漆漆膜实干以后，不再做修整加工。抛光涂饰的制品则不仅要对中间涂层及时研磨，实干后的面漆漆膜还需要进一步磨光与抛光才能达到产品标准中所规定的表面光泽的要求。

漆膜的修整主要是通过砂光和抛光的方法来实现的。木材表面涂层固化以后，其微观断面情况如图4-1所示，从图中可以看出，涂层断面上存在两种不同的微观不平度。较大的波距 $L$ 称为波度，较小的波距 $l$ 称为粗糙度。通过砂光除去漆膜表面的波度，然后再用抛光的方法，消除表面细微的粗糙度，使漆膜具有镜面光泽。

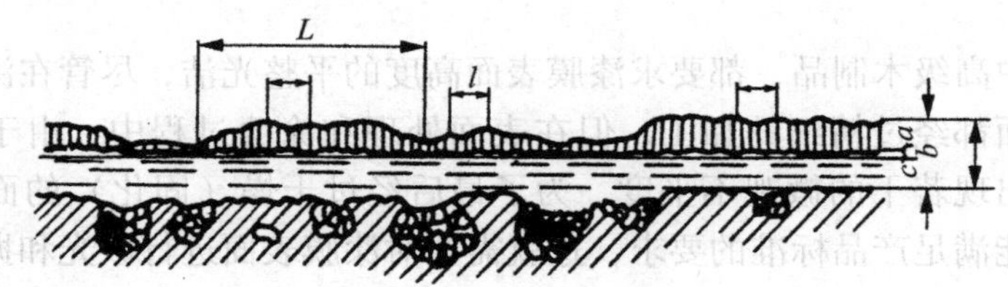


图4-1　涂层固化后微观断面示意图

### 4.5.2 涂层砂光

涂层砂光主要包括中间涂层砂光和面漆漆膜砂光。

#### 4.5.2.1 中间涂层砂光

中间涂层干燥后，都要随即砂光，以除去新出现的颗粒、木毛等。除了全面涂饰的填孔剂或填平漆以外，一般只是局部地磨去表面的凸出不平部位，凹陷部位可由下道涂饰来填平。

中间涂层多用手工干法砂光，干磨时，对局部表面嵌补的腻子常用150# ~180#木砂纸来磨，全面刮涂的腻子或填平漆则用240#木砂纸磨；头度底漆可采用180# ~240#木砂纸，二度底漆可采用240# ~320#木砂纸，质量要求高时选用木砂纸还要细一些，一般用360#木砂纸砂光。批量生产平板类产品多采用宽带漆膜砂光机砂光。

用砂纸打磨时，一定要顺着木纹方向打磨，切不可横磨，否则将在漆膜上留下明显的磨痕。操作时，手感要灵敏，动作要轻快。特别是边角线条等处，要仔细小心，谨防磨穿露底，要用粒度小的细砂纸。如使用新砂纸时，预先将砂面对折起来搓几下，使砂面变钝些，然后再用。着色层都很薄，一般不需砂光，只在非常必要的情况下才可精细地轻磨，要防止磨出色花等缺陷。

#### 4.5.2.2 面漆漆膜砂光

面漆漆膜砂光就是磨去其表面上波距较大的突出部分，以减小其微观不平度，漆膜的平均厚度也相应地减小。砂光一般可以分为干法和湿法两种形式。

干法砂光就是用砂纸或砂布在干燥的状态下对漆膜进行砂磨。硝基漆、聚氨酯漆、不饱和聚酯漆等的漆膜都可用干法砂光。

湿法砂光生产中常称为“水砂”，磨光时使用的耐水砂纸是用氧化铅粉（刚玉、人造金刚砂）作为磨料，用耐水的合成树脂黏合在熟油浸过的纸上制成的。水砂纸都比较细，常在240#以上。湿法磨光常用肥皂水或煤油作为冷却润滑剂，注于漆膜表面，这样磨削起来快速、省力，少有磨削痕迹，也不致引起磨屑黏附砂纸。湿法磨光后，要随即将漆膜表面擦干，使其尽快干燥。水砂纸使用前宜在温水中浸泡片刻，使之适当软化，以免发脆而破裂，这样可以延长其使用时间。

采用手工磨光，劳动强度大，生产效率低，除了小批量生产中对于装配好的木制品或具有型面的木制件表面的漆膜手工磨光修整以外，通常多用手持电动工具和磨光机械来进行磨光。手持磨光工具有振动式、带式、盘式等多种，见图4－2。

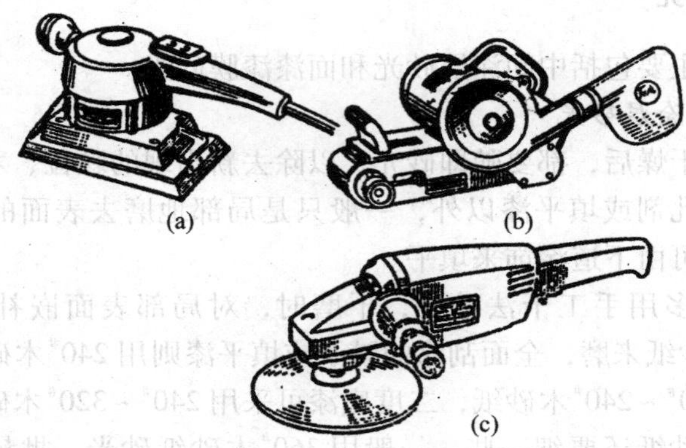


图4－2 手提式磨光机

(a) 振动式；(b) 带式；(c) 盘式

振动式磨光机由手柄、振动器、夹紧器和橡胶垫块等几部分组成。每分钟振动频率为10 000～12 000次。可以根据要求在橡胶垫下面装夹不同粒度的砂纸。这种磨光工具体积小、轻便、灵活、工作效率高。盘式磨光机的主要缺点是磨盘上各点的线速度不一致，越是接近中心处，其线速度就越小。磨料颗粒容易在漆膜表面上留下弧形磨痕。特别是当操作时磨盘不易保持水平状态，稍有倾斜就将会在漆膜表面留下沟纹，即使下一步抛光之后，也难以消除。

用于木材表面漆膜修整的机械有上带式手持压块的磨光机、半自动水平带式磨光机和宽带式磨光机等多种。其中有手持压块的上带式磨光机，是由操作者直接用手控制施加在砂带上的压力，这样就比较敏感，便于按漆膜承受程度来调节磨削量。而且在其砂带上方绷张着一条结实的布带或薄钢带，可减少压块对移动着的砂带的摩擦，从而防止漆膜被磨穿，保证磨削均匀。这种磨光机的工作原理示意图见图4－3。

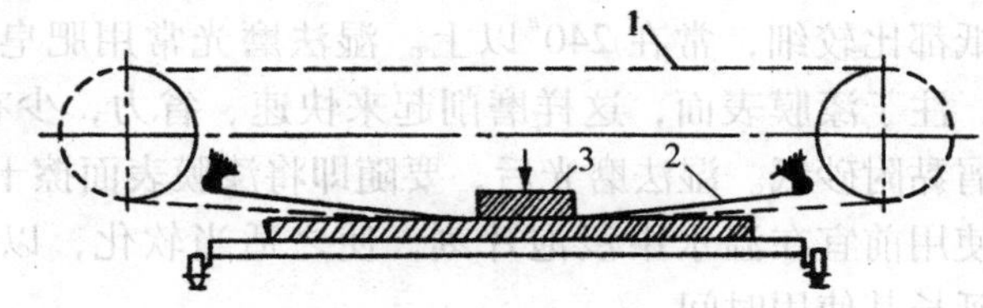


图4－3 磨光机工作原理

1. 砂带；2. 薄钢带；3. 压块

通过式的双带磨光机见图4－4，适用于大批量生产的平板木制件表面漆膜的修整。该机由传送装置5、砂带7、除粉尘用的垫带6和张紧轮3、4等部件组成。工作时，传送装置将板件进给到被压持的移动着的砂带下，进行漆膜研磨，而装在板件出口端的毛刷则将漆膜表面上残留的磨屑粉尘清除干净。这种漆膜修整用的磨光机生产效率高。

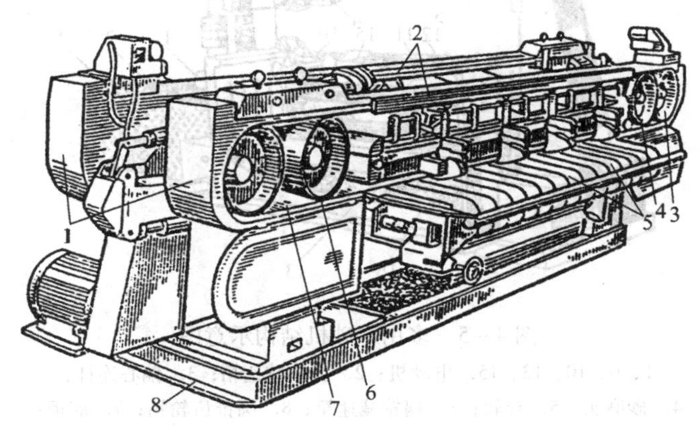


图4－4 通过式双带磨光机

1. 砂带架；2. 调整机构；3、4. 张紧轮；
5. 传送装置；6. 除尘垫带；7. 砂带；8. 机座

木制件表面漆膜用湿法磨光是相当普遍的。生产中使用多种形式的水砂机，其工作头基本上都是直线往复运动的。用于板件表面漆膜湿法磨光的水砂机工作头的表面积通常为110 mm×130 mm。如图4－5所示为多用水砂机，常用于柜类家具的门板、旁板、写字台等的面板漆膜的修整。这种水砂机由工作头往复移动机构、升降机构、夹紧机构、夹紧器升降机构和工作台移动机构等几部分组成。工作台横向移动速度为2 m/min，是由电动机通过传动件使工作台下的丝杆螺母回转而实现的。

### 4.5.3 漆膜抛光

抛光的目的是为了进一步消除经过磨光修整的漆膜表面上存在的细微不平度。如果说磨光修整以前，漆膜表面微观不平度通常在几十微米的话，那么磨光修整之后须待抛光的漆膜表面的微观不平度不超过几微米，经过抛光使这种不平度缩小到0.2 μm（可见光波长之半）以下时，漆膜表面就不再有漫反射发生，而且有镜面光泽。

我国生产上较多采用的是先后分别用砂蜡和光蜡抛光的方法。抛光处理要求干漆膜具有一定的硬度，因此只适用于硝基漆、聚氨酯漆、丙烯酸漆和聚酯漆的漆膜。硬度较低的油性漆、酚醛漆的漆膜不宜抛光。

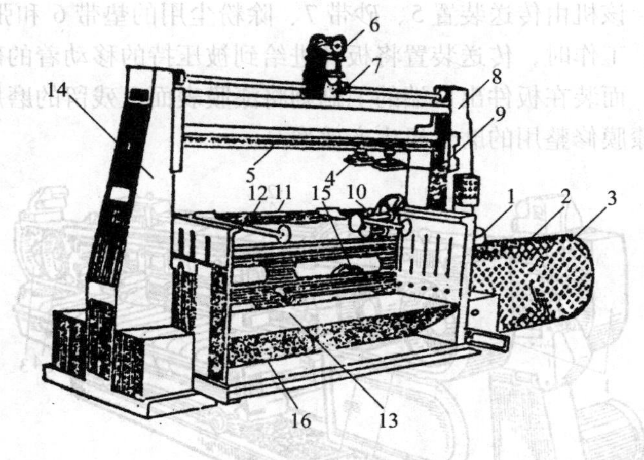


图4－5　多用水砂机结构示意图

1，6，10，13，15．电动机；2．齿轮减速箱；3．偏心连杆；4．砂磨头；5．导轨；7．蜗轮减速箱；8．圆锥齿轮箱；9．溜板；11．长丝杆；12．夹紧器；14．机架立柱；16．工作台

商品砂蜡呈膏状或硬块状，是用粒度更小，硬度也较低的硅藻土、氧化铝或氧化铬粉末作为磨料，用蜡、矿物油或蓖麻油等作为黏结材料混合制成的。使用块状砂蜡时，需先将它捣碎，用煤油浸泡成泥浆状，再用筛网滤去杂质和较大的颗粒，然后方能使用。

光蜡是无磨料的抛光材料，由蜂蜡、石蜡和硬脂酸铝等组成，也可以制成膏状或块状。用光蜡抛光有时也称为上光处理。因为蘸上光蜡的工作头与漆膜表面摩擦，在产生光泽的同时还在漆膜上形成很薄的蜡层，使之不易黏附灰尘和各种污染，蜡层填堵了漆膜表面的细微孔眼，可防止水气渗入内部，从而也增强了漆膜的耐水性和耐候性。

现代应用较多的是液体的抛光蜡，有粗蜡与细蜡，抛光效率高，质量好。

从上述情况不难看出，抛光与磨光修整漆膜，其差别不仅表现在数量方面，即不仅磨削量的大小有所不同，而且在实质上，抛光过程中除了以极小的磨削量，除掉表面上以微米计算的微观不平度以外，在用抛光工作头（软辊或棉花团）摩擦的同时，还伴随着发生漆膜表面在摩擦热和压力的作用下而被软化、被熨平的物理—化学过程。因此，只要在经过干燥的漆膜达到适当的厚度和硬度的情况下，磨光后的漆膜再经过正确的抛光处理，就能获得优质的表面光泽。

抛光可以用手持抛光工具或在抛光机上进行。手持抛光工具有电动的和气动的。图4－6所示为一种手提气动抛光机，操作时先在抛光辊1上涂擦抛光蜡，握紧手柄4，打开开关7，压缩空气即由软管6通过进气孔5驱动叶片9，使主轴2转动，随即带动抛光辊转动起来，抛光辊直径常为35 cm左右。这种抛光工具使用灵活，适用于小型木制品或曲线形零件的表面抛光。

图4－7为手提电动抛光机，是当前应用较多的一种，比较轻快灵活方便，常用于台、茶几的抛光。

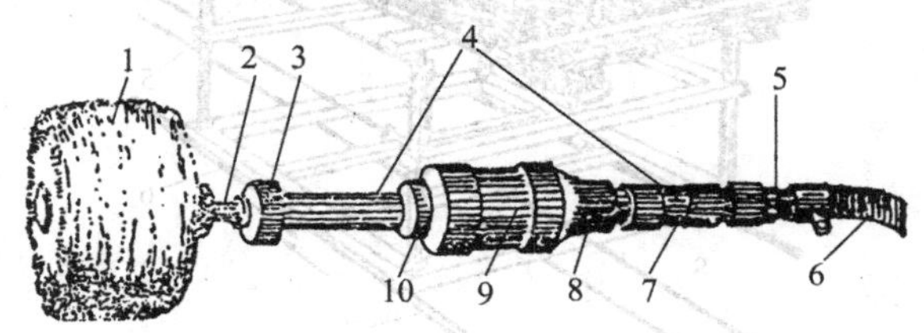


图4－6 手提气动抛光机

1. 抛光辊；2. 主轴；3. 轴承；4. 手柄；5. 进气孔；
6. 输送空气软管；7. 开关；8. 风叶；9. 叶片；10. 出气孔

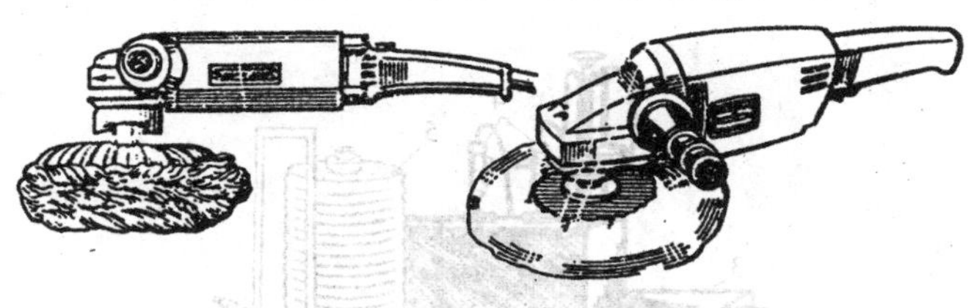

图4－7 手提电动抛光机

图4－8为定位式的软辊抛光机，工作时先将板件9装夹在机架6上，通过悬臂横梁1调好抛光辊5的高度，并将抛光蜡擦在抛光辊上，启动电机3带动抛光辊转动，然后用钢丝绳牵引机架6沿着导轨7以10～15 m/min的进给速度往复移动。抛光时产生的粉尘则由吸尘管道4抽吸出去。这种抛光机既可抛光板件，也可以抛光已装配好的柜类制品表面。

图4－9为定位式的立式软辊抛光机，既可以用于抛光成摞板件的侧边，也可以手持具有各种形面或曲面的零部件进行抛光。工作台3上可安放高达600 mm的被抛光件，可抛光长度为2 200 mm，宽度为760 mm。抛光辊的转速为900 r/min。

近年来机械进给的通过式多辊抛光机在生产中得到了成功的应用。这种抛光机在板式部件大量生产中，特别适用于聚酯漆膜表面的抛光，生产效率

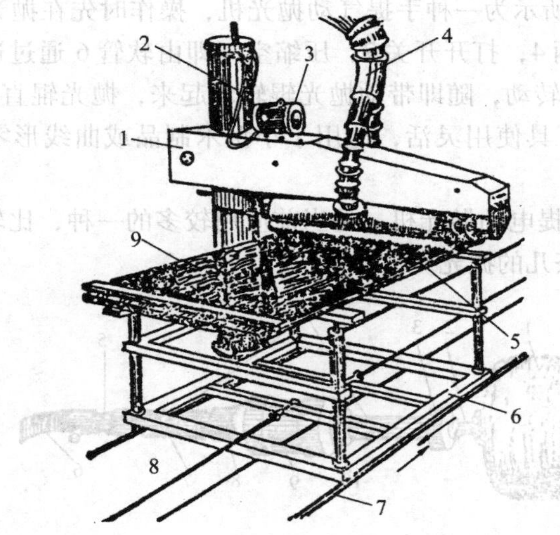


图 4-8 软辊抛光机

1. 悬臂横梁；2. 立柱；3. 电机；4. 除尘管道
5. 软辊；6. 机架；7. 导轨；8. 牵引；9. 工件

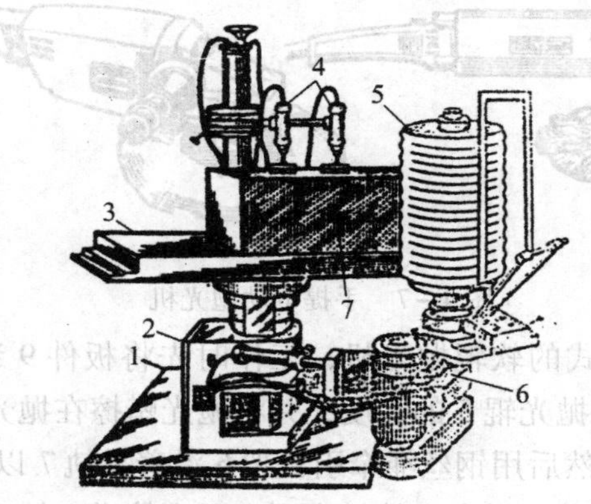


图 4-9 立式软辊抛光机

1. 机座；2. 轴架；3. 工作台；4. 夹紧装置；5. 软辊；6. 传动装置；7. 工件

高。当进给速度为 3 ~4 m/min 时，板件通过机床 1 ~2 次即可获得很好的抛光表面。图 4-10 为六辊抛光机。抛光布辊的直径最初为 40 ~45 cm，随着工作过程的进行而磨损，逐渐减小至 30 cm 左右，布辊的转速应随漆膜种类而有所不同，对于硝基涂料的漆膜宜为 700 ~1 000 r/min。对于不饱和聚酯漆的漆膜可提高到1 000 ~1 600 r/min。

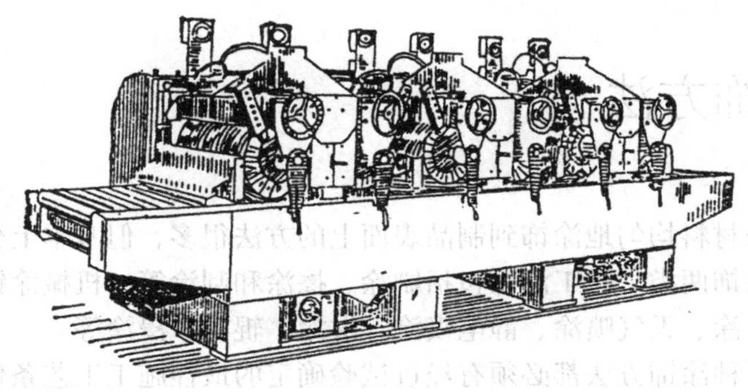

图4－10 六辊抛光机

用呢绒式毛毡制成无端头的带，以替换砂带安装在带式砂光机上，擦上抛光膏也可以进行抛光操作。任何形式的带式砂光机都可以这样使用，操作方法与用带式砂光机磨光漆膜时基本相同。

无论用手工工具或机械进行漆膜表面抛光时，工作头都总是应以顺木纹方向移动来结束抛光过程，否则就将在表面留下细微但显眼的痕迹，有损于产品表面质量。

**复习思考题**

1. 表面处理包括哪些工序？各工序目的和所用材料是什么？
2. 涂饰涂料包括哪些工序？各工序目的和所用材料是什么？
3. 漆膜修整的意义和方法是什么？
4. 涂饰工艺设计的依据是什么？
5. 涂饰工艺文件包含哪些内容？
6. 颜料着色剂与染料着色剂有何区别？
7. 编制硝基漆高档透明涂饰工艺。
8. 编制聚氨酯漆高档透明涂饰工艺。
9. 编制醇酸漆中档透明涂饰和不透明涂饰工艺。

# 5 涂饰方法

将涂饰材料均匀地涂饰到制品表面上的方法很多，但基本上分为手工涂饰和机械涂饰两类。手工涂饰包括刷涂、擦涂和刮涂等，机械涂饰常用方法的有空气喷涂、无气喷涂、静电喷涂、淋涂、辊涂、浸涂等。

选择哪种涂饰方法都必须有经过试验确定的最佳施工工艺条件的配合和良好的施工环境条件，才能很好地发挥涂饰方法和工具设备的作用。

## 5.1 手工涂饰

手工涂饰是使用刷子、棉团、刮刀等手工工具将涂饰材料涂饰在木制品或木质零部件表面上。此方法虽然古老，但也是一种不可缺少的一种涂饰方法，尤其对特定的制品，特殊的工序，还必须采用手工涂饰。此法所用工具简单，灵活方便，能适应不同形状、大小的涂饰对象，依靠熟练的操作技巧，可以获得良好的涂饰质量。因此至今在一些中、小型企业生产中仍有一定应用。但是手工涂饰的劳动强度大，生产效率低，卫生条件很差。为改善这种情况，应当合理地推行机械化的涂饰方法。

手工涂饰主要有刷涂、擦涂和刮涂三种方法。

### 5.1.1 刷 涂

刷涂法是用各种刷子蘸取涂饰材料，在制品或零部件表面刷涂，形成均匀涂层的一种涂饰方法。除极少数流平性差的快干漆以外，绝大多数涂料都可以刷涂，刷涂能使涂料很好地渗入木材，因而能增加漆膜对木材表面的附着力。刷涂时涂料浪费很少，涂饰质量则在很大程度上取决于操作者的技术水平和工作态度。

刷具种类很多，按形状分有扁形、圆形、歪脖形等。按制作材料可分为硬毛刷和软毛刷。前者常用猪鬃、马毛制成，后者常用羊毛、狼毫或獾毛等制成。市场上通常出售的有扁鬃刷、圆刷、板刷、歪脖刷、羊毛排笔刷、底纹笔和天然漆刷等。木材涂饰用得最多的是扁鬃刷、羊毛排笔刷和羊毛板刷。见图 5－1。

扁鬃刷也称漆刷，是用铁皮将长毛猪鬃包在一木柄上制成的。其刷毛宽

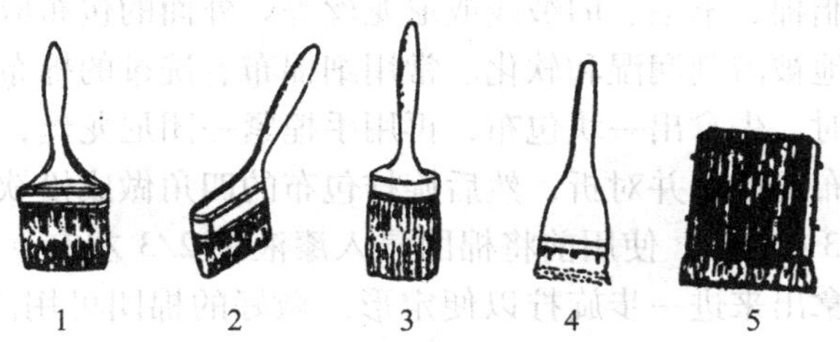


图5-1　几种常用刷涂

1. 扁鬃刷；2. 歪脖刷；3. 圆鬃刷；4. 底纹笔；5. 排笔

度规格一般有1.27 cm（0.5吋）、2.54 cm（1吋）、7.62 cm（3吋）、10.16 cm（4吋）等几种。可按被涂饰表面的形状与大小选用不同规格的鬃刷。鬃刷的质量以鬃厚、口齐、根硬、毛软并富有弹性、鬃毛有光泽而不易脱落者为好。

扁鬃刷鬃毛弹性大，适于刷涂酯胶漆、酚醛漆、醇酸漆、调和漆等黏度较高的涂料。但是一把刷子不可混用，如刷色漆的不可再用于刷清漆，刷深色漆的也不应再用来刷浅色漆。

羊毛排笔刷是用羊毛和多支细竹管穿排起来制成的。按竹管数有8~40支等多种。也要根据被涂饰表面的宽度来选用。排笔支数越多，一次刷涂面积越大，涂饰效率也越高，但是操作时就显笨重。实际应用时以8~16支为多。

羊毛板刷是用马口铁皮将羊毛固定在薄的木柄上制成，其规格有2.54~12.7 cm（1~5吋）等多种。

排笔与板刷刷毛柔软，适于刷涂黏度较低的涂料，如染料水溶液、虫胶漆、硝基漆、聚氨酯漆、丙烯酸漆、水性漆等。选用排笔与板刷，应以刷毛有弹性、长短适度、不易脱落并有笔锋的为好。

刷涂时所用的工具及其操作方法应随着涂料的特点（如黏度、干燥速度等）和被涂饰木制件的形状、大小而有所不同。

### 5.1.2　擦　涂

擦涂法又称揩涂法，是用棉团蘸取挥发性漆在木器家具表面上多次反复地涂抹以逐步形成漆膜的一种涂饰方法。此法操作繁杂，但可以获得韧性好、耐光的优质漆膜。擦涂硝基清漆用于中高档木器家具，曾经历了相当长的时间，在过去曾是一种主要的涂饰方法。

擦涂法用棉团作工具，棉团里面采用与溶剂作用下不致失去弹性的细纤维材料，如脱脂棉、羊毛、旧绒线或尼龙丝等。外面的包布应是结实、牢固的，并能很好地被溶剂润湿和软化。常用细棉布、洗过的棉布或亚麻布等。

制作棉团时，先拿出一块包布，再用手捏紧一团尼龙丝，将它放在包布中央，拉起包布的四角并对折，然后旋拧包布的四角做成松软的棉团，棉团的直径通常为3～5 cm，使用前将棉团浸入漆液中2/3左右，使其吸收漆液而润滑，随后拿出来进一步旋拧以便定形。做好的棉团可用漆浸透并挤干，使用时应是近似球形或圆锥形。用于擦涂小面积表面的棉团可将其端部捏成扁形。擦涂时棉团的蘸漆量要适当，只要轻轻挤压就有适量的漆液从棉团内渗出并保持湿润即可。

擦涂时的操作就是用蘸过漆的棉团在被涂饰表面上做连续的曲线或直线运动，与此同时轻巧而均匀地挤捏棉团，使漆液抹在表面上。使用棉团擦涂硝基漆的方法可归纳为圈涂、横涂、直涂和直角涂四种。

### 5.1.3 刮　涂

刮涂法是使用各种刮刀将腻子、填孔剂、着色剂、填平漆等涂饰材料刮涂到制品表面上的一种涂饰方法。

刮涂使用的工具有嵌刀、铲刀、牛角刮刀、橡皮刮刀和钢板刮刀等多种，见图5－2。根据不同的使用要求、被刮涂材料的性质和部位选择刮刀。

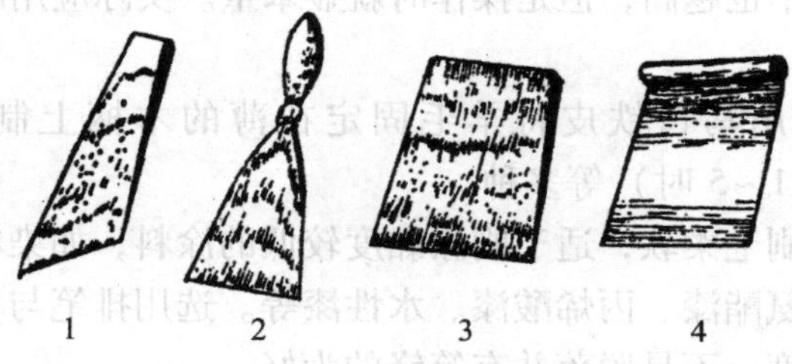


图5－2　常用刮涂工具

1．牛角刮刀；2．铲刀；3．橡皮刮刀；4．钢板刮刀

嵌刀也称脚刀，是一种两端有刀刃的钢刀，一端为斜口，另一端为平口。嵌刀用于把腻子嵌补到木材表面的钉眼、虫眼、缝隙等处。有时也用它剔除线角等处残留的腻子、填孔材料和积漆等。

铲刀也称灰刀、腻子刀，由钢板镶在木柄内构成，规格有2.54～10.16 cm（1～4吋）等多种，用于刮涂小件家具或大表面产品。

牛角刮刀又称牛角翘，由牛角或羊角制成，其特点是韧性好，刮腻子时不会在木材表面留下刮痕。小规格的牛角刮刀刀口宽度在4 cm以下，中等的为 4 ~ 10 cm，刀口宽 10 cm 以上的为大刮刀。选用时以有一定透明度，纹理清晰，刮刀面平整，刀口平齐，上厚下薄的为好。

橡皮刮刀是用耐油、耐溶剂性能好、胶质细、含胶量大的橡皮夹在较硬的木柄内制成。多为操作者自制。可先在木柄端部锯开一条与橡皮板厚度相应的槽，然后再用生漆或硝基清漆将橡皮板黏结在槽内。通常要根据被刮涂表面的大小准备好几种规格的橡皮刮刀。

钢板刮刀是用弹性好的薄钢板（或轻质铝合金板）镶嵌在木柄内制成，其刀口圆钝，常用于刮涂腻子

刮涂操作主要有两种，即局部嵌补与全面满刮。前者是在木材表面缺陷处如虫眼、钉眼、裂缝等用腻子补平。后者则是用填孔着色剂或填平漆全面刮涂在整个制品表面上。

局部嵌补目的是将木材表面上的局部洞眼或逆碴补平。嵌补时，腻子不可用得过多，嵌补部位周围尽量不要有多余的腻子，不应将嵌补面积扩大。考虑到腻子干燥后的收缩，可以将缺陷部位补得略高于周围表面。

全面满刮是刮涂整个木器制品表面，虽然如此，透明涂饰工艺中粗孔材表面的填孔工序和不透明涂饰工艺对木材表面进行底层全面填平工序的目的和要求各不相同。前者是用填孔剂填满木材表面被割切的管孔，表面上不容许浮有多余的填孔剂；而后者则要求在整个表面涂饰上一层填平漆。

由于现代涂饰手工操作减少，具体施工操作方法在此不一一赘述。

## 5.2 空气喷涂

空气喷涂是利用压缩空气将涂料雾化并喷涂到制品表面上，形成连续完整涂膜的一种涂饰方法。

### 5.2.1 空气喷涂原理与特点

空气喷涂也称气压喷涂，采用空气喷涂时，将压缩空气机产生的压缩空气通过软管送入喷枪，当压缩空气以很高的速度（可达 450 m/s）从喷枪的喷嘴喷射出来时，在涂料喷嘴周围产生真空，将涂料从储罐中（吸入式喷枪）抽吸出来，在气流的作用下被吹散形成很细的雾状并被喷到制品表面上，形成涂层。

空气喷涂时单位时间的喷涂量较大，生产效率高，平面产品喷涂清漆可喷涂 150 ~ 200 $m^2/h$。

由于压缩空气从喷枪的喷嘴喷射出来的速度高，则液体涂料被分散雾化

成很细的微粒，喷到制品表面上可形成细致均匀、平整光滑的漆膜，涂饰质量好。

空气喷涂适用于多种涂料喷涂，如油性漆、挥发型漆、聚合型漆、清漆、色漆以及染料溶液等，但喷涂时应根据不同漆种调整涂料黏度，一般要求涂料黏度较低。

空气喷涂适应性强，可以喷涂各种形状的家具成品或零部件，均能获得良好的涂饰质量。尤其喷涂大平表面制品，更显得快速、高效，质量好。

由于上述优点，即使在机械化自动化涂饰方法不断发展的今天，空气喷涂以对各种涂料、各种被涂饰的制品和零部件都能适应的特点，使其成为机械涂饰方法中适应性最强、应用最广的一种方法。自动空气喷涂、机械手喷涂的成功应用，给空气喷涂带来了广阔的应用空间，是现代木制家具生产最常用的一种涂饰方法。

空气喷涂也有缺点。其一，涂料利用率低，被空气雾化的涂料并没有完全喷到制品表面上，一部分跑到了喷涂周围空气中损失掉了。涂料利用率一般在50%～60%，喷涂大表面涂料利用率能高些，可达70%～80%，而喷涂框架类制品涂料利用率只有30%～40%。其二，由于大量漆雾飞散到空气中，对人有害，污染环境，如不及时处理，易引起火灾甚至爆炸，需要有专门的装置处理排走。

另外，空气喷涂由于涂料雾化很细，一次喷涂漆膜较薄，需经多次喷涂才能达到一定涂层厚度。

### 5.2.2 空气喷涂设备

空气喷涂所用设备包括喷涂室（柜）、喷枪、软管、油水分离器、供漆罐、压缩空气站等，见图5－3。

#### 5.2.2.1 喷涂室

喷涂室分干式和湿式两类。干式喷涂室的结构见图5－4，其优点是结构简单，通风量和风压均较小，设备投资和运行费用低。由于不使用水，不致因水而影响涂饰质量，也不需要进行废水处理。但缺点是其内壁及折流板容易堆积漆雾，必须经常清洗；过滤网耗用量大，也必须经常更换；风机、通风管道等处被涂料污染后难以彻底清理，因而着火的危险性大，这类喷涂室不适用于大批量生产。

图5－5为常用的湿式喷涂室。其前端顶部装有通风系统，分离器3的下方2可装设水滤器，1为沉降槽。喷涂室后上方装有防爆照明灯具6。喷涂时将工件放在转盘7上。

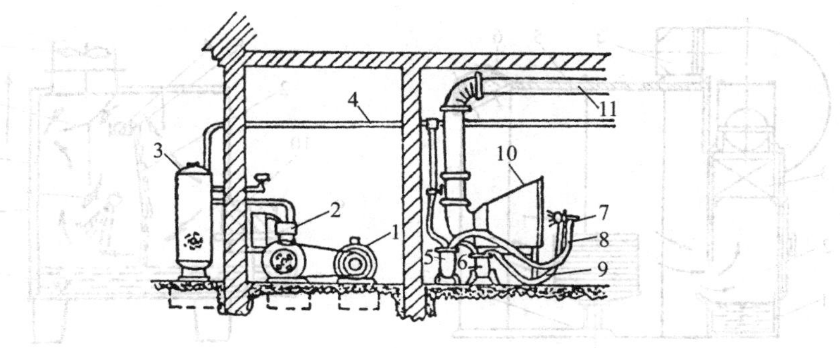


图 5－3　空气喷涂设备工作示意图

1．电动机；2．空气压缩机；3．储气罐；4．压缩空气管道；
5．油水分离器；6．供漆罐；7．喷枪；8、9．软管；10．喷涂柜；11．排气管

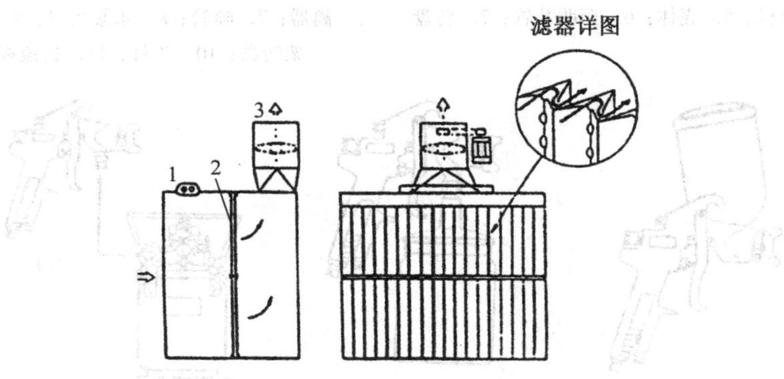


图 5－4　干式喷涂室

1．日光灯；2．干式滤器；3．排气机

图 5－6 为水幕式喷涂室结构示意图。水从注水管 4 中喷出，落在溢流槽 3 里，待溢流槽水满在淌水板 2 上形成水幕，开动通风机 5 时，喷涂室内的混合气体经过水幕洗去漆雾或溶剂蒸气，再经折流板 11、气水分离器 6 脱除水分，然后排到室外，浮在沉降槽水面上的涂料残渣人工定期清除。槽内污水经过滤后由水泵送往注水管，可循环使用。

5.2.2.2　喷　枪

喷枪工作时由压缩空气管路和供漆装置分别供给压缩空气和涂料。随着生产批量、涂饰面积和质量要求不同，需采用相应的供漆方式。按涂料供给方式不同可将喷枪分为自流式、吸入式和压送式。见图 5－7。

吸入式，在小型企业生产中使用较多。涂料罐是直接装在喷枪下部的，

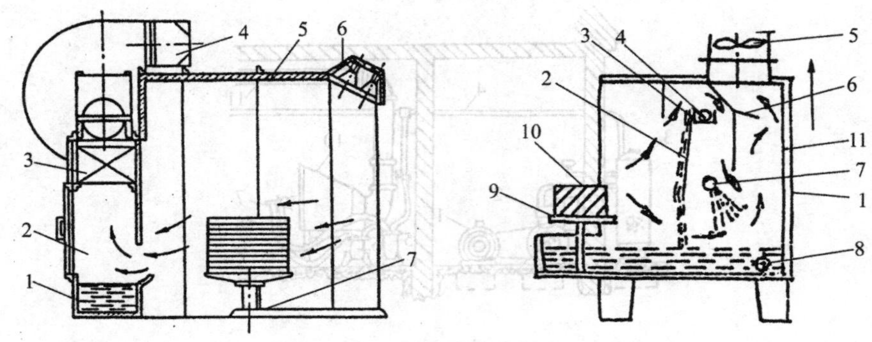


图 5－5　湿式喷涂室

1. 沉降槽；2. 水滤区；3. 分离器；4. 通风机；5. 壳体；6. 照明装置；7. 转盘

图 5－6　水幕式喷涂室结构示意图

1. 室体；2. 淌水板；3. 溢流槽；4. 注水管；5. 通风机；6. 气水分离器；7. 喷管；8. 水泵吸口；9. 支架转盘；10. 工件；11. 折流板

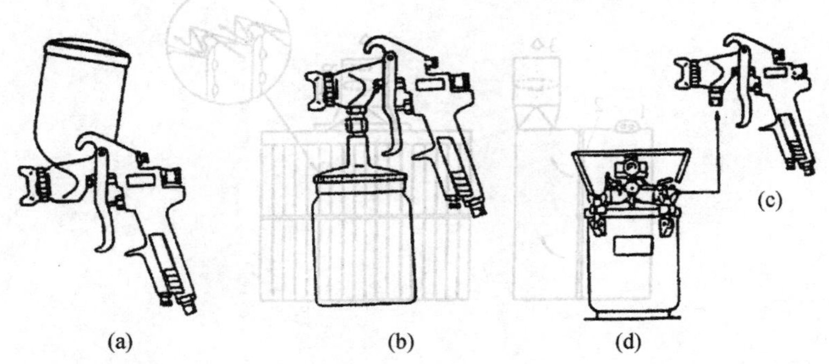


图 5－7　喷枪种类

(a) 自流式；(b) 吸入式；(c) 压送式；(d) 供漆罐

利用压缩空气喷射时在喷头前方产生的负压，将涂料从储罐中吸出与压缩空气混合形成射流。

自流式，涂料罐直接装在喷枪的上部，或将较大容量的涂料罐放置在高处，通过软管向喷枪供给涂料，后者用于喷涂用漆量较大的情况下。此时涂料罐的位置必须高于喷枪工作时举起的最大高度。

压送式，所用的涂料是装在较大容量的漆罐里，并有压缩空气经过减压装置通入漆罐内（表压约 0.06 MPa），涂料在空气压力作用下，经过软管输送到喷枪。这种供漆方式适用于大批量生产，或是向几个同时喷涂的喷枪供给涂料。这种供漆罐是密闭的，罐内所装涂料总是处于一定的气压之下，因而可减少溶剂蒸发而引起的损耗，也有利于安全防火。

在现代企业大批量生产作业时，可采用泵浦向喷枪供漆。泵浦形式有多种，供漆量也不同，可同时向多把喷枪供漆。

枪喷结构见图5－8。使用时扣动扳机10，空气阀9打开气路接通，压缩空气经喷枪内通道进入喷头从环形空气喷嘴喷出，在喷头前方形成一个空气稀薄的负压区；继续扣押扳机针阀3后退，打开涂料喷嘴，喷出涂料，涂料与压缩空气混合成射流并被雾化。喷枪喷头端部还有不同数量的小孔，喷头构造见图5－9，操作时接通压缩空气，就可在射流出口处形成辅助气流，用以根据被喷涂表面的形状和面积大小，来控制喷出的射流断面形状。喷嘴旋钮2上的气孔用于调节漆雾幅度的大小，喷头辅助气孔是将中心和喷嘴旋钮气孔的喷流良好平衡、冲击、合流，促进涂料微粒化，并且整理漆雾形状。各部分作用不同，应保证其良好，畅通。

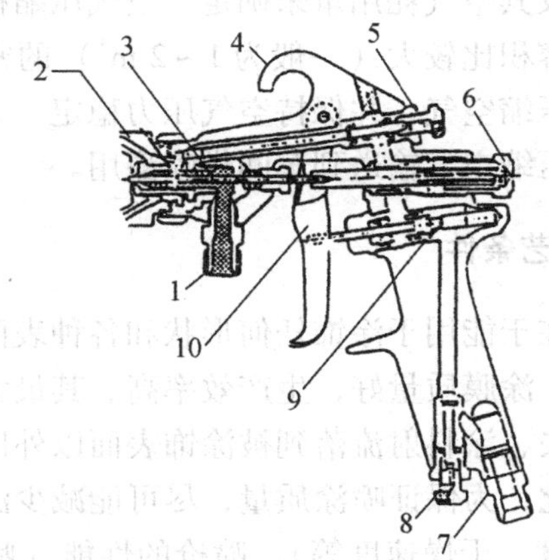


图5－8 喷枪结构

1. 涂料供给接口；2. 喷嘴旋钮；3. 针阀；4. 枪体；5. 空气控制旋钮；6. 涂料控制旋钮；7. 压缩空气接口；8. 空气调节旋钮；9. 空气阀；10. 扳机

#### 5.2.2.3 油水分离器

油水分离器的作用在于滤去混入压缩空气中的凝结水和油污，防止引起漆膜泛白、气泡、针孔等缺陷，保证涂饰质量。油水分离器是一个密闭的圆筒，筒内放置多层毛毡，毛毡下装满焦炭，筒底有一个排污阀门，用于定期排放分离出来的油和水，顶盖上装有安全阀和减压器。已滤净的压缩空气通过减压器调压后分别输送给喷枪和涂料罐。

#### 5.2.2.4 空气压缩机

空气压缩机产生压缩空气送入喷枪，保证正常喷涂。应根据喷涂所需的

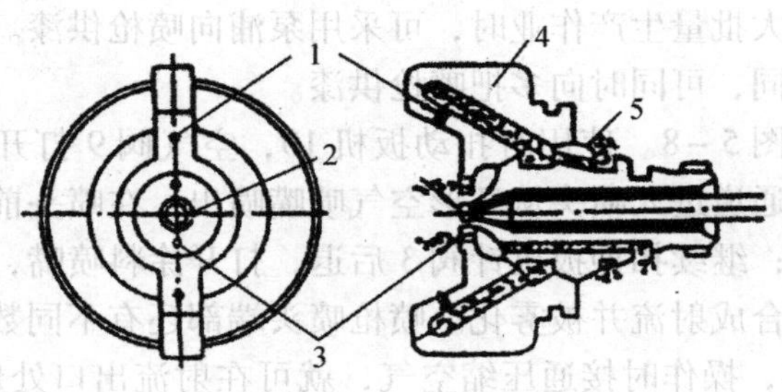


图5－9　喷头构造

1. 喷嘴旋钮气孔；2. 中心空气环孔；3. 喷头辅助气孔；4. 喷嘴旋钮；5. 涂料喷嘴

空气压力和风量选用空气压缩机。用于喷涂的空气压力通常为0.6 MPa，风量则按使用的喷枪数目及其空气耗用量来确定。空气压缩机常与贮气罐相连在一起，贮气罐是一个容积比较大（一般为1～2 $m^3$）的密闭空气罐，作用是保证连续不断地供给压缩空气，并保持空气压力稳定。大型企业则由压缩空气站通过管路系统将压缩空气输送到车间供喷漆用。

### 5.2.3　空气喷涂作业工艺条件

空气喷涂法的优点在于能用于涂饰任何形状和各种表面轮廓的零部件或制品。与手工涂饰相比，涂膜质量好，生产效率高。其最大缺点就是涂料损失很大，这包括雾化损失、涂料射流落到被涂饰表面以外以及从被涂饰表面反射而造成的损失。因此，为保证喷涂质量，尽可能减少涂料损失，就必须针对涂料特点（工作黏度、干燥速度等）、喷枪的性能（喷孔直径、涂料及空气喷出量、涂料射流的形状及宽度等）、喷涂设备和操作技术的情况制定出正确的操作工艺规程，并严格付诸实施。对喷涂质量和效果有较大影响的因素如下。

#### 5.2.3.1　涂料黏度

在常温条件下进行气压喷涂，要求涂料的工作黏度比手工刷涂时低些，通常在15～30 s（涂—4 杯）范围内。黏度高就需要压缩空气有较高的压力。工作黏度过高，常使涂料分散不好。射流中的涂料微粒很粗，导致涂层表面粗糙，甚至射流时断时续，出现大颗粒漆滴。反之，工作黏度过低时，涂层容易产生流挂，涂料的固体分含量低，涂层太薄，需要多次反复喷涂，才能达到预定的厚度。根据试验统计，适合于气压喷涂的涂料工作黏度为：硝基漆16～18 s，氨基漆18～25 s，醇酸漆25～30 s，双组分聚氨酯漆13～

22 s（均为涂—4 杯）。在保证涂饰质量的前提下，涂料的工作黏度应尽可能高些，以减少喷涂时的涂料雾化损失。

5.2.3.2 空气压力

喷枪所用空气压力应当与涂料的工作黏度相适应，以保证涂料均匀而充分地分散雾化。一般来说喷涂的涂料黏度高，空气压力要大些，否则将导致涂料雾化不均，漆膜表面粗糙，甚至形成“橘皮”。反之涂料黏度低，空气压力不应过高，否则会造成强烈雾化，喷涂时易产生流挂，并加大了涂料雾化损失。喷涂时使用的空气压力通常在 0.3 ~ 0.6 MPa。

导入供漆罐中的空气压力，也应根据涂料品种和黏度以及输漆软管的长度来适当地调节。对于低黏度涂料，输漆软管长度为 2 ~ 3 m 时，供漆罐内的空气压力常保持在 0.12 ~ 0.13 MPa。含有重颜料的黏度较大的涂料，空气压力应在 0.15 MPa 以上。压力过大或过小，都将使供漆不正常，影响喷涂质量。

5.2.3.3 喷涂操作

气压喷涂时，要针对被涂饰表面的形状、尺寸，涂料的工作黏度和喷枪的型号，确定最适当的喷涂距离。为保证涂层厚度均匀、流平性好，无流挂、起皱、橘皮等缺陷，喷涂时正确地保持喷枪与被涂饰表面之间的垂直距离至关重要。

喷涂距离指喷枪的喷嘴到被喷涂表面的垂直距离。如果喷涂距离过大，特别是在喷涂快干涂料时，涂料微粒尚未达到被涂饰表面之前，由于溶剂迅速挥发而变成半干状态，使涂层黏度增大，流平性差，甚至引起“粒子”和“橘皮”等漆膜缺陷，在这种情况下，漆雾损失也随之增大，一次喷涂的涂层很薄，喷涂效率低，形成的漆膜也缺少光泽。涂料工作黏度越低，这种现象越严重。当喷涂距离过小时，容易引起涂层流挂、起皱等缺陷，甚至发生射流从被涂饰表面反射的现象，涂层厚度极不均匀，喷涂色漆易出现颜色不均，漆膜质量差。喷涂时喷涂距离一般为：小口径喷枪为 15 ~ 25 cm，大口径喷枪为 20 ~ 30 cm。

除了喷涂距离以外，为保证涂层厚度均匀，还须注意喷枪与被涂饰表面的相对位置、持枪移动的速度以及相邻两涂饰带的正确搭接。从图 5－10 可以看出，当喷枪头倾斜时，涂层断面厚度即出现明显的不均匀[（a)图]，唯有当喷枪与被涂饰表面互相垂直时[（b)图]，涂饰带断面两边缘厚度逐渐减小，而中部的厚度基本上是一致的，为使喷枪相对于被涂饰表面始终保持正确的相对位置，喷涂时喷枪就必须平行于被涂饰表面移动，移动速度要适当，太慢则容易出现流挂，太快又会涂饰不足。在整个喷涂过程中，喷涂距离和喷枪移动速度都应尽可能保持固定不变。移动喷枪形成涂饰应注意使之与相邻的前一个涂饰带搭接好，一般两条纵向漆痕之间搭接 1/4 ~1/3 断面宽度；在喷涂距离与运枪速度等固定的条件下，每次喷涂搭接宽度都应固定不变，否则涂膜不均，可能产生条纹和斑痕。

如果第一道喷涂时是纵向移动喷枪，则第二道喷涂应横向移动，使涂饰带相互交叉，保证涂层厚度尽可能均匀一致。

聚氨酯漆喷涂工艺操作规程可参考以下工艺参数：

（1）常温下喷涂

车间及被涂表面的温度不低于　18 ℃

底漆喷涂时涂料黏度（涂—4 杯）　16 ~20 s

面漆喷涂时涂料黏度（涂—4 杯）　13 ~16 s

底漆喷涂时压缩空气压力　0. 3 ~0. 5 MPa

面喷涂时压缩空气压力　0. 4 ~0. 6 MPa

喷涂距离　200 ~300 mm

喷枪移动速度　18 m/min

（2）热喷涂

输入喷枪的涂料温度　65 ~75 ℃

70 ℃时涂料的黏度（涂—4 杯）　<30 s

其余参数同上。

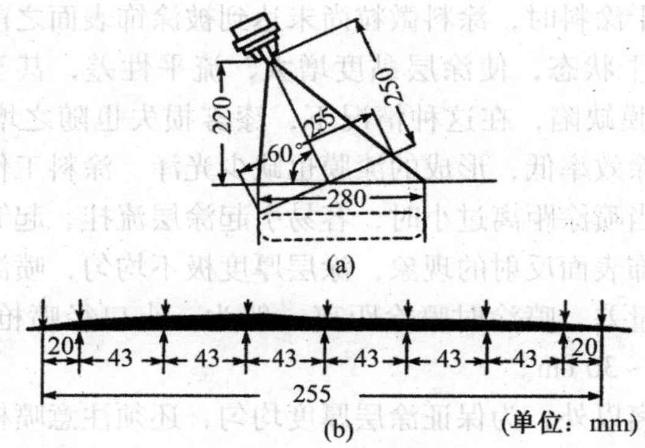


图 5 -10　喷枪与涂漆表面相对位置不同时涂膜状况

（a）位置不正确时；（b）正确位置

## 5. 2. 4　空气喷涂常见缺陷与消除措施

空气喷涂常见缺陷及消除措施见表 5 -1。

表 5－1 空气喷涂常见缺陷及消除方法

| 漆膜缺陷 | 产生的原因 | 消除的方法 |
|---|---|---|
| 橘皮 | 空气压力不够或涂料黏度过高 | 调高到必要的压力，加入溶剂降低涂料黏度 |
| 涂层厚度不均 | 喷涂距离太小 | 加大喷涂距离 |
| 表面粗糙，无光泽，有小气泡 | 喷涂距离太大 | 调整喷涂距离 |
| 表面有气泡和斑点 | 压缩空气中混入油、水 | 排放油水分离器中的污水 |
| 漆面模糊、泛白 | 车间温度低且湿度高，压缩空气湿度大，木材的含水率高，底漆或填孔剂不配套 | 调整空气状态使之过滤，干燥降低木材含水率，改用配套材料 |
| 漆膜脱落 | 面漆与底漆附着不好，木材含水率过高，底层干燥不够 | 改用配套材料，降低木材含水率，使底层充分干燥 |

### 5.2.5 热喷涂

热喷涂就是用连续循环加热装置，见图 5－11，预先将涂料加热到70 ℃左右再进行喷涂。加热喷涂时，涂料从贮漆罐 1 中由齿轮泵 2 抽出，流入蛇形管 4 的过程中被加热器 3 加热，经过软管输送到喷枪，剩余的涂料可以沿软管 10 返回继续被加热使用。

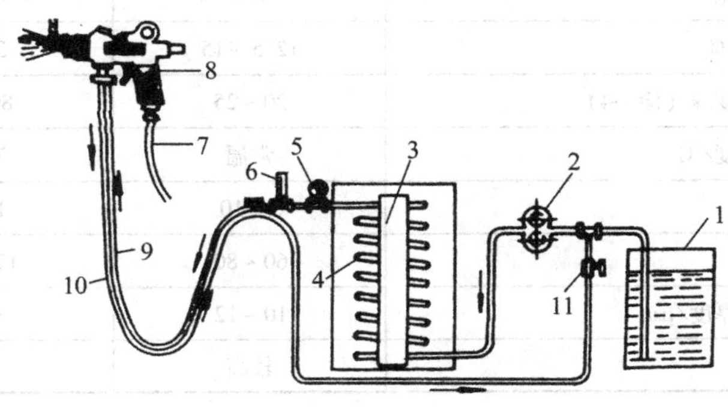


图 5－11 涂料连续循环加热装置

1. 贮漆罐；2. 齿轮泵；3. 加热器；4. 蛇形管；5. 压力计；6. 温度计；7. 供气软管；8. 喷枪；9. 输漆管；10. 回漆软管；11. 调节阀

空气喷涂对所用涂料的黏度有一定的要求。一般在常温下是采用稀释的方法降低涂料的黏度，以满足喷涂的要求。这不仅要耗用大量的有机溶剂，而且也降低涂料的固体分含量，增多涂饰次数。热喷涂法则是用加热的方法来降低涂料的黏度。因此，相比之下，此法有如下一些优点：

（1）节省稀释剂（一般可节省2/3），也有利于减少喷涂时漆雾对环境的污染。

（2）涂料的固含量较高，为达到一定厚度漆膜所需的涂饰次数相应减少，提高了涂饰效率。

（3）加热后的涂料流平性增高，有利于改善漆膜质量。

（4）挥发性涂料用热喷涂法涂饰，即使在空气湿度较大的条件下，也不易产生漆膜泛白等缺陷。

但是此法要求涂料使用中、高沸点的溶剂，此类溶剂一般价格较高，而且含有中、高沸点溶剂的涂料，涂层固化时间也较长。并非所有涂料都能用加热法喷涂。此法主要适用于溶剂型涂料，如硝基漆、水溶性漆等，也可用于乙烯类涂料和醇酸涂料。凡用热喷涂法的涂料，其配方应与常温下喷涂的同名涂料有所不同。热固性涂料会因加热促进化学反应而过早地凝胶化，所以不宜采用热喷涂法。常温与加热喷涂的性能比较见表5-2。

**表5-2 常温与加热喷涂的硝基漆性能比较**

| 比较项目 | 常温喷涂 | 热喷涂 |
| --- | --- | --- |
| 原漆的固含量/% | 25～30 | 40～45 |
| 涂料与稀释剂之比 | 1:1 | 1:(0～0.2) |
| 稀释后的固含量/% | 12.5～15 | 30～45 |
| 常温下的涂料黏度/s（涂—4） | 20～25 | 80～105 |
| 喷涂时的涂料温度/℃ | 常温 | 70～75 |
| 表干时间/min | 5～10 | 15～20 |
| 实干时间/min | 60～80 | 120～180 |
| 一次喷涂的漆膜厚度/μm | 10～12 | 30～40 |
| 漆膜光泽 | 较高 | 很高 |

## 5.3 无气喷涂

无气喷涂也称高压无气喷涂，利用压缩空气或电动驱动高压泵，使涂料增压至10～30 MPa，高压涂料通过喷嘴进入大气，立即剧烈膨胀，分散成极细的微粒被喷到工件表面上。

### 5.3.1 无气喷涂原理

高压无气喷涂是利用高压泵在密闭容器内使涂料增至高压，当经过喷枪喷嘴喷出时，速度很高（约100 m/s），随着冲击空气和高压的急速下降，涂料内溶剂急剧挥发，体积骤然膨胀，涂料分散雾化成很细的微粒，被喷到制品表面，形成涂层。与气压喷涂不同的是，此法不是压缩空气直接喷散涂料，故称高压无气喷涂。

### 5.3.2 无气喷涂设备

无气喷涂设备包括高压泵、蓄压器、过滤器、高压软管及喷枪等，见图5－12。

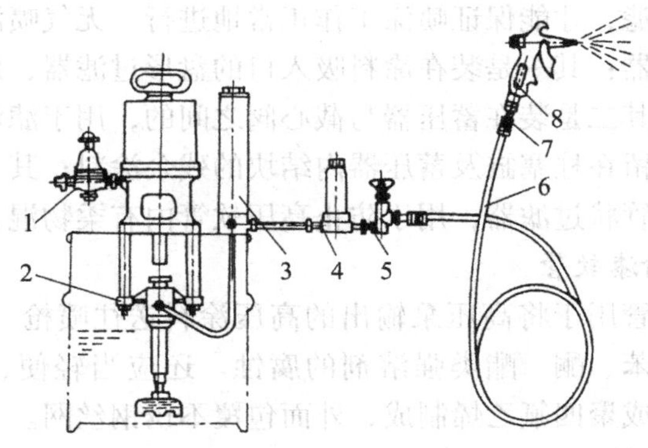


图5－12 无气喷涂设备

1. 调压阀；2. 高压泵；3. 蓄压器；4. 过滤器；
5. 截止阀；6. 高压软管；7. 旋转接头；8. 无气喷枪

#### 5.3.2.1 高压泵

高压泵常用电动隔膜泵或气动活塞泵。电动隔膜泵是电动机驱动的，由液压泵和涂料泵两部分组成，电动机通过联轴器带动一偏心轴，高速旋转，偏心轴上的连杆就驱动柱塞在油缸内做直线往复运动，将油箱中的液压油吸上并使它变为脉动高压油，推动一个高强度隔膜，隔膜的另一面接触涂料，隔膜向下时为吸入冲程，打开吸入阀吸入涂料到涂料泵。隔膜向上时为压力冲程，此时吸入阀关闭，输出阀打开，并以高压力将涂料经软管输送至喷枪。压力可在0～25 MPa范围内任意调节，而且压力稳定，不会过载。机件不承受冲击载荷，工作可靠。

气动活塞泵实际上是一个双作用式的气动液压泵。它的上部是气缸，内有空气换向机构，使活塞做上下运动，从而带动下部柱塞缸内的柱塞做上下往复运动，使涂料排出或吸入。因为活塞面积比柱塞有效面积大而实现增压。这种有效面积之比根据所需的涂料出口压力来确定，通常为（20～35）：1，即进入气缸的压缩空气压力为0.1 MPa时，高压柱塞缸内的涂料压力可达到2～3.5 MPa，如果所用压缩空气压力为0.5 MPa，涂料就可以增压到10～17 MPa的高压。

#### 5.3.2.2 蓄压器

蓄压器是一个简单的圆柱形压力容器，上下各有一个封头，涂料从底部进入，在涂料进口处装有一个滚珠单向阀。蓄压器能减少喷涂时的压力波动，用于稳定涂料压力，以保证喷涂质量。

#### 5.3.2.3 过滤器

无气喷枪的喷嘴孔很小，涂料稍有不净，就很容易使喷嘴堵塞。因此，涂料必须严格过滤，才能保证喷涂工作正常地进行。无气喷涂设备共有三个形式不同的过滤器：其一是装在涂料吸入口的盘形过滤器，用以除去涂料中的杂质和污物；其二是装在蓄压器与截心阀之间的，用于滤清上次喷涂后虽经清洗，但仍残留在柱塞缸及蓄压器内结块的残余涂料；其三是装在无气喷枪接头处的小型管状过滤器，用于防止高压软管内有柔物混入喷枪。

#### 5.3.2.4 高压输漆软管

高压输漆软管用于将高压泵输出的高压涂料送往喷枪。它能耐20 MPa的高压，耐油、苯、酮、酯类强溶剂的腐蚀。还应当轻便、柔软，便于操作。通常用尼龙或聚四氟乙烯制成，外面包覆不锈钢丝网。

#### 5.3.2.5 无气喷枪

高压无气喷枪由枪身、喷嘴、过滤网、接头等组成，见图5－13。与空气喷涂常用的喷枪不同之处在于其内部只有涂料通道不输送空气，而且要求密封性强，不泄漏高压涂料，扳机要开闭灵活，能瞬时实现涂料的切断或喷出。

喷嘴是无气喷枪的重要零件，见图5－14，种类也较多。喷嘴孔的形状、大小及表面光洁度对涂料分散程度、喷出涂料量及喷涂质量都有直接影响。喷嘴因高压涂料喷射而易于磨损，常用硬质合金制成，已磨损的喷嘴喷出涂料射流不均匀，易形成流挂、露底等缺陷。无气喷枪喷嘴口径与应用性能见表5－3。

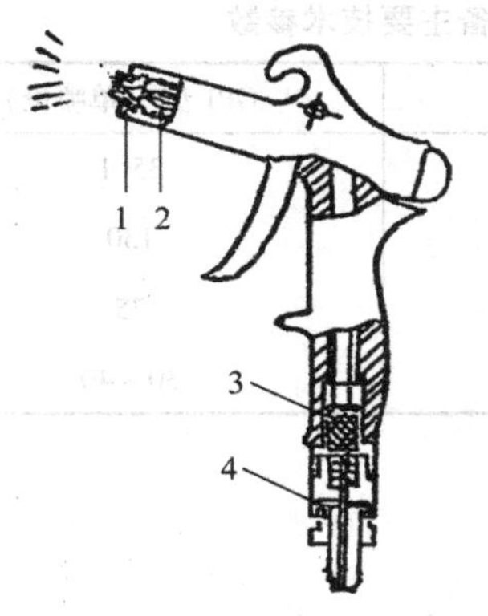


图 5-13 高压无气喷枪

1. 喷嘴；2. 针阀；3. 过滤网；4. 接头

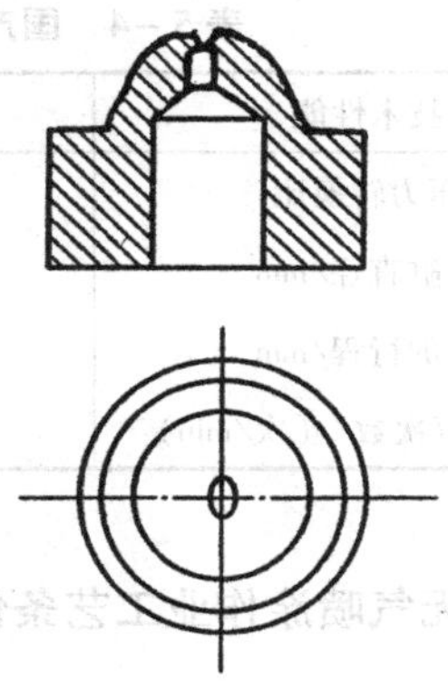

图 5-14 无气喷枪喷嘴

**表 5-3 无气喷枪喷嘴口径与应用性能**

| 喷嘴口径/mm | 适用的涂料特性 | 实　　例 |
|---|---|---|
| 0.17 ~ 0.25 | 非常稀薄的 | 溶剂、水 |
| 0.27 ~ 0.33 | 稀薄的 | 硝基清漆 |
| 0.33 ~ 0.45 | 中等稠度 | 底漆、油性清漆 |
| 0.37 ~ 0.77 | 黏稠的 | 油性色漆、乳胶漆 |
| 0.65 ~ 1.8 | 非常黏稠的 | 浆状涂料 |

用于加热喷涂的高压无气喷涂设备，高压泵的压缩比率较低，约为1∶9，由此产生的涂料压力为2 ~ 5 MPa。加热到65 ~ 100 ℃的涂料，不仅黏度明显降低，而且涂料处于高压状态，其中的部分溶剂达到沸点，蒸气压增高。当涂料从喷嘴喷出时，其中的溶剂立即转化为气态，其膨胀率可达1∶1 500，极有利于涂料高度微粒化。

专用于不饱和聚酯涂料的高压无气喷涂装备，由高压泵驱动两只注塞泵，分别对含有引发剂和含有促进剂的树脂涂料进行定量加压，并在调混器内按准确的比例混合然后输送至喷枪喷出，当喷涂操作结束时，由另一泵将稀释剂送入调混器内清洗。这样就有效地解决了混合后的聚酯树脂漆因为活性期短而造成浪费的问题。

国产高压无气喷涂设备的主要技术参数见表 5-4。

表 5-4　国产高压无气喷涂设备主要技术参数

| 技术性能 | GP2 型（双喷枪） | GP1 型（单喷枪） |
| --- | --- | --- |
| 压力转换比 | 36:1 | 35:1 |
| 气缸直径/mm | 180 | 130 |
| 泵的行程/mm | 90 | 75 |
| 泵的往复次数/（次/min） | 25~35 | 30~40 |

## 5.3.3　无气喷涂作业工艺条件

影响高压无气喷涂涂饰质量的因素与气压喷涂基本上相同，但也有一些具体差别。

（1）涂料黏度，应与涂料压力相适应，黏度低使用较低的涂料压力；反之涂料黏度高要选择使用高的涂料压力。如果压力过低喷涂出的漆形就不正常，压力过高又会出现涂料流淌或流挂。部分涂料黏度与压力适当匹配见表 5-5。

表 5-5　无气喷涂时部分涂料黏度与压力的关系

| 涂料种类 | 涂料黏度（涂—4）/s | 涂料压力/MPa |
| --- | --- | --- |
| 硝基漆 | 25~35 | 8.0~10.0 |
| 挥发性丙烯酸漆 | 25~35 | 8.0~10.0 |
| 醇酸磁漆 | 30~40 | 9.0~11.0 |
| 合成树脂调和漆 | 40~50 | 10.0~11.0 |
| 热固性氨基醇酸漆 | 25~35 | 9.0~11.0 |
| 热固性丙烯酸漆 | 25~35 | 10.0~12.0 |
| 乳胶漆 | 35~40 | 12.0~13.0 |
| 油性底漆 | 25~35 | 12.0 以上 |

（2）涂料压力，涂料压力与涂料喷涂量成比例，并对喷涂漆形影响较大。但是压力过高又会出现涂饰缺陷，因此，若需提高喷涂量应换喷嘴，而不应单纯提高压力。

（3）喷涂距离，比空气喷涂时距离稍远些，一般为 30~50 cm。

（4）喷涂操作，喷枪移动速度决定涂层厚度与均匀性，一般以 50~80 cm/s较为适宜，其选择应根据喷嘴大小、涂料黏度和压力、喷涂距离和喷涂量而定。喷涂角度一般以与工件表面垂直为原则。喷涂搭接的宽度可小些，仅搭接上即可。喷涂室内风速过大会改变漆形，影响喷涂质量，风速一般控制在0.3 m/s为宜。

使用高压无气喷涂时首先要根据涂料和被涂饰表面的特点选好喷嘴，调整好涂料的黏度，检查并连接好无气喷涂的全部设备，防止喷涂时涂料泄漏，因涂料压力大，喷射速度高，容易造成人体伤害。涂料从喷枪中高速喷出时，会产生静电积聚在喷枪等处，因此应使涂料泵良好接地，以保证安全操作，预防火灾和爆炸等危险事故的发生。

### 5.3.4 无气喷涂特点

高压无气喷涂有下列优点：

(1) 喷涂效率高。此法涂料喷出量大，一支喷枪可喷涂 3.5 ~ 5.5 $m^2$/min,比空气喷涂效率高。尤其喷涂大面积的制品，如车辆、船舶、桥梁、建筑物等，更显示出高的涂饰效率。

(2) 涂料利用率高。与空气喷涂相比，由于没有空气参与雾化，喷雾飞散少，雾化损失小，对环境污染相对减轻。

(3) 应用适应性强。被喷涂表面形状不受限制，平表面的板件以及组装好的整体制品或者倾斜的有缝隙的凸凹的表面都能喷涂，甚至拐角与凹处都能喷涂很好，因漆雾中不混杂有空气，涂料易达到这些部位。反跳甚少。

(4) 可喷涂高黏度涂料。由于喷涂压力高，即使较高黏度的涂料，如100 s（涂—4）也易于雾化，而且一次喷涂可以获得较厚的涂层。甚至可以喷涂原浆涂料。

高压无气喷涂的缺点是，操作时喷雾幅度与喷出量都不能调节，只有更换喷嘴才能达到调节的目的。喷涂质量不及空气喷涂。

空气喷涂与无气喷涂比较见表5－6。

**表5－6 空气喷涂与无气喷涂的比较**

| 项目 \ 方法 | 空气喷涂 | 无气喷涂 |
| --- | --- | --- |
| 喷涂的动力 | 压缩空气 | 涂料增压 |
| 涂料适用黏度与涂层厚度 | 黏度较低，涂层较薄 | 可涂高黏度涂料，涂层较厚 |
| 涂料喷出量/（ml/s） | 最大约为15，一般为4～7 | 最大为40，一般为10～15 |
| 射流涂形最大宽度/cm | 最大约为50 | 约100 |
| 涂料带的搭接 | 约占宽度的1/4 | 宽度接上即可 |

续表 5-6

| 项目 \ 方法 | 空气喷涂 | 无气喷涂 |
|---|---|---|
| 涂料微粒平均直径/μm | 约 200 | 约 150 |
| 涂料损失率/% | 40% ~50% | 约 10% |
| 喷涂距离与喷枪移动速度 | 较小 | 可取较大范围 |
| 喷涂质量 | 很高 | 很好 |
| 喷涂室 | 必须有 | 简易排气即可 |

### 5.3.5 空气辅助高压无气喷涂

空气辅助高压无气喷涂又称空气辅助无气喷涂，简称 AA 喷涂（Air assisted airless pray）是近年兴起的一种新型喷涂方法，它克服了空气喷涂和高压无气喷涂的缺点（前者涂料损耗大，后者质量不理想）并巧妙将二者结合在一起的一种新喷涂方法。此法主要保留无气喷涂诸多优点，以无气喷涂为主，但是降低高压无气喷涂的涂料压力，减小喷涂射流的速度。无气喷涂时喷涂射流的速度过低则使射流造成雾化不均匀，此时加上少量空气帮助改善雾化效果，故称空气辅助无气喷涂，其最大特点是涂料损失少，喷涂表面质量好。

高压无气喷涂的喷枪比较简单，只用输漆软管将高压涂料送入喷枪，经小的喷嘴喷出即可，AA 喷涂则在原喷枪喷头上增加空气孔将少量低压空气（100 kPa 左右）送入喷枪经空气孔喷出，帮助雾化使高压涂料的漆雾变得非常的细腻，这样既改善了高压无气喷涂的涂饰质量又保持了低的涂料损耗。此时涂料压力可降至 5 MPa 以下。

AA 喷涂法的优点如下：

（1）涂料损失少。AA 喷涂是几种喷涂法中涂料损失较少的一种。根据有关实际测定资料，空气喷涂的涂着率平均为 20% ~40%，高压无气喷涂为 40% ~60%，AA 为 70% ~80%，静电喷涂为 80% ~95%。

（2）雾化质量好。AA 喷涂实际上是将涂料加上一定压力，使其涂料自身能够初步雾化，同时加上较小的空气压力使其彻底雾化，该过程实际上是二次雾化的过程，因此雾化效果好，喷涂质量比无气喷涂好。

（3）可以调节喷束形状。由于喷枪上有喷束调节孔，可以根据被涂饰产品形状调节喷束形状以达到最佳效果。

此法应用范围广泛，适于各类中高档家具与工艺品的涂饰，在国外家具表面喷涂应用较多，近年在我国家具行业也已开始应用起来。

## 5.4 静电喷涂

静电喷涂法的实质是利用电晕放电现象，将喷具作为电晕电极接负极，而使被涂饰的制品接地作为正极，当接通高压直流电时，在喷具与被涂饰的制品之间就产生高压静电场。输送到高速旋转的喷具上的涂料，被离心力分散成微粒并带上负电荷，在电场力的作用下，沿电力线方向朝着被涂饰工件表面移动，并被吸附、沉降在其上，形成连续的涂层。由于涂料是在电场内移动，与被涂饰表面之间存在引力，所以喷涂时涂料损失很少，约在 10%以下。

### 5.4.1 静电喷涂特点

（1）施工环境和劳动条件好。应用较多的固定式静电喷涂设备通常都是与悬式传送装置配套组成连续涂饰流水生产线的。在这种情况下，操作者的工作仅限于对涂饰工件的准备和装、卸以及对设备的调控和照管等，因此，与涂料直接接触的机会和体力劳动强度都大为减少。而且在高压静电场中喷涂时，漆雾的扩散也远不及气压喷涂或无气喷涂时那样多，这样就使涂饰环境的污染得到明显的改善。

（2）涂料利用率高。在高压静电场喷涂时，带有负电荷的涂料微粒，沿电力线方向被涂饰到工件表面上，因此，基本上没有涂料射流反弹和漆雾飞散现象，漆雾损失很小，涂料利用率可达到 85%～90%以上。

（3）涂饰质量好。在严格遵守正确的操作规程实行静电喷涂时，由于高压静电场的作用，涂料微粒分散度高，在射流中分布也较均匀，因而在被涂饰工件表面形成的涂层也较平整、均匀，漆膜的光泽、附着力均较高。

（4）涂饰效率高。生产实践表明，在静电喷涂连续流水生产线上，传送带的运行速度可以达 24m/min，远远超过其他的喷涂流水线。对于那些不可能采用淋涂、辊涂的框架结构的木制件如桌、椅、框等，静电喷涂的综合经济效益尤为明显。

静电喷涂法的缺点主要是火灾危险性大，特别是当喷距不当或操作失误而引起火花放电时，均易酿成火灾。因此必须有可靠的防火、防爆设施，严格遵守安全操作规程。此外，对于形状复杂或轮廓凹凸较深的表面，静电喷涂法难以获得均匀的涂层。

### 5.4.2　静电喷涂设备

静电喷涂设备有固定式和便携式两种。图5－15为固定式的静电喷涂设备，包括高压静电发生器、喷具、供漆系统、传送装置等。

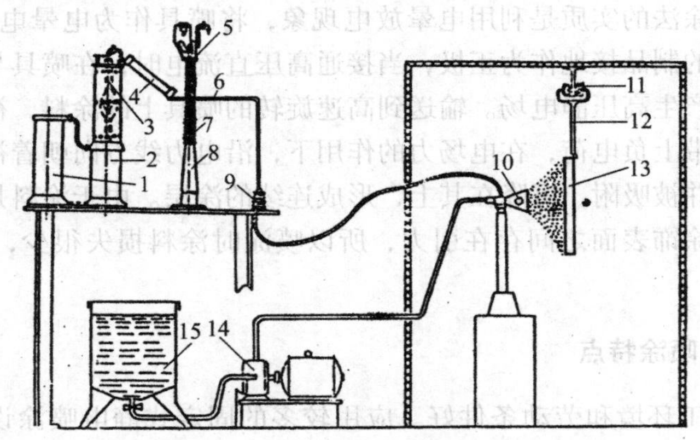


图5－15　固定式静电喷涂设备

1. 高压静电发生器；2. 变压器；3. 整流管；4. 电阻；5. 自动放电器；6. 导电条；7. 绝缘管；8. 立柱；9. 绝缘器；10. 喷具；11. 悬式运输链；12. 挂钩；13. 工件；14. 涂料泵；15. 涂料罐

#### 5.4.2.1　高压静电发生器

用于供给静电喷涂所需的高压直流电源。通常小型设备要求输出电压为60～90 kV，大型设备要求输出电压为80～160 kV。有工频高压和高频高压静电发生器两种。高频高压静电发生器构造较简单，质量轻，且无电气冲击，故应用较多，此种发生器生产单位都可以自行设计组装，国内也有定型产品。

#### 5.4.2.2　喷　具

生产中实际应用最多的是机械喷雾式喷具，见图5－16，其中又以旋杯式最为常用。旋杯中空无底，工作时涂料从输漆管3导入其内壁，在高速旋转的旋杯的离心力作用下，从旋杯的尖削边缘抛出分散，电场力也促使涂料分散成很细的带负电的微粒，并沿着电（场）力线方向朝着被涂饰工件表面移动，并被吸附在作为正极的被涂饰工件表面。

图5－16（c）为盘式喷具，其直径为10～30 cm，转速15 000 r/min左右，旋转时涂料微粒沿其切线方向向四周飞散，所以总是要将它安装在环行传送装置的中央，见图5－17。盘式喷具旋转时，作用于涂料微粒的离心力与电场力的方向是一致的，使涂料微粒具有较好的分散性和倾向性，如图5

-16（c）所示，屏板4与喷具带同名电荷，这可使涂料微粒获得更强的倾向性。盘式喷具的喷涂能力比旋杯式的高，涂料分布也较均匀。可根据被涂饰工件的具体情况，朝上或朝下安装在垂直的立轴上。在旋转的同时可以轴向往复移动，也可以呈一定角度倾斜。盘式喷具引入两个输漆管将涂料的两种组分分别输送到盘的两面，旋转时两组分就在盘的边缘混合后喷出，这样就可以用于喷涂不饱和聚酯漆等多组分涂料。

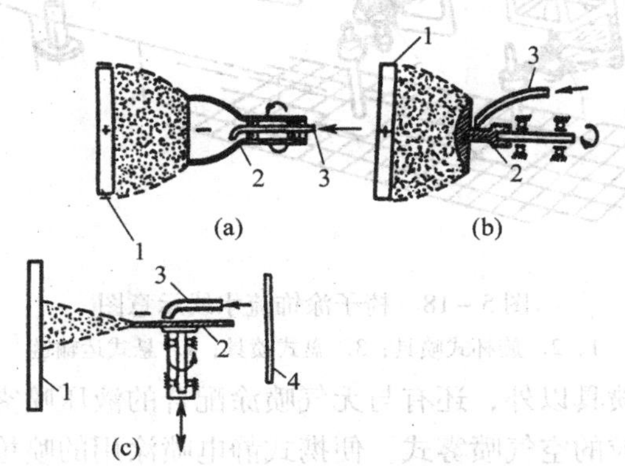


图5-16 机械喷雾式喷具

（a）旋杯式；（b）蘑菇式；（c）盘式

1. 被涂饰制品；2. 喷具；3. 输漆管；4. 屏板

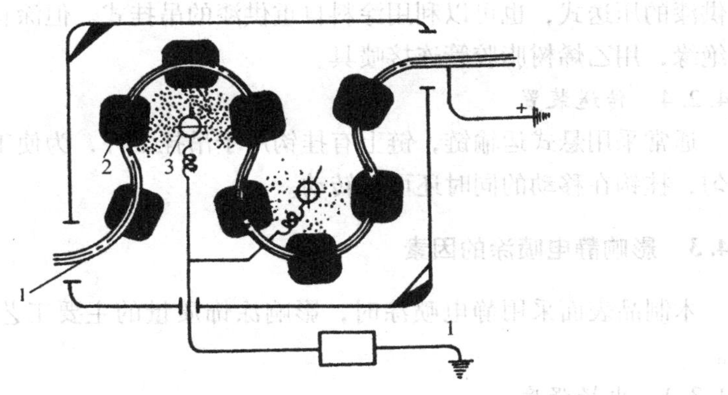


图5-17 盘式喷具的工作原理

1. 悬式运输链；2. 被涂饰制品；3. 盘式喷具

在木家具生产中，还可以按照这两种喷具的特点，组合起来安装在同一条涂饰生产线上。这样，对于装配好的家具制品的几个需要涂饰的表面，就可以在流水线运行过程中，都能按最佳的工艺条件，分别地进行喷涂。明显地提高了涂饰效率。图 5－18 表示在流水线上使用两种喷具涂饰椅子的情况。

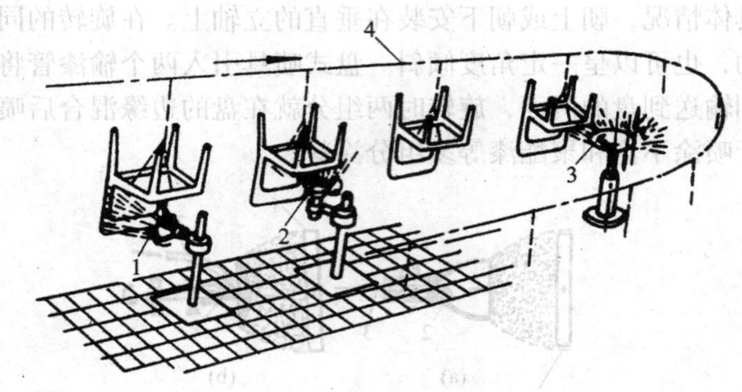


图 5－18　椅子涂饰流水线示意图

1，2. 旋杯式喷具；3. 盘式喷具；4. 悬式运输链

除上述几种喷具以外，还有与无气喷涂配合的液压喷雾式和用压缩空气使涂料喷散成微粒的空气喷雾式。便携式静电喷涂用的喷枪大部分都是空气喷雾式。

#### 5.4.2.3　供漆系统

由涂料罐、输漆软管及涂料泵组成。固定式静电喷涂设备中，可用涂料泵供漆的压送式，也可以利用涂料自重供漆的吊挂式。但涂料容器都必须完全绝缘，用乙烯树脂胶管连接喷具。

#### 5.4.2.4　传送装置

通常采用悬式运输链，链上有挂钩用于吊挂工件，为使工件各部分涂饰均匀，挂钩在移动的同时还可以转动。

### 5.4.3　影响静电喷涂的因素

木制品表面采用静电喷涂时，影响涂饰质量的主要工艺因素有以下几点。

#### 5.4.3.1　电场强度

电场强度实际上是静电喷涂的动力。电场强度的强弱直接影响静电喷涂的效果，在一定范围内，高压静电场中电场强度越高，涂料雾化与吸引的效果就越好，涂着效率也越高。反之，电场强度越小，电晕放电现象越弱，静电雾化与涂着效率也越差。

静电场中电场强度的大小决定于加在电晕电极（喷具）上的电压和电

极与被涂饰工件表面之间的距离。它与电压高低成正比，与极距大小成反比。电场强度通常用平均电场强度表示：

$$E_{平均} = U/L$$

式中：$E_{平均}$——平均电场强度，V/cm；

$U$——加在喷具上的直流电压，V；

$L$——电极与被涂饰工件表面之间的距离，cm。

实践证明，在高压静电场涂饰木材或其他导电性差的材料时，电场强度以4 000 ~ 6 000 V/cm 较为适宜。电场强度过大，就可能出现火花放电现象，特别是在喷涂室通风不足时，容易因溶剂蒸气而引起火灾和爆炸危险；电场强度过大，还可能发生反电晕现象，即集聚在被涂饰表面凸出部位的负电荷将排斥带负电的涂料微粒，这些部位因而也就涂饰不好。

一般条件下，木材表面静电喷涂时常用的电压为 60 ~ 130 kV。电极与被涂饰工件表面之间的距离常取为 200 ~ 300 mm。当极距小于 200 mm 时，容易产生火花放电的危险。而极距过大，涂着效率就很差。当涂饰场所配置两个以上的喷具时，为避免其工作时相互之间的电干扰，其间距必须保持在 700 mm 以上。

最适宜的电场强度值，应根据具体条件通过试验来确定。按电场强度和电压来确定极距，在喷涂工作过程中要注意保持极距不发生大的变化。当电压稳定不变时，工件的摆动或回转幅度较大就可能改变极距，从而会引起电场强度的变化。

5.4.3.2 涂料的性质

静电喷涂法所用的涂料，应能在高压静电场中容易带电，这就与涂料的性能，如涂料的电阻率、介电系数、黏度和表面张力有关。其中比较容易测定和控制的是涂料的电阻率和黏度。

电阻率显示涂料的介电性能，它直接影响涂料在静电喷涂中的荷电性能、静电雾化性能及涂着效率。为达到最佳的喷涂效果，就必须将涂料的电阻率控制在一定的范围内，否则涂料电阻率过高，其微粒荷电困难，不易带电，静电雾化与涂着效率就差。而涂料电阻率过小，又容易在高压静电场中产生漏电现象。涂料的电阻率可用电阻率测定器来测定。有关资料认为：适合于静电喷涂的涂料电阻率应在 5 ~ 50 MΩ · cm 范围内。

有两个方法可用来调整涂料的电阻率，其一是用溶剂调节，可在高电阻率的涂料中添加电阻率低的极性溶剂，如二丙酮醇、乙二醇乙醚等。极性溶剂能降低涂料的电阻，使之易于带电。高极性溶剂如酮、醇、酯类能有效地调整涂料电阻，有利于涂料带电和雾化。对于电阻率低的涂料则添加非极性溶剂来调节。另一方法是在设计涂料配方时加入相应的助剂。

黏度高的涂料难以雾化，降低涂料黏度，使其表面张力减小，就能改善其雾化情况。通常是用沸点高、挥发慢、溶解力强的溶剂来调整涂料的黏度。用于静电喷涂的涂料黏度都比空气喷涂低些，以 18 ~ 30 s（涂—4）为宜。

静电喷涂时涂料雾化过程中，其微粒的扩散效果比气压喷涂时更好，喷涂射流的断面也较大，因而涂料微粒群的密度小，溶剂蒸发较快。如涂料含较多的低沸点溶剂，那么在涂料微粒达到工件表面之前，大量的溶剂已被挥发，剩下的溶剂不足以保证涂层在工件表面流平，容易使漆膜表面出现“橘皮”等缺陷。同时高压静电场中有可能发生火花放电，如使用闪点温度低的溶剂，容易引起火灾。由于上述各种原因，所以静电喷涂使用的溶剂以高沸点、高极性与高闪点温度的为好。溶剂的最低闪点宜在 20℃以上。

5.4.3.3　木材性质

木材的导电性很差，绝干木材的电阻率极大（随树种不同约为几十至几百万 MΩ · cm），因此，木材在高压静电场喷涂要比金属材料困难得多。但是木材的表层含水率对其静电喷涂时的导电性影响较大，如果预先经过适当的处理，木材也能进行正常的静电喷涂。

根据实验，当木材表层含水率低于 8% 时，涂料微粒在其表面上的沉降效果很差。但是当表层含水率提高到 8% 以上时，其导电性已能适应静电喷涂的要求。据有关工厂试验表明：电压为 80 kV 时，含水率为 10% 以上的木材，静电喷涂的效果良好，含水率为 15% 的木材则最为适宜。同样在 80 kV 的电压下，含水率在 10% 以下的木材，就不能喷涂均匀，有些部位几乎就喷涂不着。

对含水率低的木材，在静电喷涂前要预先进行表面增湿处理，以提高其表层含水率。处理的方法很多，可以将木制件在空气相对湿度为 70% 以上的房间内放置 24h；或在房间内设置水雾、蒸汽喷雾来处理。但是，增湿处理也要适度，不能使木材表层含水率增加得太高，否则涂饰后形成的漆膜表面模糊混浊，附着力差。

涂饰经过增湿处理的木制件时，静电喷涂场所的温度不宜过高，否则增湿后的木材表层吸附性能难以保持，通常在 60% ~ 70% 的相对湿度下，室温以（20 ± 5）℃较为适宜。

涂漆前木材表面准备的情况与静电喷涂的质量也有很大关系，表面上的木毛要彻底清除干净，否则有木毛处会发生反电晕现象，这些部位就涂不上漆。凡是有用酸类、盐类化学药品处理过的木材，其导电性都有所增高。所以木材涂饰前的表面准备阶段的某些工序，实际上也能不同程度地提高木材的导电性。例如漂白时使用的过氧化氢、草酸、次氯酸盐以及染色时所用的酸性染料着色剂等都有助于增加木材的导电性。

经过几次静电喷涂的木材表面，有时最后再涂面漆时，会发现涂饰质量不佳，这是因为已形成的干漆膜的导电性不够所致。针对这种情况，就需在底漆中添加能增加其导电性的材料，如磷酸、石墨或金属填料等，或是改用导电性的底漆。

## 5.5 淋 涂

用淋涂法涂饰时，涂料从淋漆机上方的机头流出，落下形成一道连续完整的漆幕，工件由传送装置进给，通过机头下方的漆幕，其表面就被淋上涂层。当工件进给速度稳定，漆幕连续、均匀时，就能获得厚度均匀的涂层。此法在木制品、家具生产中应用日益广泛。

### 5.5.1 淋涂设备

淋涂设备就是各种淋漆机。淋漆机由机头、涂料箱、涂料循环系统和工件传送进给装置等几个部分，见图 5－19。

淋漆机头是为淋涂提供漆幕的重要部件，有如下几种结构形式，见图 5－20。

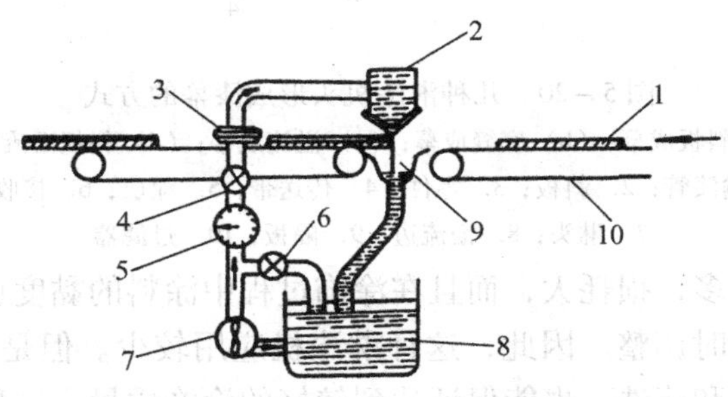


图 5－19 淋漆机工作原理示意图

1. 工件；2. 淋漆机头；3. 过滤器；4. 调节阀；5. 压力计；6. 溢流阀；7. 涂料泵；8. 涂料箱；9. 涂料承接槽；10. 传送装置

斜板成幕式机头如图 5－20（a）所示，涂料是从集流管中流出，落在斜板 2 上，再从其边缘往下形成漆幕。为保证漆幕完整均匀，集流管长度一般限制在 900 mm 以下，因此其生产能力较小。同时由于斜板是敞开的，涂

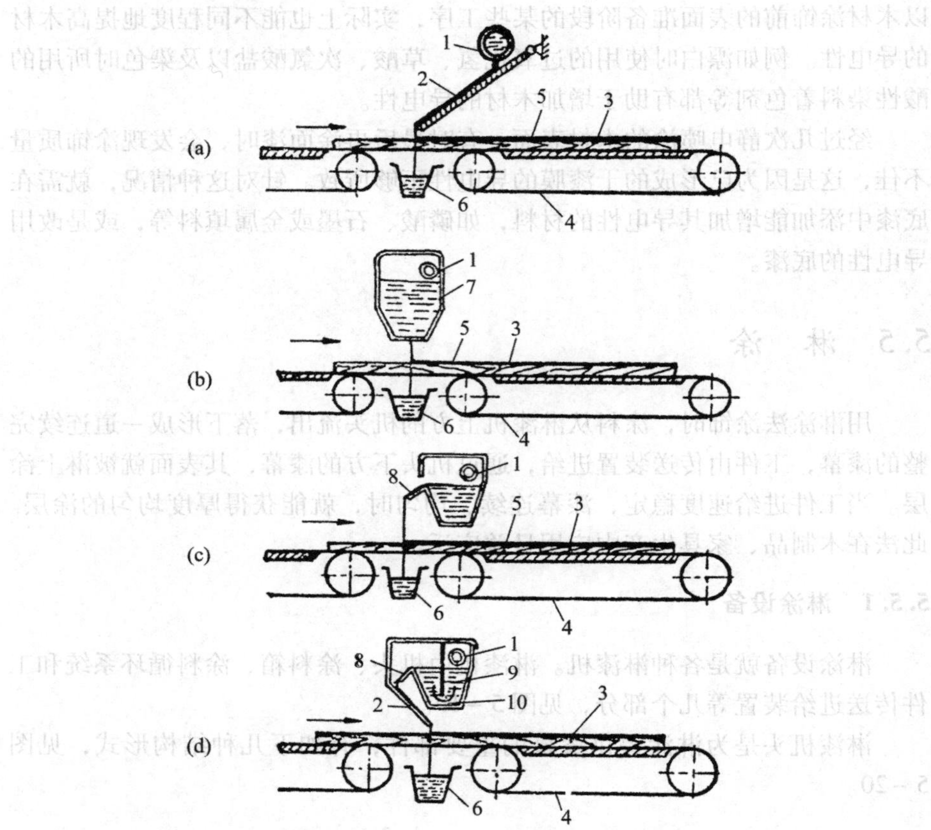


图 5－20　几种淋漆机头形成漆幕的方式

（a）斜板成幕；（b）底缝成幕；（c）溢流成幕；（d）斜板溢流成幕

1. 输漆管；2. 斜板；3. 零件；4. 传送带；5. 涂层；6. 接收槽；7. 淋头；8. 溢流边；9. 隔板；10. 过滤器

料中的溶剂挥发多，损耗大，而且在涂饰过程中涂料的黏度也将会发生明显的变化，需要及时调整。因此，这种淋漆机应用较少。但是由于结构简单，便于操作、维护和清洗，也能保证达到较好的涂饰质量，这种淋漆机对于批量较小的生产企业还是适用的。

底缝成幕式机头如图 5－20（b）所示，在国内外木制品生产中应用最广泛。漆幕是涂料从机头底部的缝隙中淋出而形成的。机头底部装有两个刀片，一个是固定的，另一个可以移动、启闭，用以调节底缝的宽度和清理机头，底缝调节范围为 0～4 mm。机头内的涂料通常处于 0.01～0.02 MPa 的低压状态。这种淋漆机的主要缺点是较难保持漆幕整个长度上的稳定性，工作结束时清洗也比较麻烦。

侧向溢流成幕式机头如图 5－20（c）所示，机头结构较为简单，也便于维护看管，多用于涂饰聚酯涂料。这种淋漆机在淋涂硝基漆时很难达到厚度在 25 μm 以下的薄层漆膜。

斜板溢流成幕式机头如图 5－20（d）所示，机头实际上是图（a）与图（c）两种形式的组合。这种结构的机头能很好地消除涂料流中的空气泡，在机头内的斜板表面加工得很好的情况下，也能淋出薄的涂层。

传送装置是由独立传动的两段带式输送机组成，用无级调速电机拖动，输送速度可在 0～150 m/min 范围内自由调整。两段传送带应运行平稳。

涂料循环系统包括涂料箱、涂料泵、过滤器、压力表、调压阀、受漆槽和输漆软管等。其作用是在淋漆机工作时，将调好的涂料加以过滤再送入机头形成漆幕，然后又使多余的涂料回流到涂料箱内，依此不断地循环，以保证淋涂正常进行。

涂料箱是一个有夹层的容器，夹层中可通入热水或冷水，使涂料保持施工所要求的温度。涂料泵通常是用直流电机带动无级调速的齿轮泵，用以向机头连续不断地供给涂料，以形成正常的循环。

淋漆机最适合于淋涂宽的平面板件，也可以用来淋涂表面轮廓不深的木制件、方材零件和窄表面等。为防止涂料外流，可在漆中添加一些高分散性的氧化硅等助剂。

### 5.5.2 淋涂作业工艺条件

在现有的各种涂饰方法中，淋涂的涂饰效率最高。为了获得好的涂饰质量，必须注意控制各工艺条件，其中主要有：

#### 5.5.2.1 涂料黏度

适于淋涂的涂料黏度范围较大，15～130 s（涂—4）黏度的涂料都可淋涂。使用尽可能高的黏度，可以节省涂料的稀释剂，减少涂饰次数，也不致使涂料从工件边缘溢出。但是黏度过高，涂层的流平性差，影响漆膜质量。在生产实践中，涂料黏度多为 25～50 s（涂—4）。为解决淋涂高黏度涂料流平性不好的问题，国外木制品生产常在涂饰前将工件表面预热，以改善其涂层的流平性。

#### 5.5.2.2 传送带速度

工件在淋漆机上进给速度越快，涂饰效率就越高，但是涂饰量要随之减少，速度太快有可能出现漆膜不连续。底缝成幕式淋涂机，传送带速度一般取 70～90 m/min 较为合适。传送带速度与淋涂量的关系可参考表 5－7。

表 5－7　进料速度与淋涂量的关系

| 传送带速度/（m/min） | 淋涂量/（$g/m^2$） |
| --- | --- |
| 30～50 | 200以上 |
| 50～70 | 200～100 |
| 70～90 | 100～70 |
| 90～130 | 70～50 |

注：涂料为硝基清漆，底缝宽 0.6 mm，黏度 25 s（涂—4）。

#### 5.5.2.3　底缝宽度

底缝越宽，涂料流量越大，涂层越厚，但底缝不宜过宽，一般常用宽度为0.2～1 mm。机头与工件表面距不宜过大，一般为100 mm左右。

以上几个方面因素是相互关联的，在淋涂施工时，应结合具体涂料和设备等情况，通过试验测定合理的工艺参数。在淋涂过程中，还要经常注意涂料黏度的变化，及时加以调整。要清除涂料在循环流动中因夹带空气而形成的气泡及混入的灰尘和杂质。

淋涂工作结束，应先将涂料箱中的余漆排出，在其中放入一定数量的稀释剂，然后启动淋漆机，清洗机头及整个循环系统，随后将机头内部等处擦干净。

在严格遵守工艺规程且正确操作的情况下，淋涂法能获得优质的漆膜。淋漆机的生产能力很高，也便于组成涂饰流水线。在涂饰过程中除了溶剂挥发和用于设备清洗以外，不产生漆雾，涂料损失很少。与喷涂相比，对环境的污染和用于通风的动力消耗都少。所以对大批量生产来说，淋涂不失为一种先进的涂饰方法。

### 5.5.3　淋涂特点

淋涂法有如下优点：

（1）涂饰效率高。由于漆幕下被涂饰零部件的通过速度较高，一通过便涂完漆，如前述传送带速度通常为70～90 m/min，因此为各类涂饰方法中效率最高的。

（2）涂料损耗少。因为不产生漆雾，未淋到零部件表面上的涂料全部被收回再用，所以除了涂料循环过程中有少量溶剂蒸发外，没有其他损失。与喷涂相比，可节省涂料30%～40%。

（3）涂饰质量好。由于漆幕厚度均匀，因此淋涂能获得漆膜厚度均匀平滑的表面，没有如刷痕或喷涂不均匀等现象。

（4）淋涂设备简单，操作维护方便，不需要很高的技术，作业性好，施工卫生条件好，可淋涂黏度较高的涂料，既能淋涂单组分漆，使用双头淋漆机也能淋涂多组分漆。

但是淋涂法也有其局限性。被涂饰表面形状受到限制，最适用于淋涂平表面的工件，形状复杂或组装好的整体制品都不能淋涂。只有成批大量生产并组织机械化连续流水线方可显示其优越性与高效率。不适于多品种小批量生产状况。涂料品种稳定，同一种涂料反复使用则效率高，在同一台淋漆机上经常更换涂料品种需要多次清洗，既费时又不经济。

### 5.5.4 淋涂常见缺陷与消除措施

淋涂常见缺陷与消除方法见表5－8。

表5－8 淋涂常见缺陷与消除方法

| 缺 陷 | 产生原因 | 消除方法 |
|---|---|---|
| 气 泡 | 被涂饰表面有敞开的槽孔，循环系统内涂料含有气泡，涂料黏度过大 | 填孔、表面预热，要在系统内保持一定的涂料量，降低涂料黏度 |
| 涂层不连续、不均匀 | 漆幕破裂，原因是车间内有过堂风、机头上方通风太强、机头与被涂表面距离太大、涂料黏度过低 | 挡住过堂风，降低通风机量，降低机头高度，提高涂料黏度 |
| 漆膜起粒，表面毛糙 | 淋涂量太大，涂料黏度过高，车间内空气不净，过滤器损坏，涂料不清洁 | 调整淋涂用量，降低黏度，除尘，净化空气，修好过滤器 |

## 5.6 辊 涂

辊涂法是先在滚筒上形成一定厚度的湿涂层，然后将湿涂层部分或全部转涂到工件表面上的一种涂饰方法。

### 5.6.1 辊涂设备

辊涂设备就是具有各种不同功能的辊涂机，辊涂机由各种不同功能的辊筒、传动装置和供漆装置构成。按照涂饰工艺的要求，辊涂机有顺转和逆转两大类。前者的涂料辊与工件接触的线速度方向与被涂饰工件进给方向一致；后者的涂料辊与工件接触的线速度方向则是迎着工件进给方向的。常用的辊涂机都是用于涂饰工件的上表面，但也有用于涂饰工件下表面或同时涂饰上、下两个面的辊涂机。

常用的辊涂机有如下几种：

5.6.1.1 顺转辊涂机

普通顺转辊涂机的工作原理如图 5－21 所示。这两种辊涂机都是用泵将涂料直接送到涂料辊 1 与分料辊 2 之间的。涂料辊表面包覆耐磨损、耐溶剂的橡胶或其他材料，这种弹性层也有助于补偿工件的厚度差。分料辊是镀铬的钢制辊筒，用于控制涂层厚度。图 5－21（a）所示的辊涂机，分料辊与涂料辊同向转动，因此，需要在分料辊上安装一把刮刀，以保持它和涂料辊之间有厚度均匀的涂料层。这种辊涂机常用于涂饰 100～150 s（涂—4 杯）的高黏度涂料。图 5－21（b）所示的辊涂机，其分料辊和涂料辊转动方向相反，不需要安装刮刀，多用于涂饰低黏度涂料。

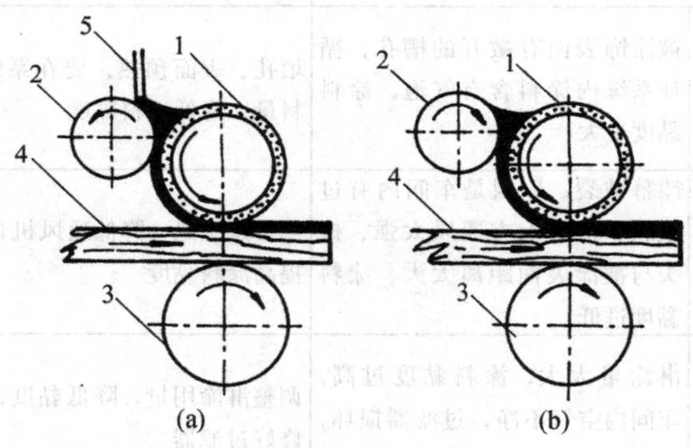


图 5－21 普通顺转辊涂机工作原理示意图

1. 涂料辊；2. 分料辊；3. 进料辊；4. 工件；5. 刮刀

涂饰涂层厚度是通过调整分料辊与涂料辊之间间隙的大小、涂料辊对工件的压力以及涂料黏度来控制的。工件在辊涂机上的进给速度变化对于涂料用量和涂层厚度没有明显的影响。

涂料用量和涂层厚度将随着分料辊与涂料辊之间的间隙加大而增加。间隙过大时，涂料就会漫流到工件边缘以外，甚至会落到进料辊上。如果间隙太小，则得到的涂层又太薄。试验表明，辊涂黏度为 98 s（涂—4 杯）的硝基清漆时，分料辊与涂料辊间的间隙调到 100 较为合适。

涂料辊与进料辊之间的距离应略小于被涂饰工件的厚度。涂料辊对工件保持一定的压力，有助于涂料在工件表面上的均匀展开，涂饰质量也较好。如果压力不足，涂料辊涂会打滑，工件表面上将出现涂层漏空，以致出现完全涂不着的现象。当压力过大时，涂料又可能从工件端头和两侧被挤压出来。

在顺转辊涂机上，被涂饰工件是与涂料辊转动相同的方向向前移动的。当涂料辊表面与涂在工件表面上的液态涂层脱离时，涂料就被上下拉扯，如果涂料黏度过高，涂饰量又大，辊出的涂层表面就会留下条纹或毛刺。顺转辊涂机要使用黏度适当、流平性好的涂料。如果在辊涂之前，先将工件表面预热，将有助于消除涂层表面拉毛的现象。

精密顺转辊涂机工作原理见图 5－22。工作时，拾料辊 2 从涂料槽 5 中带起涂料，并将涂料转涂到网纹辊 4 上，刮刀 6 刮去网纹上多余的涂料（刮刀与网纹辊接触的紧密程度是可调的），网纹辊再将涂料转移给涂料辊 1，在这里又一次用刮刀控制涂层厚度，最后再辊涂到工件表面上。为清洗被弄脏的工件背面，进料辊 3 的下部浸在洗涤槽 8 内。

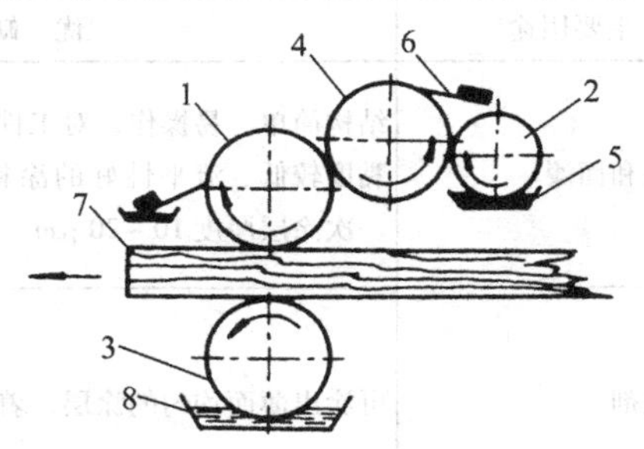


图 5－22 精密顺转辊涂机工作原理示意图

1. 涂料辊；2. 拾料辊；3. 进料辊；4. 网纹辊；5. 涂料槽；6. 刮刀；7. 工件；8. 洗涤剂槽

#### 5.6.1.2 逆转辊涂机

逆转辊涂机又称逆向辊涂机，其工作原理见图 5－23。这种辊涂机的拾料辊 3 与涂料辊 1 之间装有中间辊 2，其作用在于调整涂料辊上涂料分布情况。涂料辊是逆着工件进给方向转动，涂料是在没有压力的情况下，转移到工件表面上的，因而可使用黏度较高的涂料，以较大的涂料用量，涂出较厚的涂层。逆转辊涂机上的辊筒通常是各自用电动机单独驱动的，因而可以分别调节涂料辊或进料辊的转速，调节这两个辊筒的转速，就可以控制工件表面涂层的厚度。

逆转辊涂机对工件表面平整度和厚度精度要求较高，不符合要求的工件，很难获得连续完整的涂层。

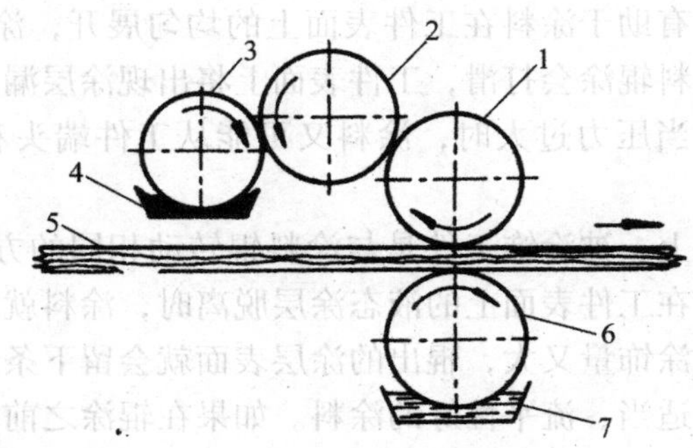


图 5－23 逆转辊涂机工作原理示意图

1．涂料辊；2．中间辊；3．拾料辊；4．涂料槽；5．工件；6．进料辊；7．洗涤剂槽

上述的几种辊涂机，各有其优缺点和适用性，见表 5－9。

表 5－9 几种辊涂机的用途与优缺点

| 名　称 | 主要用途 | 优　缺　点 |
|---|---|---|
| 普通顺转辊涂机 | 涂底漆和面漆 | 结构简单、易操作，对工件有较强的适应性，宜涂饰黏度较低、流平性好的涂料，有可能产生辊印痕迹。一次涂层厚度 10～20 μm |
| 精密顺转辊涂机 | 涂着色剂 | 可涂出薄而均匀的涂层，着色均匀 |
| 逆转辊涂机 | 填平、填孔 | 适用的涂料黏度和涂层厚度范围较宽，涂层均匀、光滑，不易产生辊印痕迹，但结构较复杂，价格高，对工件质量要求较高 |

## 5.6.2　辊涂特点

辊涂法与淋涂法类似，使用通过式辊涂机，平表面的板件在涂漆辊与进料辊之间通过便被涂上了漆，因此辊涂的施工操作比较简单。

辊涂时，涂料厚度可通过改变涂料辊与分料辊之间的间隙、改变板件进料速度、涂料辊对板件的压力和涂料的黏度等来调节。

辊涂机能够使用各种涂料，诸如各种清漆、色漆、填孔漆、着色剂、底漆以及乳胶漆等。而高黏度的涂料往往不便用其他方法涂饰，在国内外的木材加工与家具生产中常常采用辊涂法为板件打底、填孔以及着色等，涂饰效率高。但是用辊涂法涂饰面漆则应用较少，这是因为辊涂法要求被涂饰的板件表面要有很高的尺寸精度与标准的几何形状，否则无法获得高质量的漆膜。

辊涂法能辊涂低黏度涂料，也能辊涂较高黏度的涂料，可减少稀释剂的消耗，涂料基本没有损耗，涂饰卫生条件好，适合于大批量生产。

### 5.6.3 辊涂作业工艺条件

辊涂所用涂料的种类、黏度，稀释剂的配套性、涂料辊的硬度，工件的情况，各辊筒的调整、保养以及维修状态等都是影响辊涂质量的因素。

在辊涂机的结构中，涂料槽大面积敞开，涂料在辊筒表面上展开，与空气直接接触，由于溶剂的挥发，其黏度经常处于变化之中，随着涂饰工作的持续进行，涂料黏度将会明显增高，这就将引起涂层厚度及其质量的改变。因此，在辊涂过程中经常注意控制和调整所用涂料的黏度是非常重要的。

在辊涂用的涂料中要注意溶剂的配比，既要保证一定的涂层干燥速度，又要延缓其黏度的升高。最好是能作出涂料黏度随工作持续时间和室温变化而变动的曲线图表。掌握黏度变化的规律，以便及时采取措施，加以调整。

根据国外资料，辊涂机工作时的进给速度为 5 ~ 25 m/min，辊涂机主要是适用于涂饰平面板件，但对于轮廓不深的型面，也可用相应的异型辊筒并在机床台面上加设导轨来辊涂。以上几种涂饰方法在平表面上涂饰成 145 μm的硝基清漆干漆膜时，其效果有着明显的不同。

### 5.6.4 辊涂常见缺陷与消除措施

辊涂常见缺陷及其消除方法见表 5 - 10。

**表 5 - 10 辊涂常见缺陷及消除方法**

| 缺 陷 | 产生原因 | 消除方法 |
| --- | --- | --- |
| 辊筒印痕 | 涂层过厚，涂料黏度过高，涂料辊压紧不良 | 调整涂层厚度，降低黏度，加大涂料辊对工件的压力 |
| 针眼 | 厚的涂层急剧干燥 | 溶剂蒸发过快时，调整涂料（如稀释剂是否适用） |
| 漆膜缺少光泽、光泽不均匀 | 涂层太薄，或稀释剂不适用 | 必须用指定的稀释剂，按适当的黏度涂饰 |

续表 5－10

| 缺 陷 | 产生原因 | 消除方法 |
|---|---|---|
| 横向波纹（垂直于进给方向的波纹） | 涂料辊与刮辊的间隙太大，涂料辊的转速明显大于支撑辊，涂饰量过大 | 调整辊筒的转速比，调整辊筒间的间隙，调整涂饰量 |
| 纵向皱纹（平行于进给方向的波纹、漆膜不完整） | 涂料黏度太高，涂料黏度较低而涂饰量过大，工件翘曲变形，表面不平整，涂料辊压力不足 | 调整涂料黏度和涂饰量，严格保证工件的形位公差，提高其表面平整度，调整各辊筒间的间隙 |

几种涂饰方法的特点比较见表 5－11。

表 5－11 几种涂饰方法的比较

| 涂饰方法 | 工时消耗 /（$min/m^2$） | 涂料用量 /（$kg/m^2$） | 固含量 /% | 涂饰次数 | 涂料利用率 /% |
|---|---|---|---|---|---|
| 常温喷涂 | 3.2 | 1.34 | 18 | 4 | 60 |
| 热喷涂 | 2.5 | 0.72 | 29 | 3 | 70 |
| 辊 涂 | 1.6 | 0.47 | 39 | 3 | 80 |
| 淋 涂 | 0.6 | 0.42 | 39 | 3 | 90 |

## 复习思考题

1. 有几种手工涂饰方法？其应用特点如何？
2. 空气喷涂的原理和特点是什么？需要哪些设备？喷涂工艺因素主要包括哪些内容？
3. 喷涂工艺因素对喷涂质量有何影响？
4. 高压无气喷涂的原理和特点是什么？与空气喷涂有何区别？
5. 静电喷涂的原理和特点是什么？对涂料、溶剂和木材有何要求？
6. 淋涂的原理和特点是什么？工艺如何？
7. 辊涂的原理和特点是什么？

# 6 涂层干燥

采用某种涂饰方法涂饰在基材表面上的液体涂层逐渐转化为固体漆膜的过程称为涂层干燥（或涂层固化）。涂层在什么条件下进行干燥，进行得是否正确、合理，对最终产品质量和生产效率都影响很大。没有正确、合理的涂层干燥，就不可能获得优质的装饰保护漆膜。

涂层干燥在整个涂饰工艺过程中是必不可少的工序，每进行一次涂饰都需要进行涂层干燥，干燥时间长短直接影响生产效率。目前用于木制品涂饰的涂料干燥方法有两大类，即自然干燥和人工干燥。前者是在常温条件下的自然干燥，干燥时间长；后者则是采用各种人工措施加速涂层的固化，以缩短干燥时间。包括：木材预热干燥，热空气干燥，红外线辐射干燥和紫外线干燥。研究采用先进的涂层干燥方法、工艺和设备，加速涂层干燥是提高干燥效率的重要途径。

## 6.1 概　述

木制品表面涂饰是使用各种涂料（包括填孔剂、着色剂、底漆、面漆等）进行多次涂饰操作的过程，每次涂饰的液体涂层都伴随着涂层干燥。由于涂料品种不同、特性各异，其固化机理也就不同。因此，有必要对涂层干燥机理和影响因素做较为详细的研究。

### 6.1.1 干燥意义

涂层干燥是保证涂饰质量的需要。液体涂层只有经过干燥，才能与基材表面紧密黏结，具有一定的强度、硬度、弹性等物理性能，从而发挥其装饰保护作用。如果涂层干燥不合理，就会造成严重不良后果，使涂层表面质量恶化，无法保证涂饰质量。

为了保证涂饰质量，每做一遍涂饰，包括腻平、填孔、着色、打底、罩面以及去脂、漂白等，都必须进行良好的涂层干燥，才能转到下道工序。否则，由于溶剂的挥发或者在成膜过程中物理、化学变化的影响，常会使涂膜产生一些涂饰缺陷或引起漆膜破坏，因而不能获得优良的装饰保护漆膜。例如腻子、填孔剂、底漆涂层尚未达到理想的干燥效果就涂饰面漆，就会由于底层中残留溶剂的作用和不断干缩的影响，使漆膜出现泛白、起皱、开裂以及鼓泡、针孔缺陷等。

涂层干燥是获得良好漆膜性能的需要。涂层干燥对漆膜性能影响很大，如不合理，漆膜会产生光泽差、“橘皮”、皱纹、针孔等缺陷。严重的在漆膜内存在内应力，会使漆膜附着力降低，使用时间一长漆膜就会产生裂缝，难以保证漆膜性能稳定，失去其保护装饰作用。

对涂层干燥的把握是提高涂饰效率的关键。涂层干燥是一项多次重复而又最费时间的工序，一般涂层自然干燥时间远比涂饰涂料时间长，少则几十分钟，多则十几小时。因此，缩短涂层干燥时间是提高涂饰施工效率的重要措施。

涂层干燥是实现涂饰连续化生产的技术关键。在涂饰施工的全过程中，涂层干燥所需时间最长，有时要占涂饰全过程所用时间的95%以上，远远超过涂饰涂料以及漆膜修整等工序所需的时间，工序之间所用工时比例极不均衡。因此，在现代化生产中，如何加速涂层干燥，不仅关系到缩短生产周期和节约生产面积，而且也是实现连续化与自动化生产必须解决的技术关键问题。

### 6.1.2　干燥阶段

按液体涂层的实际干燥程度，涂层干燥可分为表面干燥、实际干燥和完全干燥三个阶段。

表面干燥是指涂层表面已经干结成膜，手指轻触已不沾手。表面干燥的特点是，液体涂层刚刚形成一层微薄的漆膜，灰尘落上已经不再被粘住而能够吹走。因此，也常称为防尘干燥阶段。但是涂层并未实际干燥，当在其表面按压时还会留下痕迹。对于可进行表干连涂的涂料，此时可接涂下一遍漆，称作“湿碰湿”或“表干连涂”工艺，可提高生产效率。

实际干燥是指手指轻压不留指痕。涂层达到实际干燥，有的漆膜可以经受进一步的加工——打磨与抛光。此时硝基漆漆膜的摆杆硬度为0.3～0.35；聚酯漆漆膜为0.35～0.55，零部件完全可以垛放起来，但是漆膜尚未全部干透，还不具备涂膜应有的性能，产品还不应该投入使用。实际上，漆膜还在继续干燥，硬度也在继续增加。大管孔木材如果管孔没有填实，实际干燥阶段的涂层还会有下陷现象。

完全干燥指漆膜已完全具备应有的各种保护装饰性能。这时漆膜性能基本稳定，制品可以投入使用。为了缩短生产周期，木制品在涂饰车间通常只干燥到第二阶段，而后便入库或销售到用户手中。家具表面漆膜测定国家标准规定时间为 10 d。

### 6.1.3 固化机理

涂层固化机理因涂料种类与性质的不同而不同。涂层从液态转变成固体漆膜的过程中，有溶剂的挥发、溶融冷却等物理变化，也有涂料组成成分分子之间的交联反应等化学变化。涂层固化一般可分为以下几种类型。

#### 6.1.3.1 溶剂挥发型

溶剂挥发型涂料是由涂层中溶剂的挥发而干燥成漆膜的。如硝基漆就属于这类涂料。这类漆最大的特点是干燥时间短，例如硝基漆涂层，仅需 10 min 左右即可达到表干。漆中都含有大量的有机溶剂，固化时无化学变化，干后漆膜仍能被原溶剂溶解，易于修复，涂饰的过程是可逆的。影响此类漆涂层固化速度的主要因素是溶剂的种类及其在涂料中混合的比例、生产场所的温湿度条件等。溶剂在涂料中的作用不仅是溶解成膜物质、调节黏度，而且是调整涂层干燥速度不可缺少的。溶剂挥发型涂料在常温条件下能自然蒸发，达到干燥。温度升高可加快干燥速度。

#### 6.1.3.2 乳液型

乳液涂料由水和分散的油及颜料构成。涂层干燥时，当作为分散剂的水分蒸发或渗入基材后，涂层容积明显缩小，乳化粒子相互接近，乳化粒子分散时起作用的胶膜因粒子的表面张力而破坏，油或树脂粒子流展，从而形成均匀连续的漆膜，颜料则沉留在涂层中，此后的固化过程就大体与溶剂挥发型涂料相同。

#### 6.1.3.3 交联固化型

交联固化型涂料是由于涂料中的成膜物质的氧化、聚合或缩聚反应而交联固化成膜的。属于此类的涂料有油性漆、酚醛漆、醇酸漆、聚氨酯漆、聚酯漆和光敏漆等。在交联反应过程中，光、热、氧气以及催化剂等起着十分重要的作用，成膜物质由低分子或线型高分子物质转化为体型聚合物，分子量不断变大，最后形成不溶不熔的三维网状体型结构的漆膜，是不可逆的。目前国内常用的交联固化型涂料，按应用习惯可分为氧化聚合、逐步聚合、游离基聚合与缩合聚合反应成膜四类。

氧化聚合反应型涂料有油性漆、酚醛漆、醇酸漆等，涂层固化过程中，虽然也有溶剂的挥发，但主要是依靠成膜物质高分子之间的氧化聚合反应。其固化速度主要取决于氧化聚合反应的速度，影响固化速度的主要因素是组成涂料的干性油的类型和油度，以及树脂与所用催干剂的类型与配比。此类漆涂层干燥时间较长，例如酚醛漆涂层达到表干通常需要 4 ~6 h 以上。

逐步聚合反应型涂料，如双组分羟基固化型聚氨酯漆，涂层固化时溶剂挥发，含有异氰酸基组分与含羟基组分之间发生加成（逐步）聚合反应成膜。

游离基聚合反应型涂料，如聚酯漆、光敏漆等，不饱和聚酯树脂分子结构的碳原子之间保留了双键，能溶于苯乙烯单体中，在引发剂和促进剂存在时，发生共聚反应，交联转化为不溶不熔的物质。苯乙烯在其中既是成膜物质又是溶剂。为消除氧气的阻聚，在涂料中添加蜡液或用涤纶薄膜覆盖，使涂层封闭。

光敏漆的基本组分是反应性预聚物、活性稀释剂和光敏剂。这种涂层受到紫外线照射时，其中的光敏剂分子吸收一定波长紫外线的能量而分裂产生游离基，这些游离基能起到引发聚合作用，使反应性预聚物与活性基团产生连锁反应，迅速交联成网状结构而固化成膜，固化速度非常快。

缩合聚合反应型涂料，如酸固化氨基醇酸树脂漆，涂层固化时溶剂挥发，在酸作用下氨基树脂与醇酸树脂交联反应成膜。

由上述可知，涂料固化是一个复杂的物理变化与化学反应成膜过程。干燥工艺的设计应针对不同漆种分别对待，决不可一概而论。

### 6.1.4 影响涂层干燥的因素

涂料固化过程比较复杂，影响涂层干燥速度与成膜质量的因素也很多，主要有涂料类型、涂层厚度、干燥温度、空气湿度、通风条件、外界条件、干燥方法与设备以及具体干燥规程等。而制定涂层固化工艺规程的主要依据又是涂料的种类、性能、涂层的厚度以及固化的方法等，所以，必须认真对待，综合考虑各因素。

#### 6.1.4.1 涂料类型

在同样的干燥条件下，不同类型涂料干燥速度差别很大，一般来说挥发性漆干燥快，油性漆干燥慢，聚合型漆干燥快慢情况各不相同。光敏漆干燥最快，其他聚合型漆则介于挥发性漆与油性漆之间。挥发性漆、酸固化氨基醇酸树脂漆比较适合组织机械化涂饰生产线，光敏漆最适宜，而油性漆最不适合。

#### 6.1.4.2 涂层厚度

漆膜厚度一般为100～200 μm，由于受各种条件的限制，不宜一次获得，需要经过多遍涂装才能形成。实践证明，每次涂饰涂层较薄、多涂几遍，比涂层较厚、少涂遍数（聚酯漆除外），无论是干燥速度或成膜质量都比较适宜，但施工周期要长，成本加大。涂层薄，在相同的干燥条件下，涂层内应力小；而涂层过厚，不仅内应力大，而且容易起皱和产生其他干燥缺陷。

油性漆的涂层厚度对其固化时间有很大影响。随着涂层厚度的增大，固化所需时间也将大大延长。因为涂层越厚，其下层就越难获得油类氧化聚合反应所必需的氧气。所以，油性漆的涂层不宜涂得很厚。

蜡型聚酯漆涂层厚度小于 100 μm，不易在表面形成蜡膜，影响封闭隔氧，有碍涂层的固化，所以，蜡型聚酯漆一次涂层厚度应在 200 μm 以上才适合。

6.1.4.3 干燥温度

干燥温度高对绝大多数涂层都会促进物理变化和化学反应，所以干燥温度高低对涂层干燥速度起决定性的影响。当干燥温度过低时，溶剂挥发与化学反应迟缓，涂层难以固化；提高干燥温度，能加速溶剂挥发和水分蒸发，加速涂层氧化反应和热化学反应，干燥速度加快。但干燥温度不宜过高，否则会使漆膜容易发黄或变色发暗。高温加热涂层的同时，基材也被加热，基材受热会引起含水率的变化，产生收缩变形，甚至翘曲、开裂。

用染料水溶液染色的木材表面，最好是在 60 ℃的温度下进行干燥。图 6－1 表示涂层加热温度与干燥时间的关系。实验表明：如果将干燥温度提高到 60 ℃以上，对缩短干燥时间并没有明显效果，而对于某些染色层的颜色反而有不良影响。

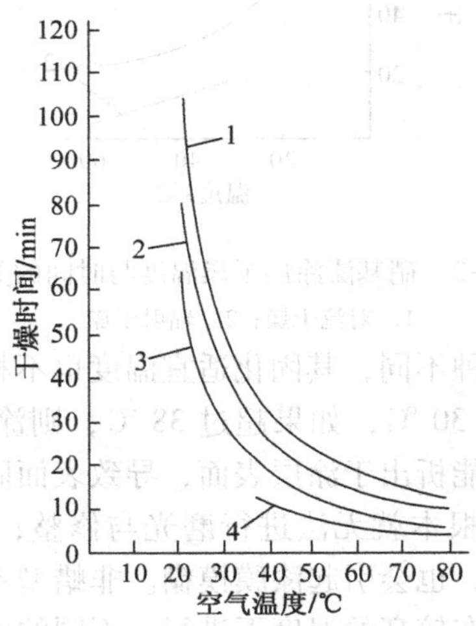


图 6－1 染料水溶液涂层加热温度与干燥时间的关系

1，2，3．栎木、桦木、松木染色表面对流干燥时的情况；

4．该几种木材染色表面辐射干燥时的情况

硝基漆涂层干燥，最高温度不应超过50 ℃。特别是在干燥初期，如果温度稍有偏高，涂层就很容易起泡。粗孔材（栎木、榆木、水曲柳等）上的硝基涂层干燥时，这种现象尤为明显。这是由于涂层内的溶剂蒸发过于强烈和木材内的空气因受热膨胀而从木材中排放出来所致。为防止起泡，经过涂饰的木制品在进入干燥设备之前，要先在室温条件下陈放一段时间。进入干燥设备的最初几分钟，温度应逐渐地升高。硝基涂层的干燥时间因其所含溶剂的组成、涂层厚度和后续加工的特点不同而有很大的差异。干燥后不再需要磨光的，只需在40 ~ 50 ℃温度下干燥15 ~ 20 min即可。干燥后还需磨光、抛光的，如采用对流干燥则需在50 ℃温度下干燥3 ~ 4 h，若用辐射干燥法干燥则需在50 ℃温度下干燥2 h。例如淋涂硝基清漆的家具板件，涂料黏度为35 ~ 45 s（涂—4）时，先后淋涂3 ~ 4次，每次需在25 ℃温度下涂层干燥2 ~ 4 h，最后一道面漆涂层，必须干燥36 h后才能进行漆膜的研磨加工。图6 – 2表示硝基漆涂层干燥温度与时间的关系。

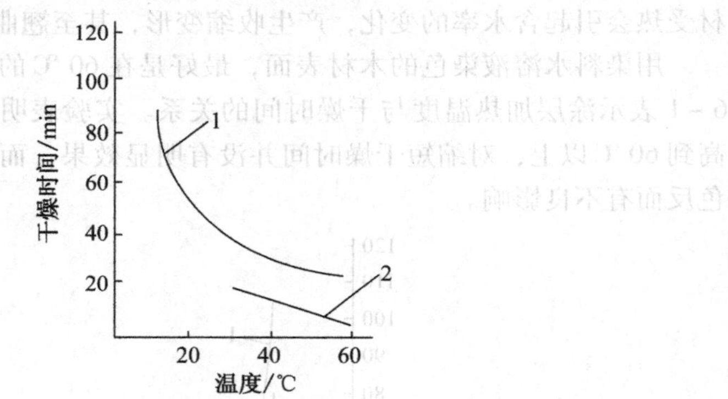


图6 – 2 硝基漆涂层干燥温度与时间的关系

1. 对流干燥；2. 辐射干燥

不饱和聚酯漆的品种不同，其固化适宜温度也不相同。蜡型不饱和聚酯漆的固化温度宜为15 ~ 30 ℃，如果超过38 ℃，则涂层的凝胶化会很快发生，溶入涂料的蜡就不能析出于涂层表面，导致表面固化情况迅速恶化，漆膜模糊不清而且发黏，根本就无法进行磨光与修整；如果温度低于15 ℃，石蜡将会在涂层内结晶，也会引起漆膜模糊。非蜡型不饱和聚酯漆，如采用薄膜隔氧法固化，可以在较高的温度下进行。不同的引发剂有各自的最佳引发温度，如过氧化环已酮的最佳引发温度为20 ~ 60 ℃，而过氧化苯甲酰的最佳引发温度为60 ~ 120 ℃。因此，在涂饰不饱和聚酯涂料后可以用红外线辐射等法适当加热以加速涂层的固化。涂料中引发剂和促进剂的用量与配比对于固化速度是有很大影响的，见图 6－3，用量少则固化时间长，加大用量可使固化时间缩短；但是如果用量过多，也将会降低漆膜的性能。

用于木制品表面涂饰的聚氨酯漆，主要是双组分羟基固化型涂料，可以采用高温干燥，提高生产效率，但考虑高温对木制基材的影响，干燥温度不宜超过 70 ℃。此类涂料的固化时间要比硝基漆长，不同品牌的固化速度也不一样。

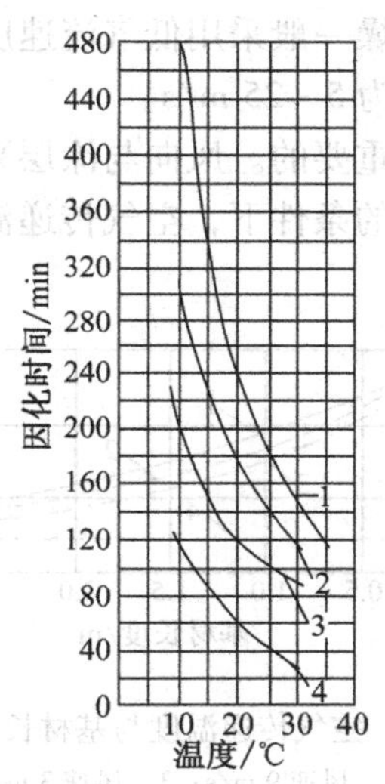


图 6－3　不同引发剂、促进剂的用量和配比与固化时间的关系

1. 引发剂 0.5%，促进剂 0.5%；2. 引发剂 1%，促进剂 1%；
3. 引发剂 1%，促进剂 2%；4. 引发剂 2%，促进剂 2%

#### 6.1.4.4　空气湿度

大部分涂料在相对湿度为 45%～65% 的空气中干燥最为合适。湿度过大时，涂层中的水分蒸发速度降低，溶剂挥发速度变慢，因而会减慢涂层的干燥速度。如果空气过分潮湿，不仅会使干燥过程缓慢，而且容易造成漆膜模糊不清和出现其他缺陷。相对湿度对挥发性漆的干燥速度影响不明显，但对成膜质量关系很大；尤其当气温低，相对湿度超过 70% 时，涂层极易产生“发白”现象。

对于油性漆，当空气相对湿度超过 70% 时，对涂层干燥速度的影响要比温度对干燥速度的影响还要显著。

#### 6.1.4.5　通风条件

涂层干燥时要有相应的通风措施，使涂层表面有适宜的空气流通，及时排走溶剂蒸气。增加空气流通可以减少干燥时间，提高干燥效率。新鲜空气供应量以及涂层表面风速应经过计算与试验确定，才能提高干燥效率，保证干燥质量。

空气流通有利于涂层溶剂挥发和溶剂蒸气排除，并能确保干燥场所的安全。在密闭的溶剂蒸气浓度高的环境下，漆膜干燥缓慢，甚至不干。

采用热空气干燥时，通风造成热空气循环，其干燥效果在很大程度上取决于空气流动速度。流动速度越大，热量传递效果越好，但气流速度过大，会影响漆膜质量。热空气干燥一般采用低气流速度，即0.5～5.0 m/s；温度为30～150 ℃。高气流速度为5～25 m/s。

空气流动方向也是至关重要的。风向与涂层平行时，基材的长度是个不可忽视的因素。在风速不变的条件下，空气传递温度与基材长度之间的关系如图6－4所示。

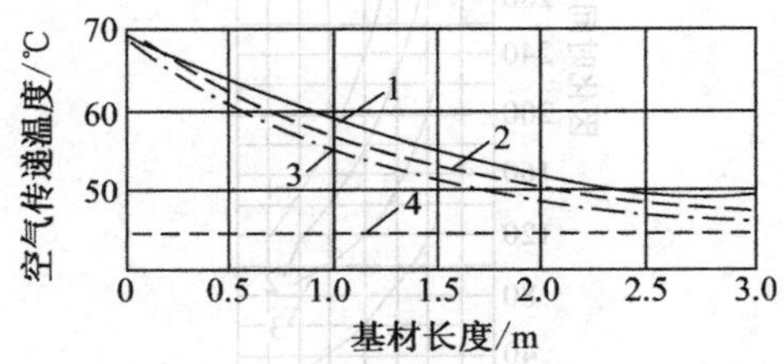


图6－4　空气传递温度与基材长度关系

1. 风速15 m/s；2. 风速9 m/s；3. 风速3 m/s；4. 基材温度

风向与涂层垂直时，风速可进一步提高，传热条件因而大为改善。以酸固化漆为例，平行和垂直送风的涂层干燥时间见表6－1。表中数据表明，在其他条件相同时，垂直送风热空气干燥优于平行送风。

**表6－1　两种送风方向的热空气干燥时间对比**　min

| 涂层干燥工序 | 平行送风 | 垂直送风 |
|---|---|---|
| 晾置时间 | 1 | 1 |
| 预热干燥时间 | 5 | 2 |
| 固化时间 | 3 | 1 |
| 冷却时间 | 5 | 1 |
| 整个干燥时间 | 14 | 5 |

总之，无论自然干燥或人工干燥，空气流通有利于干燥场所的温度均匀。此外，空气流通能及时供应氧气，有利于油性漆涂层的氧化聚合反应。但过大的气流速度容易使油性涂料激烈地接触新鲜空气，使表层固化过快，

而涂层内部仍存在溶剂，从而使漆膜产生皱纹、失光等缺陷。

6.1.4.6 外界条件

对于靠化学反应成膜的涂料，其涂层固化是一个复杂的化学反应过程。固化速度与树脂的性质、固化剂和催化剂的加入量密切相关，而温度、红外线、紫外线等，往往能加速这种反应的进行。外界条件作用的大小，又取决于外界条件与涂料性质相适应的程度。如光敏涂料在强紫外线照射下，只需几秒钟就能固化成膜。若采用红外线或其他加热方法干燥，则很难固化，甚至不会固化。所以，涂层干燥方法要根据所用涂料的性质进行合理选择。

## 6.2 自然干燥

目前，木制品生产普遍使用的涂料有醇酸漆、硝基漆、双组分聚氨酯漆、聚酯漆等，均属常温固化型。对于这些涂料干燥，现在多采用自然干燥方法。所谓自然干燥就是不使用任何干燥装置，不采取任何人工措施，在20 ℃左右的室温条件下进行的涂层干燥。这种干燥方法生产效率低、干燥时间长、占用面积大，而且由于干燥时间长，环境空气质量又难于控制，涂层表面容易黏附灰尘，影响漆膜质量。

### 6.2.1 自然干燥特点

（1）方法简便。自然干燥既不需要任何干燥设备，又不需要复杂的操作技术。如果涂饰采用干燥较慢的漆种，单班生产，可充分利用班后时间进行涂层干燥。

（2）应用广泛。由于我国木材加工与家具生产企业组织现代化生产起步比较晚，涂饰车间技术装备还不完善，受条件所限，所以，目前大多数企业都采用自然干燥法。

（3）干燥缓慢。自然干燥涂层的干燥时间很长，生产效率低，占地面积大，不适合大批量流水线生产。

（4）需要适度通风和控制温湿度。自然干燥也应做好干燥场所的适度通风和控制温湿度。温度要求不低于10 ℃，空气相对湿度不高于70%，干燥环境空气清洁。涂层自干速度与气温、湿度和风速等有关。一般温度越高，湿度越低，进行适度换气，自干条件就越好。反之，温度低，湿度大，通风换气差，干燥变慢，漆膜容易出现各种质量缺陷。

### 6.2.2 自然干燥方法

(1) 直接在涂饰现场就地干燥。干燥时涂饰制品之间应至少留出0.5 m的距离；小型物品、零部件干燥可以放在专用的架子上，放置时应使涂饰后的表面能与空气充分接触。

此法干燥漆膜表面质量差，干燥速度慢，适合于快干漆。干燥过程中挥发出的溶剂蒸气有害于工人身体健康，并有产生火灾危险。

(2) 专门自然干燥室干燥。对于聚氨酯漆、硝基漆、醇溶性漆等，在涂层干燥时，由于产生大量有害气体，对操作者不利，并容易引起火灾。自然干燥宜放入专门的自然干燥室干燥，而不应在油漆施工场地直接干燥。此种干燥室应适当增加采暖设施，以便冬季也能保证室内达到20 ℃左右的温度条件。同时应有通风装置，以便及时排除挥发出来的有害气体，防止火灾。

## 6.3 热空气干燥

为了克服自然干燥的一些弊端，应尽可能采用人工干燥的方法来加速涂层干燥（固化）的过程。人工干燥方法不仅有利于获得好的漆膜质量，干燥时间短，而且适合于大批量生产，涂饰操作可有节奏地相互协调进行。

热空气干燥也称对流干燥或热风干燥，即先将空气加热到40～80 ℃，然后用热空气加热涂层使之达到快速干燥的方法。

### 6.3.1 热空气干燥特点

热空气干燥是应用对流传热的原理对涂层进行加热干燥的方法。常用电或蒸汽作为热源，先使空气加热，热量通过对流方式由热空气传递给涂层表面，使涂层得到快速干燥。采用热空气干燥时，涂层周围的热空气是加热介质。涂层总是具有一定厚度的，热量要从涂层表面传达到里层边界，这就需要一定的时间。传热的速度，取决于涂层的厚度及其导热能力。因此，对流加热时，涂层表面总是先被加热。干燥初期，表层的溶剂蒸发最强烈，涂层的固化也是先从表层开始，随后逐渐地扩展到下层，致使底层最后干燥。热空气干燥涂层的原理如图6-5所示，带圆圈的箭头表示溶剂蒸气移动的方向，带十字的箭头表示热量传递的方向。即涂层干燥时，溶剂蒸气从内向外逸出，与热量由外向内传递的方向正相反。

热空气干燥木质基材表面的涂层，如果是挥发性漆，一般将空气加热到40～60 ℃；非挥发性漆可在60～80 ℃条件下干燥。干燥涂层时，木材也被

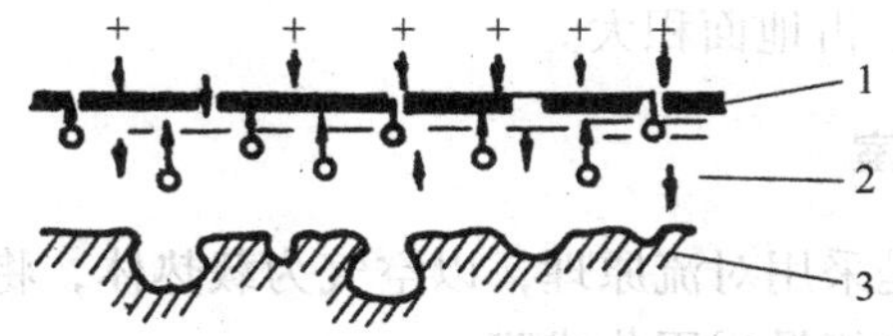


图 6－5　涂层热空气干燥原理示意图

1. 已成膜的涂层；2. 未成膜的液体涂层；3. 基材

加热，因此温度控制要得当。随着温度的提高，木材中水分蒸发，木材将产生收缩、变形，甚至开裂；木材导管中的空气受热膨胀逸出可能造成漆膜产生气泡、针孔等缺陷；有时还会因为加热而使材色变深。所以，木材涂层的加热温度不宜过高。

热空气干燥特点有：

（1）适应性强，应用广泛。在涂层干燥中，热空气干燥是应用较为广泛的一种人工干燥形式。它适用于各种尺寸、不同形式的工件表面涂层的干燥，既能干燥组装好的整体木制品，也能干燥可拆装的零部件，特别适用于形状复杂的工件。当使用蒸汽作为热源时，适合干燥温度在 100 ℃以下的涂层干燥；当使用煤气、天然气或电能作为热源时，适合各种干燥温度的涂料干燥，基本上能满足一般类型涂料干燥温度的要求。

（2）干燥涂层速度较快，热空气干燥涂层的速度比自然干燥能快许多倍。例如油性漆涂层干燥时，当温度由 20 ℃提高到 80 ℃，干燥时间可减至 1/10。因此，在国内外家具与木材加工企业等生产中得到广泛应用。

（3）设备使用管理和维护较为方便，运行费用较低。

（4）热效率低，升温时间长。热空气干燥热能传递是间接的，需要空气作中间介质。热源通过空气传递到涂层，中间介质会造成热损失，增加了额外的能量消耗，热效率较低。由于空气为中间介质，其热惰性大，升温时间长。

（5）温升不能过高过快。热空气干燥涂层时，其热量的传递方向与溶剂蒸气的跑出方向正相反。干燥初期，如果升温过快、过高，涂层表层结膜就越快，这样就会阻碍涂层下层溶剂的自由排出，延缓涂层干燥过程，甚至影响成膜质量。因为，当涂层内部急骤蒸发的溶剂继续排除时，冲击表面硬膜，其结果使漆膜表面出现针孔或气泡。为避免上述缺点，涂饰完后的液体层可预先陈放静止一段时间，以使涂层大部分溶剂挥发掉，并让涂层得到充分流平，然后，再在较高温度条件下使涂层进一步固化。因此，必须根据涂料的性质合理确定干燥规程，才能保证涂层干燥质量。

（6）设备庞大，占地面积大。

### 6.3.2 热空气干燥室

热空气干燥室是采用对流原理，以空气为载热体，将热能传递给工件表面的涂层，涂层吸收能量后固化成膜。

#### 6.3.2.1 干燥室类型

热空气干燥室类型很多。按作业方式分，有周期式和通过式两种；按所用热源可分为热水、蒸汽、电及天然气等多种；按热空气在室内的对流方式可分为强制对流循环和自然对流循环。木制品生产企业涂层固化常用周期式或通过式强制循环的对流式干燥室。

周期式干燥室也称尽头式或死端式干燥室。可以做成单室式或多室式。周期式干燥室周围三面封闭，只在一端开门，被干燥的制品或零部件定期从门送入，关起门来干燥，干燥后再从同一门取出。此类干燥室装卸时间较长，利用率低，主要适用于小批量生产企业。

周期式干燥室按热空气对流方式可分两种。

（1）周期式自然循环热空气干燥室。如图6－6所示，冷空气从进气孔8经加热器5进入室内，靠冷热空气的自然对流向上流动，在分流器处转向穿过多层小车。这种类型干燥室的优点是结构简单，缺点是干燥速度慢，很难控制工艺条件。

（2）周期式强制循环热空气干燥室。如图6－7所示，冷空气在轴流风机的作用下，从进气孔9经空气过滤器10进入室内，加热器3将空气加热后在室内横向循环。气阀1和8可分别调节进出气量。

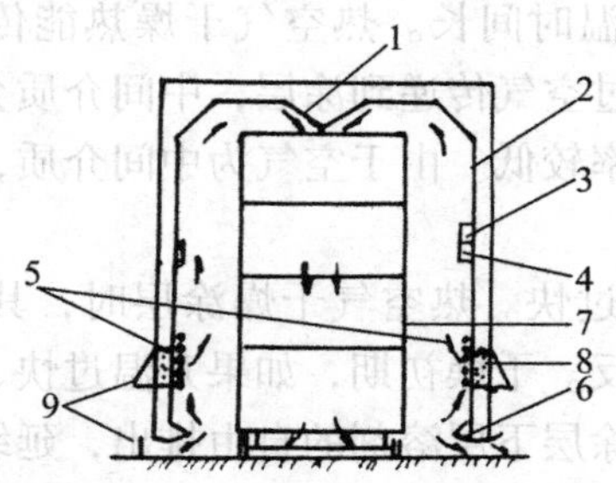


图6－6 周期式自然循环热空气干燥室

1. 空气分流器；2. 空心保温墙；3. 温湿度计；4. 湿度调节器；
5. 加热器；6. 排气孔；7. 多层装载车；8. 进气孔；9. 气阀

通过式干燥室，工件装载在干燥室一头，而卸载在另一头。干燥室两端

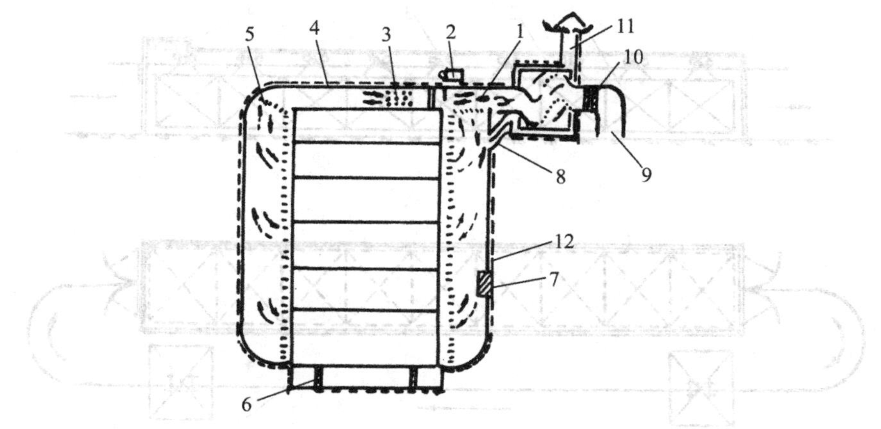


图 6－7 周期式强制循环热空气干燥室

1. 气阀；2. 正反转电动机；3. 加热器；4. 保温层；
5. 气流导向板；6. 载料台；7. 湿度调节器；8. 气阀；
9. 进气孔；10. 空气过滤器；11. 排气孔；12. 温湿度计

开门，被涂饰的工件由运输机带动，从一端进入并向另一端移动，涂层在移动过程中干燥。移动方式可分为连续和间歇两种，后者每间隔一定时间移动一段距离。通过式干燥室内通常形成温度、风速、换气量不同的几个区段，可按交变的干燥规程来干燥涂层。

将涂饰后的工件送到干燥室内的运输装置，有移动式多层小车，带式、板式、悬吊式和辊筒式运输机等。

图 6－8 是一种专门干燥板式部件的通过式强制循环热空气干燥室。装载板式部件小车吊在高架单轨上，由传动装置牵引，沿导轨间歇动作向前移动。工件从干燥室的一端装到小车上，在室的另一端卸下，空的小车沿另一侧导轨返回。干燥室共分三个区段，第一区段为流平区；第二区段为固化区；第三区段为冷却区。

#### 6.3.2.2 干燥室设计原则

由于木制品及其零部件的形状规格不一，采用的涂料品种较多，故热空气干燥室没有统一的设计标准。在进行热空气干燥室设计时，基本原则如下：

（1）干燥室内温度应尽量均匀，对蒸气加热干燥室来说，室内温度波动范围应控制在 7～10 ℃。

（2）应尽量缩短干燥室的升温时间。通常要求 45～60 min，室内温度应达到要求的干燥温度。

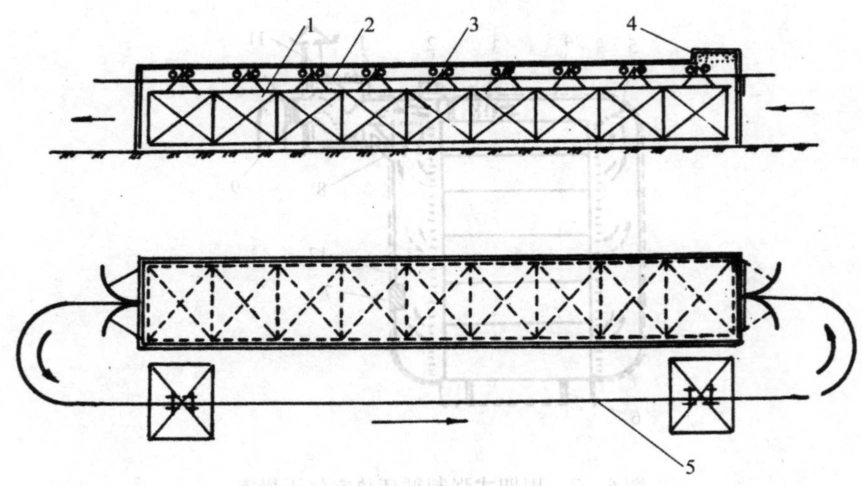


图6－8　通过式强制循环热空气干燥室示意图

1. 小车；2. 单轨；3. 支架；4. 推车机；5. 回车轨

(3) 尽量减少干燥室不必要的热量损失。

(4) 干燥室内循环热空气必须清洁，以免影响涂层的表面质量。

(5) 干燥室的设计必须考虑防火、防爆，减少噪音和环境污染等。

6.3.2.3　热空气干燥室的主要结构

各种类型的热空气干燥室，一般由室体、加热系统、温度调节系统、运输装置等部分组成。图6－9为热空气干燥室结构组成示意图。

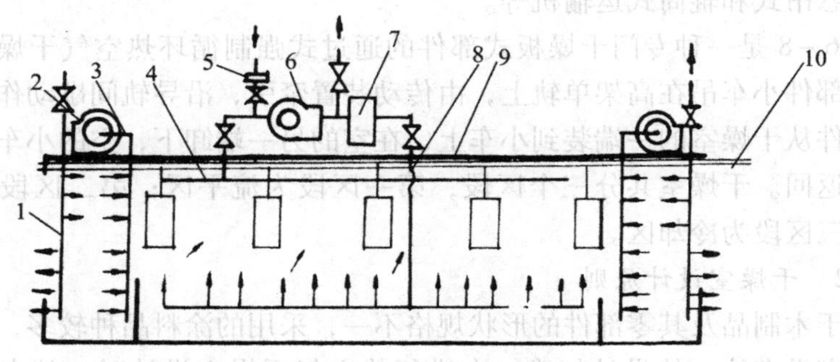


图6－9　热空气干燥室结构组成示意图

1. 空气幕送风管；2. 风幕风机；3. 风幕吸风管；4. 吸风管道；5. 空气过滤器；6. 循环风机；7. 空气加热器；8. 压力风道；9. 室体；10. 悬链运输机

干燥室的室体作用是使循环的热空气不向外流出，维持干燥室内的热量，使室内温度保持在一定的范围之内。室体也是安装干燥室其他部件的基础。由于热空气干燥设备的类型不同，干燥室室体的形式也多种多样。

全钢结构的室体由骨架和护板构成箱型封闭空间结构。骨架是由型钢组成封闭矩形钢架系统。骨架应具有足够的强度和刚度，使室体具有较高的承载能力。骨架的周围铺设护板，护板的作用是使室体保温和密封。护板与骨架之间常用螺栓固定。护板内敷设保温层，保温层的作用是使室体密封和保温，减少干燥室的热量损失，提高热效率。常用的保温材料有矿渣棉、玻璃纤维棉、硅酸铝纤维和膨胀珍珠岩等。

除了金属结构的室体外，还有砖石结构和钢骨砖石混合结构的室体。砖石结构的围壁可以用红砖砌成，砖壁厚度在12.5 cm以上。围壁内可以使用静止空气层作为保温层，也能得到良好的保温效果。

室体的地板要求导热性小，保温能力强，一般采用红砖上加水泥抹面或混凝土地面。为了减少室内热量损失，可以在地面铺设保温层以提高地面的保温能力。

热空气干燥室的加热系统是加热空气的装置，它能把进入干燥室内的空气加热到一定温度范围。通过加热系统的风机将热空气引进干燥室内，并形成环流在室内流动。连续地加热使涂层得以干燥。为了保证干燥室内的溶剂蒸发浓度处于安全范围之内，加热系统需要排出一部分带有溶剂蒸气的热空气。同时，需从室外吸入一部分新鲜空气予以补充。

热空气干燥室的加热系统一般由风管、空气过滤器、空气加热器和风机等部件组成。

空气幕装置是在干燥室的进出口门洞处，用风机喷射高速气流而形成的。对于连续通过式干燥室，由于工件连续通过，工件进出口门洞始终是敞开的，为了防止热空气从干燥室流出和冷空气流入，减少干燥室的热量损失，提高热效率，通常在干燥室进出口门洞处设置空气幕装置。

温度控制系统的作用是调节干燥室内温度高低和使温度均匀。热空气干燥室温度的调节有两种方法：即调节循环热空气量和调节循环热空气的温度。

调节循环热空气量主要通过调整风机风量和进排风管上阀门开启大小来实现。通过调节加热器的加热热源来调整循环热空气的温度也得到广泛应用。常用可控硅调控器来控制干燥室的温度。

### 6.3.3 热空气干燥工艺条件

涂层干燥工艺规程是指合理地确定涂层干燥的各种技术参数，并编制成指导生产的技术文件。制定涂层干燥工艺规程考虑的主要工艺因素是涂料性能、涂层厚度及干燥方法。

（1）对涂饰过染料水溶液的木材表面，最好放在60 ℃的气温下进行干燥。涂层加热温度与干燥时间的关系如图6－1所示。

（2）油性漆涂层干燥时，温度宜在80 ℃以下。

（3）挥发型漆的涂层干燥，主要是提高加热温度和降低空气湿度及增加空气的流速来加快溶剂的挥发，使之迅速干燥成膜。但温度过高，空气流速过大，则会导致涂膜起泡或皱皮，涂层越厚，起泡和皱皮现象越严重。因此，随着涂层的增厚，加热的温度和空气的流速就得适当减小。热空气加热干燥硝基漆涂层一般不超过50 ℃，特别是干燥初始阶段不宜超过35 ℃，最好在30 ℃的气温中干燥5～10 min，以使涂层得以充分流平并让大部分溶剂挥发掉，然后再进行高温干燥。待涂层干后，再缓慢降温，以减少涂膜的内应力，防止皱皮现象发生。

硝基漆涂层的干燥时间，与它的溶剂的组成及含量、涂层厚度、干燥介质状况等因素有关。在通常情况下，采用热空气干燥，高温区的气温保持在40～45 ℃的范围内，涂层干燥15～20 min。

挥发性漆涂层常采用分段干燥的方法，随着干燥时间的增加，按温度划分为三个阶段。例如硝基漆，开始时温度低些，常为20～25 ℃，此时溶剂激烈蒸发；然后加热温度提高，为40～45 ℃，此时溶剂已不大量蒸发，涂层基本固化；最后阶段再降低温度到20～25 ℃，使漆膜稳定。至于每段时间长短，需根据涂料种类与涂层厚度和下一步加工特点来确定。

（4）酸固化氨基醇酸漆中，固化剂的加入量为涂料质量的5%～10%，应根据气温而定。在15 ℃时约为10%；20 ℃时约为8%；25～30 ℃时约为5%。需快干时最好提高温度。因为加大固化剂用量，在加速涂层固化同时，也将使硬度增高，活性期缩短，易引起漆膜发白或开裂。酸固化氨基醇酸树脂漆的干燥时间、温度和固化剂用量的关系如图6－10所示。

## 6.4 预热干燥

预热干燥法就是在涂饰涂料之前，预先将木材表面加热，使基材蓄积一定的热量，当涂饰涂料之后，由基材蓄积的热量传递给涂层，促进涂层内溶剂的蒸发以及化学反应的进行，从而加速涂层固化的一种干燥方法。

### 6.4.1 预热干燥特点

预先加热材料表面，对涂层干燥是十分有利的，因为这时热量的传递是

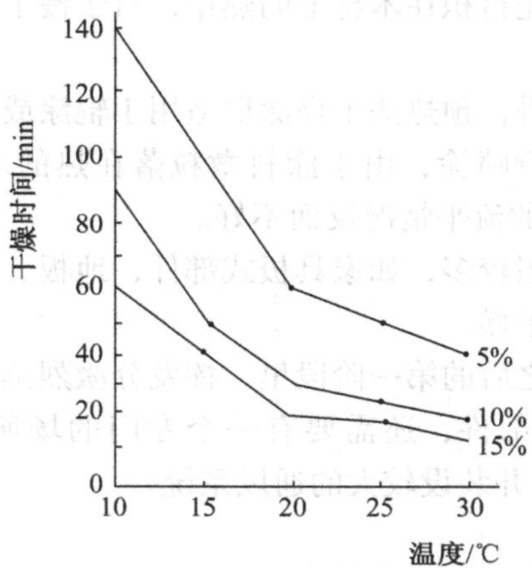


图 6-10 酸固化氨基醇酸树脂漆的固化剂用量和温度与干燥时间的关系

自下而上地进行，热量是从木材传到涂层，与溶剂蒸气蒸发的方向一致。于是，首先是涂层的下层被加热，涂层自下而上干燥固化，涂层中的溶剂蒸发可以顺利地从涂层中散发出来，从而缩短了干燥时间。见图 6-11。

用预热法干燥涂层，还能改善成膜质量，由于涂料一接触热的木材，黏度立刻降低，这就有助于改善其在木材表面的流平性。另外，由于木材经过预热，木材表面管孔中的空气膨胀，部分被排除，所以漆膜起泡的现象明显减少，有利于改进成膜质量。

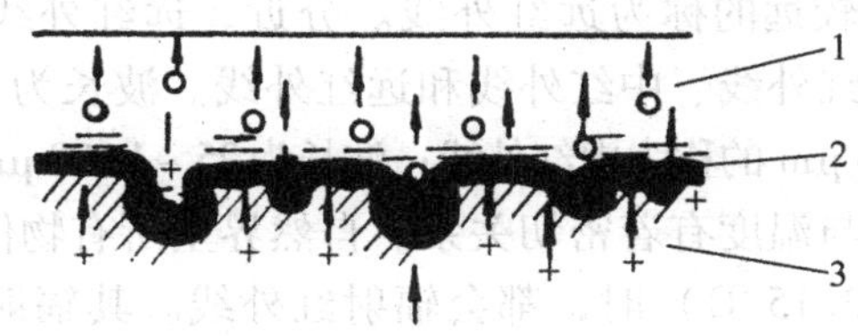


图 6-11 涂层预热干燥原理示意图

1. 溶剂继续蒸发的液体涂层；2. 涂层下面开始固化的薄膜；3. 基材

### 6.4.2 预热干燥方法

预热木材表面可以采用接触加热、辐射加热或热风对流加热等方法。

采用预热法时，涂料的组成、木材表面温度和涂饰涂料的方法，对流平情况和漆膜质量都有影响。预热法用于快干涂料时，效果较显著（如挥发型漆类）；对于慢干涂料（油性漆），则往往只能起辅助作用，这是因为木材的热容量较小，预先蓄积在木材上的热量，对于慢干涂料的涂层干燥过程来说，是很不够的。

对于涂饰方法来讲，预热法干燥涂层适用于辊涂或淋涂法涂饰涂料，此时效果较好；如果进行喷涂，由于涂料微粒落在热的木材表面上蒸发太快（几乎在瞬间），涂料的流平情况反而不好。

预热法在国外应用较多，如家具板式部件，地板、门板、方料、门框以及门装饰板等的涂层干燥。

由于在涂饰涂料之后的第一阶段里，挥发分激烈蒸发，因此对于经过预热并涂饰过涂料的零部件，还需要有一个专门的场所（干燥室或干燥装置），用于稳定涂层，并装设较大的通风系统。

## 6.5 红外线辐射加热干燥

红外线干燥是利用红外线辐射器发出的红外线照射涂层，加速涂层干燥的方法。由于采用红外线干燥，具有较多的优点，特别是远红外线干燥对涂层能发挥更好的效果，因而得到广泛的应用。

### 6.5.1 红外线性质

红外线是电磁波的一种，波长范围为0.76～1 000 μm，通常将红外线分成两部分，波长小于5.6 μm，离红色光较近的称为近红外线；波长大于5.6 μm，离红色光较远的称为远红外线。分近、远红外线是相对的，也有人将红外线分为近红外线、中红外线和远红外线。波长为2 μm以下称近红外线；波长为2～25 μm的称为中红外线；波长为25～1 000 μm的称为远红外线。

红外线的产生与温度有着密切关系。自然界里所有物体，当其温度高于绝对零度（即-273.15 ℃）时，都会辐射红外线。其辐射能量大小和按波长的分布情况是由物体的表面温度决定的。物体表面辐射能量与物体表面温度的四次方成正比；物体辐射能量最大的波长区间（称为峰值波长）随着温度的升高向波长短的方向移动，温度较低时的峰值波长比温度较高时长。即一个物体温度越高，越能辐射波长较短的近红外线，而温度较低时能辐射波长较长的红外线。

红外线一旦被物体吸收，红外线辐射能量就转化为热能，加热物体使其温度升高。当红外线辐射器产生的电磁波（即红外线）以光速直接传播到某物体表面，其发射频率与物体分子运动的固有频率相匹配时，就引起该物体分子的强烈振动，在物体内部发生激烈摩擦产生热量。所以常称红外线为热辐射线，称红外辐射为热辐射或温度辐射。根据红外线的这种性质，当利用红外线辐射涂层时，能够加热涂层而使其加速干燥。当一束红外线照射到涂层表面时，一部分被涂层表面反射，一部分进入涂层内部被涂层吸收，转化成热能从涂层内部加热涂层，还有一部分透过涂层到基材表面与内部，并由辐射能转化为热能从涂层下面加热涂层。由于这种自发热效应，因此能快速有效地加热涂层，而且涂层的固化是自内向外、自下而上地进行，干燥过程与预热干燥相似，干燥效果较好。红外线照射、反射、吸收和透过示意图见图6－12。

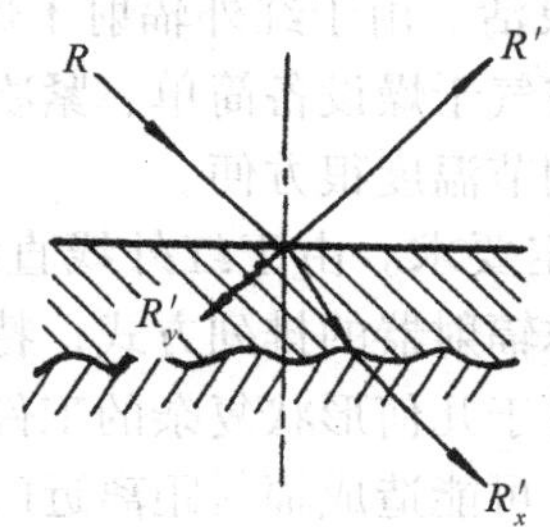


图6－12　红外线照射、反射、吸收和透过示意图

当用近红外线辐射涂层表面时，其辐射能量约10%被涂层吸收，约30%被涂层表面反射，其余约60%透过涂层被基材吸收，转化成热能，从涂层下面加热涂层。当用远红外线辐射涂层表面时，约有50%的辐射能被涂层吸收，涂层表面对红外线的反射率很低，低于5%，余下的约45%被基材吸收，转化成热能，从涂层下面加热涂层。

涂料能很好地吸收红外线辐射能，是因为这些有机高分子物质的振荡波谱为3～10 μm，对3～50 μm的远红外线能很好地吸收，由于辐射的红外线频率与涂料高分子物质的分子振荡频率相匹配，引起涂料高分子产生激烈的分子共振现象，涂层内部迅速均匀加热，加热速度快，效果好，因此，用远红外线比用近红外线干燥涂层的效果更高、更好。在远红外线干燥中，由于涂层表面溶剂的不断蒸发吸热，使涂层表面温度降低，造成内部温度比表面温度高，更有利于溶剂的挥发，从而可提高漆膜质量。除光敏涂料和电子束固化涂料以外，几乎所有涂料的涂层都可以用远红外线加热干燥。

### 6.5.2　红外线辐射干燥特点

（1）干燥速度快，生产效率高。与热空气干燥相比，干燥时间可缩短3～5倍。特别适用于大面积表层的加热干燥。

（2）干燥质量好。在红外辐射过程中，一部分红外线被涂层吸收，另一部分透过涂层至基材表面，在基材表面与涂层底部产生热能交换，使热传导的方向与溶剂蒸发方向一致。这样，不仅加热速度快，而且避免了干燥过程中产生针孔、气泡、“橘皮”等缺陷。另外，红外线干燥不需要大量循环空气流动，因此飞扬尘埃少，涂层表面清洁，干燥质量好。

（3）升温迅速，热效率高。辐射干燥不需中间媒介，可直接由热源传递到涂层，故升温迅速。它没有因中间介质引起的热消耗，减少部分热空气带走的热量，因此热效率高。

（4）设备紧凑，使用灵活。由于红外辐射干燥时间短，故设备长度短、占地面积小。结构上比热空气干燥设备简单、紧凑，便于施工安装。使用灵活，操作简单，用变压器调节温度很方便。

（5）对工件形状有一定要求。由于红外线直线传播，某些照射不到的地方涂层难以干燥。应考虑辐射器的排列方式，特别是反射板的设计，必须考虑尽量提高照射效率。对于几何形状复杂的工件，照射阴影较严重，也难以控制照射距离大致相等，可能造成辐射距离近的工件表面漆膜变色，而较远或阴影部分不完全干燥的现象。复杂工件干燥质量难以保证。

（6）由于涂层升温迅速，短时间内（20 ~ 30 min）涂层固化，有时溶剂来不及蒸发，也影响成膜质量，应加以控制。

（7）温度过高，漆膜有变色变脆的危险，淡红色的漆膜往往更容易变色。

### 6.5.3 红外线干燥室

生产中采用红外线干燥涂层时，常用一定数量的红外线辐射器组装成通过式干燥室。涂饰过的零部件或制品，用传送装置载送，在干燥室中通过，使涂层固化。

远红外线辐射干燥是应用较早的一种辐射干燥法，它在很多方面优于热空气干燥，但也有不足之处。因此，现在已有将两者合为一体的远红外辐射热空气干燥室。

目前国内尚未有定型的干燥室，要根据生产具体条件进行设计。在设计干燥室时，要选择合适的辐射器并合理布置。确定最佳的辐射温度与距离，确定干燥室尺寸与结构，并需考虑干燥室的保温与通风等因素。

#### 6.5.3.1 干燥室结构

红外线干燥室结构与热空气干燥室一样，可以设计成周期式也可以设计成通过式。图 6 – 13 为远红外线干燥室结构示意图。

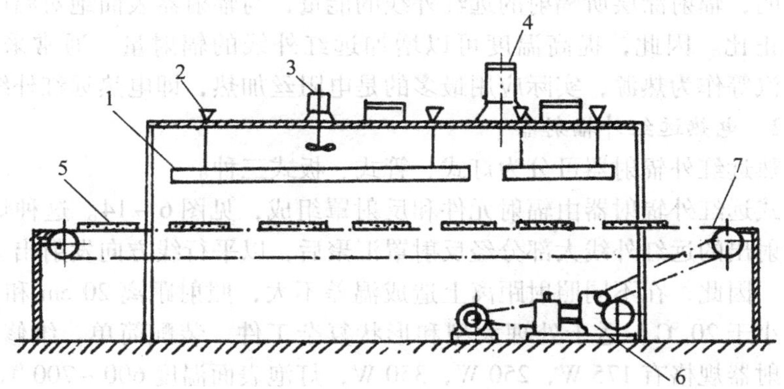


图6－13 红外线辐射干燥室结构示意图

1. 板状远红外线辐射器；2. 调整装置；3. 通风机；
4. 排气孔；5. 涂漆零件；6. 传动装置；7. 运输链

远红外辐射干燥室主要由室体、辐射加热器、通风系统、温度控制系统等组成。

远红外干燥室的室体类型、结构要求等，可参照一般的热空气干燥室。但其尺寸要小，且很少有砖结构。

作为辐射干燥室主体的室体，其作用是保持干燥室内一定温度，减少热量损失，提高干燥效果。室体断面大小和形状的设计及辐射器的配置，根据被加热工件的性质、形状和大小以及所选用的辐射器类型、温度和照射距离等因素确定。室体的长度与体积，则根据工件大小、加热时间、运输速度和产量来决定。

远红外线加热干燥是利用辐射加热，但实际上不可能是单纯的辐射加热。当远红外辐射器工作时，也在一定程度上加热了室内空气，因此热空气加热也起一定作用。所以干燥室还要有适当的保温措施，在室体内覆盖绝热材料，以减少热损失和改善操作条件。

辐射加热器又称辐射元件，是指能发射远红外线的元件。辐射加热器由远红外涂层、发热体、基体及附件组成。

常用辐射涂层是位于化学元素周期表2，3，4，5周期的大多数元素的氧化物、碳化物、氮化物、硫化物、硼化物等，在一定的温度下，都会不同程度地辐射出不同波长的红外线。可按需要选择一种或多种物质混合，以不同工艺方法涂于辐射器表面。选择远红外元件时，要根据不同涂层的要求选择波长与涂层相匹配的远红外涂层。

热源的作用是给辐射涂层提供足够的热量，使其辐射出远红外线。理论研究表明，辐射涂层所辐射的远红外线的能量，与辐射器表面绝对温度的四次方成正比。因此，提高温度可以增加远红外线的辐射量。通常采用电、煤、蒸汽等作为热源，实际应用最多的是电阻丝加热，即电热远红外线。

6.5.3.2　电热远红外辐射器

电热远红外辐射器可分为灯式、管式、板式三种。

灯式远红外辐射器由辐射元件和反射罩组成，见图6－14。这种灯式辐射器发射出的远红外线大部分经反射罩汇聚后，以平行线方向发射出去，无方向性。因此，在不同照射距离上造成温差不大，照射距离20 cm和50 cm处温差小于20 ℃，适于处理大型和形状复杂工件。装配简单，维修容易。灯式辐射器规格有175 W，250 W，350 W，灯泡表面温度600～700 ℃。

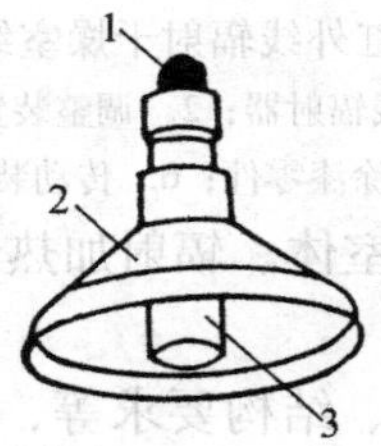


图6－14　灯式远红外线辐射器

1. 灯头；2. 反射罩；3. 辐射元件

氧化镁管式远红外辐射器的结构如图6－15所示。辐射器内部有一条旋绕的电阻丝，外面是一根无缝钢管，在电阻丝与管壁间的空隙中，紧密地填满结晶态的氧化镁，使其具有良好的导热性和绝缘性。管壁外面涂覆一层远红外线辐射材料，在管子背面装有铝质反射板。当电阻丝通电加热时，管子表面温度可达600～700 ℃，放射出几乎不可见的远红外线，其辐射强度为2.5～3.0 $W/cm^2$。当使用反射板时，实际辐射强度为：

$$Z = (2.5 \sim 3.0) \times d\pi / w \ (W/cm^2)$$

式中：$W$——反射板宽度，cm；

$d$——钢管直径，cm。

反射板的形状应根据光学设计原理，使远红外线能平行反射出来。由于涂料的挥发物凝结，使反射板污染，反射强度将大大减少，因此，要经常加以清理。

管式辐射器所发射红外线波长为3～50 μm。具有体积小、坚固、耐冲击、防火防爆、使用寿命长等优点，广泛应用于干燥小型零件和形状不复杂的平表面涂层。

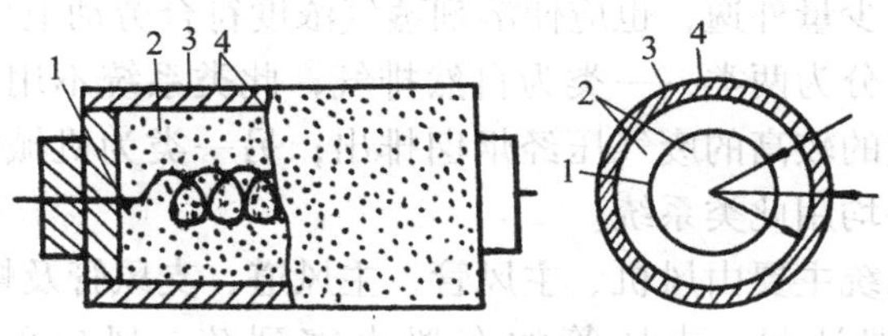


图 6－15 氧化镁管式远红外线辐射器

1. 电阻丝；2. 氧化镁粉；3. 无缝钢管；4. 辐射层

板式远红外辐射器结构如图 6－16 所示。电阻丝夹在碳化硅板或石英砂板沟槽中间，在其后设有保温盒，内填辐射率低、绝热性好的填料。在碳化硅或石英砂板的外表面，涂覆一层远红外涂料。

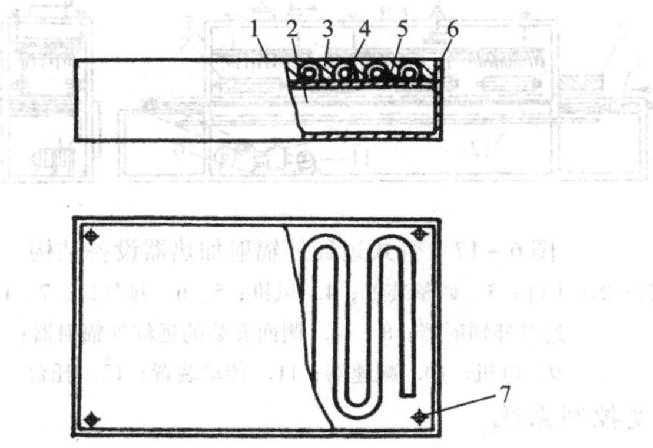


图 6－16 板式远红外线辐射器

1. 碳化硅板；2. 保温材料；3. 氧化镁粉；4. 电阻丝；
5. 石棉板；6. 远红外涂层；7. 安装孔

板式远红外线辐射器的特点是热传导性好，省电，温度分布均匀，适于加热板式部件涂层，不用反射板，维修方便，结构简单，能耐高温。

为了提高热效率和适应不同的加热方式，远红外辐射器还可以做成各种特殊形状。如筒形、半圆形、圆弧形、方形、T 形、网状等，大小也各不相等，通称为异形辐射器。在使用过程中，还可以根据不同干燥对象而制成各种特殊的规格尺寸。

#### 6.5.3.3 通风系统

辐射干燥室通风系统主要有三个作用。其一，保证室内溶剂蒸发出的浓度在爆炸下限以下；其二，加速水分和溶剂蒸气的排出，保证室内有一定相对湿度，有利于涂层固化；其三，应使室内气体在通过式干燥室的两端开口处不外逸，若有少量外逸，也应使溶剂蒸气浓度符合劳动卫生要求。

通风系统可分为两类，一类为自然排气，此类系统不用机械强制通风，而是利用干燥室的较高的废气压经烟囱排出；另一类为机械强制通风系统。有机溶剂型涂料均用此类系统。

强制通风系统主要由风机、主风管、主风道、支风管及蝶阀等组成。从进入干燥室一端计起，支风管的布置由密到疏。风口的风速取 0.8 ~ 1.2 m/s，空气循环速度不宜过快，特别是最初阶段。图 6 – 17 是一管式远红外辐射加热器用于涂层固化的设备结构图，采用这种设计的干燥设备，板件表面和侧边上的涂层可以同时被加热固化。

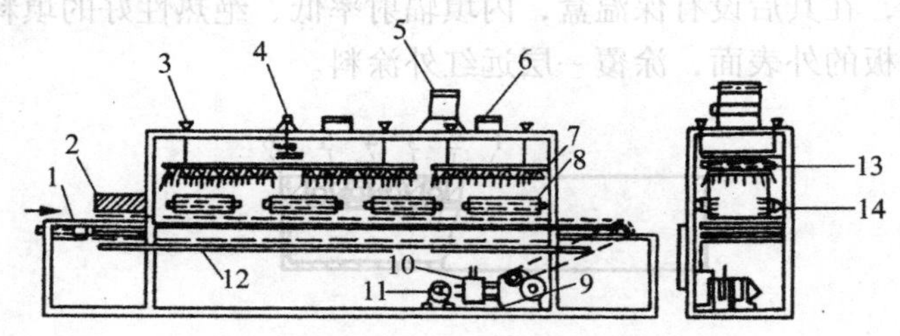


图 6 – 17　管式远红外辐射加热器设备结构

1. 工作台；2. 工件；3. 调整装置；4. 风机；5、6. 排气口；7、13. 上方安装的远红外辐射器；8、14. 侧面安装的远红外辐射器；9. 电机；10. 减速器；11. 传动装置；12. 托台

#### 6.5.3.4　温度控制系统

辐射干燥室温度控制系统是保证室内各区段温度达到工艺要求的重要装置。温度控制系统由测量装置、显示仪表和控制仪表等组成。测量装置一般采用热电偶感温元件，温度检测点的布置可根据工艺要求来布置，对于横断面较小的干燥室，可在每段的中部设一检测点。温度控制可采用电路通断法、电压调整法及可控硅调压控制法等。

#### 6.5.3.5　传送装置

远红外干燥室的工件输送装置，通常采用带式、辊筒式或链式运输机，传送速度一般为 1 ~ 2 m/min，且为连续传送。带式运输机要注意选取耐红外线辐射性能好的运输带，以防过早老化。

### 6.5.4　红外线干燥工艺条件

在进行辐射干燥过程中，辐射器表面温度、辐射波长、辐射距离、辐射器的布置、挥发介质蒸气等因素对辐射干燥产生影响。

#### 6.5.4.1 辐射器表面温度

辐射器表面温度对辐射干燥有很大影响。首先，辐射器的辐射能量与其表面温度的四次方成正比，即表面温度增加很小，其辐射能量却增加很大。为获得高辐射强度，就应提高辐射表面的温度。其次，任何辐射干燥都不可能是单纯的辐射传热，在实际使用中，为了提高效率，减少对流传热损失，使对流热损失比例控制在50%以下，应使辐射器在较高的表面温度下工作，其温度不应低于400 ℃。但是，辐射器表面的温度不宜过高，因为物体辐射能量最大波长区间（峰值波长）随温度升高而向波长短的方向移动，辐射器表面温度过高会减少总辐射能量中远红外部分的比例，这对涂层的干燥是不利的。

所以，确定辐射器表面温度的主要依据是全辐射能量的大小和被加热物质的吸收特性。辐射器表面温度选择的原则是既要使其发射足够的辐射强度，又要考虑其波长范围尽可能在远红外区域内。根据这一原则，涂料的辐射干燥，其辐射器表面温度以350～550 ℃为宜。

#### 6.5.4.2 辐射波长

辐射器发射的波长长短对被干燥涂层影响很大。对于涂料，尤其是高分子树脂型涂料，它们在红外及远红外波长范围内有很宽的吸收带，在不同的波长上有很多强烈的吸收峰。辐射器的辐射波长与涂料的吸收波长完全匹配，就能够提高辐射干燥的效率与速度。但实际上要做到波长的完全匹配是不可能的，只能做到相符或相近。对于涂层干燥，辐射器的辐射波长应处于远红外辐射范围内。

#### 6.5.4.3 辐射距离

通常不能将辐射干燥室的辐射器视为点光源，所以，被加热物体接受辐射器表面辐射出来的能量与它们之间的距离关系不符合“与距离的平方成反比”定理（一般认为非点光源的辐射距离对辐射换热的影响不大）。但许多干燥实验及实践证明，辐射距离的大小直接影响红外线辐射强度。辐射距离越近，强度越大，干燥效率也越高，但干燥不均匀性也随之增加。当辐射距离小到一定范围，辐射强度也会显著减缓。距离越大则辐射强度越小，温度也低，干燥均匀性显著。但距离远到一定程度后，辐射强度的下降会急骤增大，干燥效果也大大下降。

选择辐射器与涂层最佳距离，最好通过模拟试验来确定。根据实践经验得知，当工件相对于辐射器静止时可取150～500 mm；相对运动时视速度不同可取10～150 mm。

6.5.4.4 辐射器的组合与布置

辐射器的适当组合与合理工艺布置能使工件表面辐射均匀，从而保证干燥质量。辐射线是直线传播的，工件的表面应置于辐射器表面的法线方向上（指板状辐射器）。对于形状较复杂的工件使辐射器的布置尽量减小其辐射阴影面积。

辐射器的组合，可以是同种（灯式、管式、板式），也可是不同种的组合，应视需要而定。

红外线具有被反射、折射、吸收等性质，因此，为使其能集中于加热工件的方向，防止辐射能损失，必须安装反射率高的反射板。抛物线形的反射罩比平面形反射效率要高30%。对于采用球面式旋转抛物面反射器的灯式辐射器，直辐射范围在各方向上的辐射强度基本上是相同的，所以组合起来没有方向性。辐射器之间距离一般为150~250 mm。

6.5.4.5 挥发介质

干燥过程挥发的水分及绝大多数溶剂的分子结构均为非对称的极性分子。它们固有的振动频率或转动频率大都位于红外波段内，能强烈吸收与其频率相一致的红外辐射能量。这样，不仅一部分辐射能量被水分及溶剂蒸气吸收，而且这些水分及溶剂的蒸气在干燥室内散射，使辐射器辐射强度减弱，溶剂蒸气浓度大，将阻碍红外线通过，从而减弱了涂层得到的能量。由于这些挥发介质蒸气对辐射干燥不利，为此，干燥室内应适当通风，使空气流通，加速水分和溶剂蒸气的排除。但必须注意，空气的流速不宜过大，否则将影响辐射器的工作效率。

6.5.4.6 干燥规程

（1）蜡型不饱和聚酯清漆涂层红外线辐射固化工艺条件，见表6-2。

表6-2 蜡型不饱和聚酯清漆涂层红外线辐射固化工艺条件

| 工 序 | 工 艺 条 件 |
|---|---|
| 涂腻子 | 不饱和聚酯腻子，30~40 g/m$^2$ |
| 晾 置 | 50~60 s |
| 固 化 | 红外线辐射器，20~30 s |
| 淋涂涂料 | 蜡型不饱和聚酯清漆，60~80 g/m$^2$ |
| 晾 置 | 60~90 s |
| 固 化 | 红外线辐射器，20~30 s |
| 冷 却 | 100~120 s |

注：基材为贴面刨花板。

（2）聚酯色漆涂层红外线辐射固化工艺条件，见表6-3。

**表 6－3 聚酯色漆涂层红外线辐射固化工艺条件**

| 工 序 | 工 艺 条 件 |
|---|---|
| 淋涂涂料 | 不饱和聚酯色漆，200～250 g/m² |
| 晾 置 | 210～240 s |
| 固 化 | 红外线辐射器，50～60 s |
| 冷 却 | 100～120 s |

注：基材为贴面刨花板。

## 6.6 紫外线辐射干燥

紫外线干燥即光固化，是利用紫外线照射光敏漆涂层使其迅速固化的一种方法，是近年发展较快的一种新型快速固化涂层的方法。

### 6.6.1 紫外线干燥原理

紫外线干燥也属于辐射干燥，紫外线是电磁波的一种，波长范围为10～400 nm。光敏涂料中含有一种光敏剂，是以近紫外光区（300～400 nm）的光激发而能产生游离基的物质。当用紫外线照射光敏漆涂层时，光敏剂吸收特定波长的紫外线，其化学键被打断，解离成活性游离基，起引发作用，使树脂与活性稀释剂中的活性基团产生连锁反应，迅速交联成网状体型结构的光敏漆膜，致使涂层在很短时间内固化。当紫外线照射停止，这种反应也随即中断，涂层难以固化。

涂层固化的速度与紫外线的强度成正比，强度越大，固化速度越快。涂层厚度在一定范围内对固化速度影响不大，不论涂层多薄，都需要一定的能量和时间才能固化。

### 6.6.2 紫外线辐射装置

生产中采用光敏漆经常组装一条涂饰流水线，这种光固化流水线一般由涂漆设备与紫外线辐射装置两个主要部分组成，用运输装置连接起来。紫外线辐射装置是根据具体工艺条件设计的。

#### 6.6.2.1 紫外线辐射装置结构

紫外线辐射装置包括照射装置、冷却系统、传送装置、空气净化、排风系统和操作控制系统等。

照射装置主要由光源、反光罩、冷却系统、照射器、漏磁变压器等部分组成。

光敏涂料的感光特性是以波长为 360 nm 的近紫外线为主，而对波长为 200 ~ 400 nm 的紫外线也有相当的感光效果。因此，光固化设备中所配置的光源，必须能发射出与涂料相应的紫外线，只有这样才能迅速产生用于固化的游离基。

早年国内光固化设备采用的光源主要有低压汞灯和高压汞灯。先用低压汞灯预固化，然后再用高压汞灯进行主固化。近几年多直接采用 2 ~ 3 支高压汞灯，固化一般在几秒钟完成，固化装置大大简化。这里所说的低压、高压，是指汞蒸气在灯内的压强。低压汞灯压强在 60 kPa 以内，高压汞灯可达一个到几十个大气压。

用于涂层固化的低压汞灯，全称为热阴极弧光放电低压水银紫外荧光灯，也就是农业上用于捕杀昆虫的黑光灯。这种灯的外形结构尺寸与普通日光灯基本相同，所不同的只是灯管内壁所涂荧光粉。黑光灯用的是紫外荧光粉（重硅酸钡），而日光灯多用卤磷酸钙粉。紫外荧光粉受激后辐射的光谱波长位于 300 ~ 400 nm，峰值在 365 nm；紫外线输出率（输入电能与辐射紫外线能之比）为 18% 左右；平均寿命为1 000 ~ 5 000 h；功率为 0.35 ~ 1.0 W/cm。此类灯我国曾大量使用，但因固化慢、用量多，近年已很少应用。

目前用于涂层主固化的高压汞灯主要有高密度长弧紫外线高压汞灯（简称高压汞灯）、紫外线金属卤化物灯、长弧氙灯三种。

紫外线高压汞灯的功率密度一般在 80 W/cm 以上，主要辐射波长 365 nm。此外，还大量辐射可见光和红外线。这种灯紫外线输出率较低，一般为 7% ~10%；功率为 3 ~ 6 kW/支，平均寿命为几千小时。

紫外线金属卤化物灯的内部充有金属卤化物。它在灯内向电弧提供金属原子，使放电空间发生金属原子的激发辐射，产生所需要的光谱。这种灯的优点是灯内气压一般为 1 ~ 5 个大气压，比高压汞灯低。紫外线输出率可达 30% ~40%；波长范围可根据充入金属卤化物种类加以调整。涂层固化常用镁—汞灯、锌—铅—镉灯、铁—汞灯等。

长弧氙灯可以用于固化涂层，但由于紫外线输出功率太低，目前很少使用。

反光罩的作用是使辐射能量得到充分利用，高效率地照射到涂层上。其材料采用高纯铝，经电解、阳极氧化、抛光而制成。也可以采用黄铜板表面镀铬抛光。

反光罩的形状为抛物线形，适用于平面固化。若固化边线或曲面零部件，则可采用椭圆集光型，见图6－18，其作用都是为了使紫外线能合理与有效地被利用。

为使高压汞灯具有良好的辐射效率和使用寿命，并防止由于辐射过度而使漆膜出现起泡，须采用冷却装置，如在灯罩上装冷却水箱或在灯管外加散热水套，使灯管冷却。

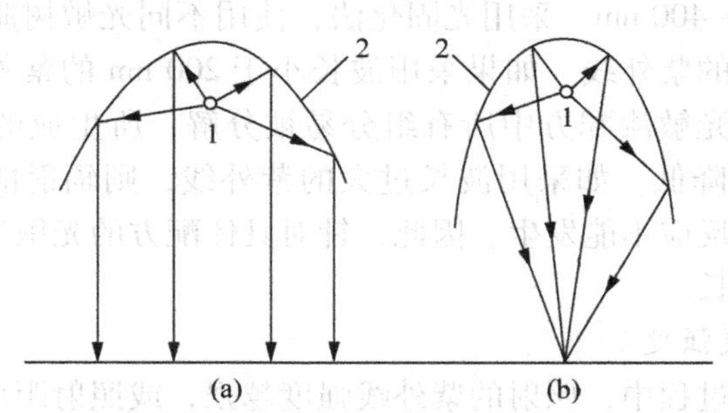


图6－18　反射板形状

（a）抛物线面反射板　（b）椭圆面反射板

1. 高压汞灯；2. 反射板的断面

6.6.2.2　排气通风及空气净化

排气通风的目的是排除预固化区的热量，排除部分溶剂所挥发的有害气体以及高压汞灯所产生的臭氧。

为了保证产品质量，可将整个涂漆装置及照射装置都安装在密闭的隔离室内，进入隔离室的空气必须净化。在风机吸风口前设置布袋式粗过滤器，出风口后设置泡沫塑料中效过滤器以达到净化要求。另外，净化装置亦有采用棕丝及铜丝二重过滤的。第一道棕丝层厚度为5 cm；第二道放置6～8层200#的铜丝网，其净化效果较好。

为了避免外界灰尘进入，须使隔离室内维持微量正压，这就要求进风量大于排风量。

各节预固化照射器中，排风机所排出的气体应先排入总管，再由总排风机排出室外，这样易于控制各单元的通风量。

6.6.2.3　传动装置

紫外线照射部分的传动，要防止传送带老化，宜采用链条传送。由于涂料感光速度不同，环境温度对紫外线输出有影响，光源会逐渐老化等因素，使固化时间有所变动，故要求输送速度可以调节。可采用直流电机做无级变速拖动。

### 6.6.3 紫外线干燥工艺条件

影响紫外线干燥的因素有紫外线波长、紫外线强度、涂层厚度及涂层温度等。

6.6.3.1 紫外线波长

紫外线是电磁波的一种，波长范围为10～400 nm。适合于光敏涂料干燥的波长为300～400 nm。采用光固化法，使用不同光敏树脂与光敏剂则需要不同波长范围的紫外线。如果采用波长小于200 nm的紫外线，则其辐射能量过剩，因而光敏漆配方中所有组分易被分解，所生成的聚合物（即漆膜）的机械强度降低。如采用波长过大的紫外线，则辐射能量太小，光固化所必需的交联反应不能发生。因此，针对具体配方的光敏漆，应经过试验选择最适宜的波长。

6.6.3.2 紫外线强度

紫外线干燥过程中，照射的紫外线强度越强，或照射距离越近，干燥得越快，干燥时间越短。水银灯的光照度与光固化不饱和聚酯涂料干燥所需时间见表6－4。

**表6－4 光照度和干燥时间的关系**

| 光照度/lx | 波长/nm | 漆膜厚/μm | 完全干燥时间 |
|---|---|---|---|
| 28 | 300～400 | 20 | 3.0 min |
| 35 | 300～400 | 20 | 2.0 min |
| 41 | 300～400 | 20 | 1.5 min |
| 47 | 300～400 | 20 | 1.0 min |
| 69 | 300～400 | 20 | 30 s |
| 80 | 300～400 | 20 | 20 s |

6.6.3.3 漆膜厚度

漆膜固化速度与漆膜厚度有一种特殊关系。漆膜厚度在一定范围内对固化速度影响不大，如厚度10 μm和50 μm的涂层固化时间大致相等；厚度为100 μm和300 μm的涂层，固化时间基本相近。只有当涂层超过300 μm时，其固化时间才随涂层的增厚而有所增加。但是不论涂层多么薄，都需要一定的能量和时间才能固化。

6.6.3.4 涂层温度

光固化速度与涂层本身温度有较大关系。对非蜡型涂料来说，必须考虑涂层温度。

6.6.3.5 干燥工艺条件

光敏涂料的固化工艺条件因涂料种类不同有很大差别。

光敏不饱和聚酯漆（清漆）照射条件与干燥时间的关系见表6－5，仅供参考。

表6－5 不饱和聚酯漆干燥时间

| 照射条件 | 漆膜厚/μm | 干燥时间 | | |
|---|---|---|---|---|
| | | 触指干燥/s | 实际干燥 | 完全干燥 |
| 直射阳光（30 ℃） | <100 | 30 | 4 min | 5 min |
| | 250 | 30 | 4 min | 5 min |
| | 500～1 000 | 60 | 5 min | 6 min |
| 黑光灯（40 W）照射距离150 mm（25 ℃） | 100 | 50 | 4 min | 4 min |
| | 250 | 60 | 5 min | 5～6 min |
| | 500～1 000 | 60 | 6 min | 7 min |
| 高压水银灯（400 W）照射距离200 mm（25 ℃） | 100 | 30 | 40 s | 1.0 min |
| | 250 | 30 | 40 s | 1.5 min |
| | 500～1 000 | 60 | 1.5 min | 2.0 min |
| 高压水银灯（2 000 W）照射距离250 mm | 100 | – | – | 1.0 s |
| | 250 | – | – | 1.5 s |
| | 500～1 000 | – | – | 2.0 s |

### 6.6.4 紫外线干燥特点

（1）涂层固化快，干燥效率高。紫外线照射时间十分短，涂层约在几秒钟内就可固化干燥。由于干燥快，干燥装置长度短，被涂饰工件一经照射即可收集堆垛。可节约车间面积，缩短施工周期，为组织机械化连续涂饰流水线创造了优越条件，大幅度提高了涂饰效率。

（2）适用于不宜高温加热的基材表面涂层干燥。光固化时，当涂层已固化而基材未被加热，基材含水率可保持稳定，避免或减小因含水率变化而引起基材变形、翘曲等。

（3）涂料转化率高，漆膜质量好。光敏漆属无溶剂型漆，涂料转化率接近100%，固化后的漆膜收缩极少，漆膜平整光滑。

（4）装置简单，投资少，维修费用低。

（5）只能干燥平表面工件。光固化干燥方法目前只能干燥平表面的零部件，或平直的板边。某些照射不到的地方，涂层就难于固化。不透明着色涂层内部，不易使光透过。复杂构件等有时难于控制。

（6）需要采取防护措施。紫外线对人的眼睛和皮肤有危害，造成眼炎和红斑，设计和操作时都必须引起足够重视。辐射装置的结构应保证紫外线的遮蔽，防止泄漏。操作时不得直接用肉眼向高压汞灯照射区内窥望。

**复习思考题**

1. 简述涂层干燥的意义。
2. 简述不同涂料的固化机理。
3. 简述涂层干燥的影响因素。
4. 何谓热风干燥？热风干燥的原理和特点是什么？热风干燥的工艺条件是什么？
5. 红外线干燥与紫外线干燥有何区别？
6. 红外线干燥原理和特点是什么？
7. 紫外线干燥原理和特点是什么？

# 7 涂饰工艺过程举例

木制品表面涂饰历史悠久，应用也非常广泛，直到现在，涂料涂饰仍是家具表面装饰的主要装饰方法。不同的分类方法，对应不同的涂饰工艺过程与要求。涂饰工艺集中体现了涂饰设计的最终结果，选择确定涂饰工艺过程并严格执行，才能完成一件具体产品的涂饰任务。

用涂料涂饰制品表面，根据基材纹理显现的程度，把涂饰分为透明涂饰、半透明涂饰和不透明涂饰。三种涂饰在涂料选用、外观效果、工艺规程以及应用上都有很大的差别。透明涂饰是指用各种透明涂料与透明着色剂等涂饰制品表面，形成透明漆膜，基材的真实花纹得以保留并充分显现出来，材质真实感加强。透明涂饰对基材质量要求较高，工艺也比较复杂。半透明涂饰也是指用各种透明涂料涂饰制品表面，但选用半透明着色剂着色，漆膜成半透明状态，有意造成基材纹理不清，减轻材质缺陷对产品的影响，材质真实感不强。半透明涂饰对基材质量要求不高，工艺过程与透明涂饰类似。不透明涂饰是指用含有颜料的不透明色漆涂饰制品表面，形成不透明色彩漆膜，遮盖了被涂饰基材表面。不透明涂饰比透明涂饰的工艺过程简单。

由于涂饰选用涂料不同，涂饰分为亮光装饰和亚光装饰。亮光装饰是采用亮光漆涂饰的结果。涂饰工艺过程中基材必须填孔，使其平整光滑，漆膜达到一定厚度，有利于光线反射。亚光是相对亮光而言，亚光涂饰是采用亚光漆涂饰的结果，漆膜具有较低的光泽。选用不同的亚光漆可以做成不同光泽（全亚、半亚）的亚光效果。一般亚光漆膜较薄，自然真实，质朴秀丽，安详宁静。

由于木材结构的原因，表面有管孔显现，按管孔填充程度可把涂饰分为填孔涂饰（全封闭）、半显孔涂饰（半开放）和显孔涂饰（全开放）。填孔涂饰是在涂饰工艺过程中用专门的填孔剂和底漆，将木材管孔全部填满、填实、填牢，漆膜表面光滑、丰满、厚实，有利于提高光泽。显孔涂饰工艺过程不填孔，涂层较薄，能充分表现木材的天然质感。半显孔涂饰工艺木材管孔只填充上了一部分，用手触摸还能感觉管孔，涂饰效果介于填孔涂饰和显孔涂饰二者之间。

产品涂饰之后所表现出的外观颜色，是通过不同的着色工艺过程实现的。这样就把涂饰又分为底着色、中着色和面着色三种工艺过程。底着色涂饰工艺是指用着色剂直接涂在木材表面，根据产品着色效果要求，可在涂饰底漆过程中进行修色补色，加强着色效果，最后涂饰透明清面漆。底着色涂饰工艺着色效果好、色泽均匀、层次分明、木纹清晰。中着色涂饰工艺基材表面不涂饰着色剂，外观颜色的形成是在涂饰完底漆后进行透明色漆着色，最后再涂饰透明清面漆。面着色涂饰工艺是采用有色透明面漆，在涂饰面漆时同时着色。虽然工艺简化，但涂饰效果较差，木纹不够清晰。

根据最终漆膜是否进行抛光处理，涂饰又分为原光装饰和抛光装饰。原光装饰是指制品经各道工序处理，最后一遍面漆经过实干，全部涂饰便已完工，表面漆膜不再进行抛光处理，产品即可包装出厂。家具产品涂饰多数为原光装饰，要求涂饰环境必须得到有效控制，保持洁净，否则难以获得很高的涂饰质量。抛光装饰是在整个涂层均完全实干后，先用砂纸研磨，再用抛光膏或蜡液借助于动力头擦磨抛光。抛光获得的漆膜表面平整光滑、光泽柔和、光亮均匀，可以消除任何涂饰缺陷，达到很高的装饰质量。

考虑到最终应用的面漆种类对涂饰工艺的影响较大，以下具体工艺过程将按所用面漆种类分别介绍。如醇酸清漆涂饰工艺、硝基磁漆涂饰工艺等。

## 7.1 透明涂饰工艺

透明涂饰工艺有时又称清漆涂饰工艺，是指木制品表面通过透明涂料的涂饰，不仅保留了木材的原有特征，而且还应用某些特定的工艺方法使木材纹理更加清晰，色泽达到预先设计的效果。

透明涂饰由于保留了木材的真实花纹，凡属花纹美观的树种木材多采用透明涂饰。但由于透明涂饰的漆膜很容易显现基材的缺陷，因此对基材质量要求较高。特别是主视面涂饰部位应平整、光滑、无刨痕和砂痕；线条、棱角等部位应完整无缺。高档产品应除去木毛。

透明涂饰工艺按最终漆膜表面要求光泽的高低，可分为亮光透明涂饰与亚光透明涂饰。

亮光透明涂饰工艺过程，一般分为表面处理、腻平、着色、涂饰涂料与漆膜修饰几个主要阶段。表面处理包括表面清净、嵌补与砂磨等工序；着色包括颜料着色、染料着色、色浆着色等工序；涂饰涂料包括涂饰底漆与面漆；漆膜修饰包括涂层砂光与漆膜抛光。

用亚光清漆涂饰木制品，可以形成较低光泽的透明涂膜，木纹显现，无强烈刺眼的亮光。具有工艺简单、容易操作、省工、省料、效率高、成本低、修饰工作量少、自然真实、质朴秀丽、光泽柔和等优点，故目前许多家具均采用亚光装饰。

亚光透明涂饰可分为填孔亚光涂饰与显孔亚光涂饰两种。填孔亚光涂饰要将木材管孔填平，漆膜平整；后者则不需将管孔完全填平，涂饰后的漆膜薄而均匀，管孔显现。

### 7.1.1 醇酸清漆涂饰工艺

木器家具表面选用醇酸清漆作面漆，其漆膜较软，只能原光涂饰而不能进行抛光。因此，漆膜表面比较粗糙，有微小颗粒，漆膜实干后有木孔沉陷等不明显缺陷。只用于普通家具产品、建筑门窗等。

醇酸清漆涂饰的工艺过程比较简单，材料与工时消耗较少，多采用手工涂饰。醇酸清漆涂饰工艺也适用于酚醛清漆等其他油性漆或油基漆的涂饰。

醇酸清漆涂饰工艺如下：

（1）表面清净：清除制品表面的灰尘、胶迹、油脂和脏污。含树脂的针叶材应去除树脂。做浅色、木本色装饰如材质较差，颜色不均匀可进行漂白。

（2）缺陷腻平：对表面的虫眼、钉眼、裂缝等局部缺陷可用胶腻子填补腻平。调配腻子时可适当加入铁红、铁黄等着色颜料，以便使整个制品外观色泽均匀。室温条件下干燥 30～60 min。

（3）白坯砂光：用150#木砂纸全面砂光基材表面，去除木毛，将表面砂磨平整光滑。注意棱角线条的适当砂磨，不能砂磨走形。特别注意要砂平高于表面的腻子层，并砂清黏结在缺陷周围的腻子，但也不要砂磨成凹陷形状而影响平整度。一定要顺木纹方向砂磨，避免出现横、斜纤维方向砂磨的磨痕。注意木材端头的立丝横楂处仔细砂平。最后将磨屑粉尘清除干净。

（4）填孔着色：采用手工擦涂水性颜料填孔着色剂（水粉子、水老粉），也称打粉子、擦色等。有时也使用油性颜料填孔着色剂（油粉子、油老粉）。根据产品色泽要求，选择调配颜料填孔着色剂。涂擦粗孔材表面的填孔着色剂可调配略稠厚，而细孔材可调配略稀薄。室温条件下水粉子干燥 2～3 h。

（5）涂饰底漆：刷涂头道虫胶清漆封罩保护填孔着色层。虫胶漆固体含量为15%～20%。视前道填孔着色工序的色泽与产品要求色调的不同，决定虫胶清漆中是否加入染料与颜料以调配使用酒色。虫胶漆涂层室温条件下干燥 20～30 min。

此道工序也可以不使用虫胶漆而使用稀薄的油性漆，例如加入60%稀料的酚醛清漆，但是干燥较慢，室温需 8～12 h，使施工周期延长。做浅色、本色装饰应选用漂白虫胶或硝基清漆作底漆。

（6）涂层砂磨：用180#旧木砂纸顺木纹轻轻打磨涂层。同时检查表面有无漏填腻子、初填的腻子是否收缩渗陷，如有上述情况则应复填虫胶腻子，待干后一并砂清。注意棱角线条不要砂白，也不要损伤涂层，砂磨后清除磨屑。

（7）涂饰底漆：刷涂第二道和第三道虫胶清漆，此时虫胶漆的固体含量可提高一些。如果此时产品表面颜色与样板仍有差距，则可在第二道虫胶清漆内加入适量染料，调成与样板色泽近似的颜色。两道漆间隔及第三道漆涂饰之后均需干燥20～30 min。一般情况下刷涂第三道虫胶清漆不再放入染料。

（8）修色：根据此时产品表面色泽的具体情况，对照样板调配适当酒色，对色泽不均匀处进行修色。

（9）涂层砂磨：此时需再次检查表面，如有漏填或渗陷的腻子需再找补腻子。腻子干后，用180#旧木砂纸将表面全部轻轻打磨一遍。注意棱角线条不能砂白，不要损伤漆膜。如有砂白处应及时补色，砂磨后除去磨屑。

（10）涂饰面漆：用鬃刷刷涂醇酸清漆（有时也用酚醛清漆等油性漆）1遍，室温条件下，自然干燥24 h。

由于油性漆都是原光装饰，因此最后的面漆涂饰质量很重要。注意涂饰的均匀，避免出现漆液的流挂、过棱、漏刷、粘刷毛等缺陷。还需注意涂饰环境的卫生条件，防止灰尘扬起黏附在漆膜上影响漆膜的光洁度。

### 7.1.2 硝基清漆涂饰工艺

硝基漆属高档装饰性涂料，其涂膜的综合性能比较好，是国内外木制品涂饰的主要用漆品种之一，也是我国长期以来，中高档家具表面涂饰的主要漆种。“美式”涂饰基本均采用硝基漆。

用硬阔叶材制作的家具，材质优异、花纹美丽，用硝基清漆涂饰，尤其手工擦涂，其外观的装饰性很高，木纹清晰可见，木材真实感强。

硝基漆干燥快，使用方便。原装的硝基漆黏度高，使用时都要用稀释剂调配。不同品种与不同用途的硝基漆，其稀释程度需经试验确定。

硝基漆表干很快，可以按“湿碰湿”方法施工，有利于提高涂饰效率，缩短施工周期。但是涂层完全干透时间较长，一般在24 h以上。

硝基漆属于快干性涂料，施工环境的温湿度对其影响比较明显。在较高温度条件下涂饰（如30 ℃），溶剂、稀释剂自涂层表面急剧蒸发，会降低湿涂层的流平性，使干后漆膜粗糙。当涂层中的溶剂、稀释剂变成蒸气时即可产生针孔、气泡等缺陷。如在高温条件下喷涂时，溶剂、稀释剂急剧蒸发，漆粒是半干状态喷至表面，则使涂层表面粗糙，尤其含低沸点溶剂较多的硝基漆甚为明显；反之，温度过低（如5 ℃）时，由于溶剂、稀释剂蒸发较慢而不能获得透明干净的涂膜。湿度过高时，溶剂、稀释剂的急剧蒸发吸热，气温达到露点使空气中的水蒸气变成小水滴混入涂层易产生泛白现象。因此使用硝基漆应该特别注意环境温湿度的影响。遇有涂层发白现象，可酌加防潮剂，减缓涂层的蒸发速度，防止涂层周围温度的急剧下降，不致使水蒸气液化。一般防潮剂的加入量为稀释剂的5%～10%，但当空气相对湿度高于85%时，防潮剂也将无济于事。

由于硝基漆中含有强溶剂（如酯类溶剂、酮类溶剂等），故选用硝基漆的配套底漆时应以不被其溶胀咬起为原则。油性漆不宜作硝基漆的底漆。

湿涂层经高温加热可加速涂层干燥，但涂饰后如急剧高温加热，则木材导管中空气会膨胀变成气泡，涂层中的溶剂、稀释剂急剧蒸发而突破涂膜产生针孔。同样，被涂饰制品或零部件当由常温条件急剧达到高温状态时，由于被涂饰制品或零部件温度低而使空气中水蒸气凝结成水混入涂膜也会产生发白的现象；反之对温度较高的木材表面涂饰低温涂料，则木材导管中空气遇冷而收缩吸进涂料产生渗透，故有涂料预热涂饰的生产方式。在国外有的涂饰流水线上淋漆机前装设辐射预热装置，使板件先预热再淋漆。

手工刷涂时，毛刷前端会含有空气，带入空气极易产生气泡。尤其刷涂时返刷次数过多，就会产生气泡。

硝基漆可采用擦涂、刷涂、喷、淋、浸等方式涂饰。由于硝基漆固体分含量低，并且原漆黏度高，使用时需用较多稀释剂调配至施工黏度。为使漆膜达到一定厚度，需涂饰多遍，总的施工周期较长。

#### 7.1.2.1 硝基清漆刷涂涂饰工艺

（1）基材砂光：用150#木砂纸包住木块将基材表面全部打磨至平整光滑，产品的边棱线角用砂纸打磨平滑，然后用干刷扫净磨屑。

（2）填孔腻平：用胶性腻子（用填料、着色颜料与白胶等调配）先将制品的横楂、榫头、榫肩结合处嵌刮一次，随即将制品表面满刮一遍，干燥1～2 h。

（3）打磨：用150#木砂纸或砂布，顺木纹方向全面打磨至木纹全部显露，除净磨屑。

（4）刷涂水色：按产品色泽要求选用适宜染料（酸性原染料或混合酸性染料）调配染料水溶液，用排笔或薄羊毛刷顺木纹薄刷一遍。

（5）刷涂硝基清漆：待水色干透用细软布将色面用力擦光滑，然后选用硝基清漆与信那水按1∶1调配，用排笔或薄羊毛刷顺纤维方向在整个制品表面连续刷涂5~6遍，每遍间隔10 min左右，即每遍达到表干再涂下遍。全部刷完放置干燥12 h。

（6）涂层砂磨：用240#木砂纸，顺纤维方向打磨至刷痕全部消失，手感平滑。注意不要打白边棱，然后用干刷扫净磨屑。

（7）刷涂硝基清漆：用硝基清漆与信那水按1∶1.5调稀，用排笔或薄羊毛刷蘸漆顺纤维方向连续刷涂两遍，中间间隔约10 min。刷完室温条件干燥12 h。

（8）涂层砂磨：用320#~400#木砂纸，顺纤维方向打磨至刷痕消失，手感平滑。砂磨后除净磨屑。

（9）刷涂硝基清漆：用硝基清漆与信那水按1∶3调稀，顺纤维方向均匀涂一遍，干后漆膜可不进行抛光处理，也能获得较为平整光滑的漆膜表面。

7.1.2.2 硝基清漆擦涂涂饰工艺

（1）表面清净：清除基材表面上的灰尘磨屑、油脂、胶迹与树脂等。做浅色、本色装饰最好将木材漂白。

（2）刷涂稀薄底漆：用硝基清漆与信那水按1∶（4~5）调稀，刷涂一遍。

（3）腻平缺陷：钉眼、虫眼与裂缝等缺陷用硝基腻子腻平。待底漆与腻子干后用150#木砂纸全面砂光，清除磨屑。

（4）填孔着色：根据产品色泽要求调配水性颜料填孔着色剂。干燥2~3 h。

（5）底色封闭：用硝基清漆与信那水按1∶（3~4）调稀，刷涂一遍，封罩填孔着色层。干燥后，用180#木砂纸轻轻打磨涂层。

（6）涂层着色：根据产品色泽要求，调配适当染料水溶液（水色），经试验确定适宜色泽涂刷一遍，干燥1~2 h。一般浅色与本色装饰不使用水色。

（7）涂饰底漆：硝基清漆与信那水之比按1∶（3~4）调稀，连续刷涂两遍，间隔10~15 min。

（8）修色：针对此时产品表面颜色不均匀情况，对照样板调配适当酒色进行修色，修色后的产品色调应与样板基本相似。

（9）涂层砂磨：修色层干后检查如有收缩渗陷的腻子，补填硝基腻子，腻子干后用180#木砂纸轻轻砂磨整个涂层表面。

此时检查产品，如遇涂饰过程中将涂层颜色碰掉或边线棱角砂白等情况，需及时进行补色修理。

（10）涂饰面漆：一般用排笔刷涂3~5遍硝基清漆。每遍清漆黏度不同，头两遍稍稠［硝基漆与信那水比例为1:（1～1.5）］，后二遍稍稀（比例为1:2）。每两遍间隔干燥30～40 min。

（11）砂磨涂层：待涂层达实干（最好隔夜），视需要可补填腻子，干后用240#～360#水砂纸蘸肥皂水全面湿磨，或用240#～360#木砂纸干磨。注意避免磨破磨白涂层。磨至刷痕消失，手感平滑后，即可除净磨屑晾干。

（12）擦涂硝基清漆：用棉球蘸硝基清漆第一次擦涂多遍（几十遍），至表面平整光亮，管孔饱满，漆膜厚度均匀一致，则第一次擦涂完毕。第一次擦涂的硝基漆黏度要比第二次高些，硝基漆与信那水比例约为1:1。

（13）涂层砂磨：第一次擦涂完毕，至少干燥12 h以上，使涂层彻底干燥和渗陷。干后漆膜出现不平，对涂层进行砂磨，以消除表面粗糙不平与擦痕。可用240#～360#木砂纸干磨，或用240#～360#水砂纸蘸肥皂水湿磨。

（14）擦涂硝基清漆：擦涂第二次硝基清漆之前应仔细检查产品表面，视需要可进行补填腻子与补色。第二次擦涂方法基本与第一次相同，但漆液的黏度比第一次低，硝基漆与信那水比例为1:（1.2～1.5）。擦涂遍数可少于第一次，视第一次擦涂干燥之后涂层的厚度、渗陷与平整状况而定。第二次擦涂的目的是进一步加厚涂层，填平渗陷的管孔，使整个漆膜平整光亮。

#### 7.1.2.3　硝基清漆喷涂涂饰工艺

（1）基材砂光：用150#木砂纸全面研磨表面。

（2）着色：按产品色泽要求选择酸性染料，用80 ℃热水调配染料水溶液，刷涂表面，干燥约2 h。

（3）底漆封闭：用稀薄的硝基木器底漆喷涂一遍，硝基漆与稀释剂比例约为1:2，使其充分渗透，干燥约1 h。

（4）砂磨：用180#木砂纸顺木材纤维方向轻磨，除木毛。

（5）填孔：用适当水性颜料填孔剂擦涂两次，每次干燥2～3 h，使其充分填实管孔。

（6）砂光：用180#木砂纸手工研磨，仅磨去多余的填孔剂即可。

（7）涂底漆：刷涂硝基木器底漆，硝基漆与稀释剂按1:2比例调配，干燥约1 h。

（8）砂光：用180#木砂纸全面砂光，除去磨屑。

（9）喷涂面漆：按“湿碰湿”方法连续喷涂三遍硝基清漆，两遍间隔约10 min，即表干连涂，喷涂均匀。“湿碰湿”方式因是在不发生流挂程度范围内重涂，故形成了未实干的较厚涂层，最后一遍喷完，干燥24 h。

喷涂三遍硝基清漆的黏度不同，每喷涂一遍黏度就要降低一些，最后一遍的硝基漆与稀释剂比例约为1:1。

7.1.2.4 硝基清漆淋涂涂饰工艺

（1）基材砂光：用150#木砂纸全面砂光表面。如为平板件，可在带式砂光机上进行。

（2）腻平缺陷：钉眼、虫眼及裂缝等缺陷可用PU聚酯腻子腻平。

（3）涂底色：如为板件可在辊涂机上辊涂颜料填孔着色剂，干燥约24 h。

（4）砂光：用180#木砂纸全面砂光。

（5）淋涂底漆：用淋漆机淋涂有色清漆，黏度为16～17 s（涂—4杯），此道工序既是打底也是涂层着色，干燥40～60 min。

（6）涂层砂光：用180#木砂纸轻磨涂层。

（7）修色：用放入适量染料与颜料的虫胶漆（酒色）刷涂并修色，将产品的颜色着好。干燥30～60 min。

（8）涂层砂光：检查产品表面有无收缩与漏填的缺陷，补填腻子，干后用180#木砂纸轻磨，除净磨屑。

（9）淋涂面漆：用淋漆机连续淋涂四遍硝基清漆，按"湿碰湿"方式，即在前遍表干20～30 min后接着淋涂下一遍。硝基漆黏度调至50 s（涂—4杯）左右。四遍淋完干燥12～24 h。

（10）涂层湿磨：先用280#～360#水砂纸，后用400#～600#水砂纸蘸肥皂水，借助水砂机对涂层湿磨，磨至表面乌光手感平滑，除去磨屑后，晾干。

（11）漆膜抛光：用抛光膏在抛光机上抛光漆膜，消除涂层湿磨的痕迹，并抛出光泽。

### 7.1.3 聚氨酯清漆涂饰工艺

我国木制品涂饰应用聚氨酯漆已有30多年的历史，尤其自20世纪80年代末以来，聚氨酯漆应用相当普遍。从目前看，我国中、高级木制品涂饰绝大多数都使用聚氨酯漆。实践证明，干透的聚氨酯漆膜有很高的耐水、耐潮与抵抗环境作用的性能，漆膜的装饰保护性优于硝基漆，该漆的固体分含量高于硝基漆，喷涂聚氨酯漆施工简便、劳动强度低、生产效率高。

聚氨酯漆对水分、潮气和醇类溶剂都很敏感。因此，对施工条件要求较高，稍有不慎容易出现针孔、气泡等缺陷。操作时，除控制水分等浸入外，漆液黏度不能过高，一次不宜涂饰过厚。此外，聚氨酯漆在存放时也要避免与水接触。

喷涂聚氨酯漆时，空气压力不宜过大，一般用0.4～0.6 MPa，喷枪口径常用$\phi$1.5～1.8 mm。涂饰完毕聚氨酯漆的刷子、喷枪、设备与容器等要用聚氨酯专用稀释剂或洗衣粉清洗，否则涂料聚合硬固之后便无法清洗。

聚氨酯漆常温实干之后涂料仍在进行聚合反应，至反应完成涂膜完全干透约需 10 d，所以，涂层适于加热干燥，不宜过早使用。

#### 7.1.3.1 聚氨酯清漆涂饰工艺过程之一

（1）表面清净：去除基材表面的灰尘磨屑、油脂胶迹。对含树脂的针叶材去除其树脂。需要漂白则进行漂白。用150#木砂纸全面砂光，去除磨屑。

（2）底漆封闭：刷涂一遍稀聚氨酯漆，黏度调至 11 ~ 12 s（涂—4 杯），干燥 20 ~ 30 min。

（3）缺陷腻平：钉眼、裂缝等局部缺陷用水性腻子腻平，干燥 20 ~ 30 min。

（4）全面砂光：用180#木砂纸顺木纹方向全面轻轻打磨一遍，进一步使基材平滑并去除木毛。

（5）填孔着色：按产品色泽要求选择水性颜料填孔着色剂，仔细擦涂表面，干燥 2 ~ 3 h。

（6）涂饰底漆：刷涂聚氨酯清漆一遍，封罩填孔着色层。黏度调至 16 ~ 18 s（涂—4 杯），干燥 4 h 以上。

（7）涂层砂光：用180#木砂纸打磨涂层至平滑并去除磨屑。

（8）涂层着色：选用相应染料，调配染料溶液喷涂。干燥 2 ~ 3 h。

（9）涂饰底漆：连续刷涂两便聚氨酯清漆，每遍间隔 15 ~ 20 min。黏度调至 18 ~ 20 s（涂—4 杯），第二遍涂完干燥 6 ~ 8 h。

（10）涂层砂光：底漆层干后，用240#木砂纸打磨涂层至平滑。

（11）涂饰面漆：喷涂聚氨酯清漆，黏度 13 ~ 15 s（涂—4 杯），要求喷涂均匀。

（12）涂层干燥：室温条件干燥 6 ~ 8 h 以上。产品入库。

#### 7.1.3.2 聚氨酯清漆涂饰工艺过程之二

（1）基材砂光：用150#木砂纸全面砂光表面，去除磨屑。

（2）着色：用不起毛的着色剂按 1∶10 用稀释剂调配，喷涂基材表面，干燥 1 h 左右。

（3）底漆封闭：用聚氨酯木器底漆按 1∶3 用聚氨酯配套稀释剂调配，喷涂一遍，干燥 4 ~ 6 h。

（4）涂层砂光：用180#木砂纸打磨涂层至平滑，去除磨屑。

（5）填孔：用油性或聚氨酯木器填孔剂擦涂表面，干燥 12 h。

（6）砂光：用240#木砂纸轻磨，除去多余的填孔剂，使木纹清楚显露。

（7）涂饰底漆：按“湿碰湿”方式连续喷涂两遍聚氨酯清漆。黏度16～18 s（涂—4 杯），第二遍喷后干燥6～8 h。

（8）涂层砂光：底漆层干后，用240#木砂纸打磨涂层至平滑。

（9）涂饰面漆：喷涂聚氨酯清漆，黏度13～15 s（涂—4 杯），要求喷涂均匀。

（10）涂层干燥：室温条件干燥6～8 h以上。

#### 7.1.3.3　聚氨酯清漆涂饰工艺过程之三

（1）基材砂光：用180#木砂纸全面砂光表面，去除磨屑。顺木纹方向仔细打磨，使基材表面平整光滑。打磨不彻底有可能使下一步着色不均匀以及涂聚氨酯漆时产生缩边和缩孔等缺陷。

（2）着色：按产品色泽要求用醇溶性染料、溶剂型染料与颜料色片，将染料与色片溶于相应溶剂中，一般调成浓度5%的溶液，经过过滤后，采用辊涂或喷涂法均匀着色。也可以采用刷涂与擦涂法，要求熟练掌握操作技巧，涂饰均匀，着色层干燥2 h左右。干燥后用棉纱布擦去浮色。

（3）涂饰封闭漆：着色后，用聚氨酯封闭漆，喷涂1～2遍。封闭漆按说明书要求调配，使用前混合均匀，放置20 min后使用。刷涂黏度为30～40 s，喷涂黏度为16～18 s（涂—4 杯），涂饰量60 g/m$^2$。干燥6～8 h。

（4）涂层砂光：用180#木砂纸打磨，除净磨屑。

（5）涂饰打磨漆：用聚氨酯打磨漆，喷涂或刷涂1～2遍，每遍涂饰量为100～200 g/m$^2$。如涂饰两遍则中间间隔10～20 min。室温条件下干燥6～8 h。

（6）涂层打磨：用240#～320#木砂纸打磨，至获得平滑的漆膜表面作为涂饰面漆的基础。打磨后彻底除净磨屑粉尘。

（7）涂层着色：喷涂色漆，喷涂黏度15～18 s（涂—4 杯），着色达到样板要求。室温条件下干燥2～3 h。此道着色清漆可起到加强着色效果，对着色不足给予修补，因而有提高装饰性的作用。

（8）涂饰面漆：喷涂聚氨酯面漆，按说明书要求调配，使用前混合均匀，放置20 min后使用。黏度为13～15 s（涂—4 杯），涂饰量60～80 g/m$^2$。

（9）面漆干燥：室温条件干燥10 h以上，产品入库。

### 7.1.4　聚酯清漆涂饰工艺

目前我国应用的聚酯漆可分蜡型与非蜡型两类。蜡型聚酯漆靠浮蜡隔氧，非蜡型漆中不含石蜡，施工时用涤纶薄膜覆盖法隔氧。

与其他木器漆比较，聚酯漆漆膜丰满、厚实，具有极高的光泽与透明度，保光、保色。聚酯漆属无溶剂型漆，固体分含量高，涂饰一或二遍漆膜便可获得足够的涂层厚度，简化了施工工艺，缩短了生产周期。因此，广泛用于钢琴及高级木器的涂饰。

#### 7.1.4.1　非蜡型聚酯漆涂饰工艺

（1）表面清净：清除木材表面的灰尘、胶迹、油脂、树脂等，如颜色不素净可进行漂白，但漂白液的残余物要清除干净。

（2）腻平缺陷：木材表面洞眼、裂缝等局部缺陷，采用水性腻子或胶性腻子填补，干燥 2～4 h。

（3）全面砂光：待腻子干后，用150#～180#木砂纸将填补腻子部位以及整个表面砂磨平滑，将磨屑粉尘掸除干净。

（4）填孔着色：用棉纱涂擦水性颜料填孔着色剂，擦入管孔管沟并擦涂均匀，再用棉纱擦干净，干燥 1～2 h。

（5）刷涂水色：按产品色泽要求用水溶解黄纳粉或黑纳粉，调配水色，用排笔和漆刷刷涂均匀，干燥 1～2 h。

（6）涂饰底漆：刷涂一遍稀薄的硝基清漆，以保护水色层和封闭木材表面，干燥 30～60 min。

（7）涂层砂光：用180#～320#木砂纸将涂层轻砂一遍，消除气泡颗粒，使漆膜表面平滑，注意不要砂破涂层。随即清除磨屑。

（8）涂饰聚酯漆：用非蜡型聚酯漆涂饰并用薄膜隔氧。如板件边部已涂好漆，可将板边贴上保护纸条，防止流淌。参照说明书调配非蜡型聚酯漆，根据被涂饰工件表面的面积计算好配漆量，一般涂饰量为 200～250 g/$m^2$。将待涂漆板件放平稳，将按量配好的聚酯漆倒在表面上，随即将事先备好的涤纶薄膜木框放在板件上，用软胶辊或硬刮板在上面隔着薄膜将聚酯漆液向四周推开，并赶除气泡，常温条件下静置 20～30 min。

聚酯漆固化后，将隔氧薄膜框架揭下，即可得到光滑平整的漆膜。视质量要求可再涂一遍。先用240#～320#木砂纸将聚酯漆膜砂磨一遍，再如上法涂一遍聚酯漆。

#### 7.1.4.2　蜡型聚酯漆涂饰钢琴制品工艺

（1）白坯砂光：用150#～180#木砂纸顺木纹全面打磨基材表面，清除磨屑。

（2）基材着色：根据产品色泽要求，选择酸性染料、醇溶性染料、分散性染料等调配染料溶液，刷涂或喷涂。刷涂后稍停干燥，用纱布将湿色擦匀并擦去浮色。色不均匀处可进行重涂补色与修色。

（3）底漆封闭：着色层干透之后，涂饰聚氨酯封闭漆封闭表面，喷涂黏度15～18 s（涂—4杯），刷涂黏度35～50 s（涂—4杯），涂饰量40～60 g/m$^2$。

（4）涂层着色：封闭漆干后，检查着色效果，如有必要补色，可将着色材料放入封闭漆中，进行涂饰着色。

（5）涂层砂磨：封闭漆常温干燥8 h以上，或50 ℃条件强制干燥2 h，用400$^{\#}$～600$^{\#}$水砂纸轻磨，除净磨屑。

（6）涂饰面漆：涂饰蜡型聚酯漆1～2遍，可刷涂或淋涂。淋涂时黏度可调至50～70 s（涂—4杯）。淋涂涂饰量为180～220 g/m$^2$。施工温度要求保持在18～25 ℃。如淋涂2遍中间间隔20 min。

（7）涂层砂磨：面漆涂饰后，室温干燥4 h后进行打磨。使用320$^{\#}$～600$^{\#}$水砂纸，可人工打磨或砂光机机械砂光，先粗砂后细砂。因聚酯漆膜较硬，手工砂光困难，多用机械，先干磨，后湿磨至表面平滑，除净磨屑。

（8）漆膜抛光：在辊筒抛光机上，先用粗砂蜡，后用细砂蜡，抛出柔和光亮的表面。

## 7.2 不透明涂饰工艺

不透明涂饰是选用不透明涂料，使木制品表面形成一层均匀的色漆漆膜，掩盖了基材的纹理与颜色。相对透明涂饰来讲，采用较少。

一些材质较差的木材以及纤维板、刨花板等木质材料，其外表没有天然美丽的花纹，而且还可能有各种节子等缺陷。如果把它们制成制品，一般采取不透明涂饰工艺，以掩盖木器制品外表的所有缺陷。并且显现各种鲜艳的颜色，达到装饰、保护和实用等多方面的目的。

根据木制品使用涂料品种和装饰质量不同，木制品不透明涂饰基本上可以分为普级与中、高级。普级多用油性调和漆、醇酸磁漆等涂饰；中、高级多用硝基磁漆或聚氨酯磁漆等涂饰。

### 7.2.1 硝基磁漆涂饰工艺

各色硝基磁漆主要用于涂饰中、高级木制品。如宾馆家具和卧室、客厅、书房套装家具等。硝基色漆涂饰工艺如下：

（1）表面清净：仔细清除木材表面的灰尘磨屑、油脂和胶迹，含树脂的针叶材应去脂。

（2）缺陷腻平：用胶性腻子填补各种缺陷，面积较大的缺陷应加以修复，以使基材平整。

（3）白坯砂光：用150#木砂纸全面砂光，清除磨屑。

（4）全面填平：可全面刮涂胶性填孔剂，干后用150#木砂纸砂光。填孔剂中以填料为主，不加着色颜料。

（5）涂饰底漆：连续刷涂两遍白硝基底漆，硝基漆按1:1.5兑入信那水，刷涂间隔15～20 min。干后用180#木砂纸砂磨。

（6）复填腻子：检验有无漏填或渗陷的腻子，再补填一次，干后用180#木砂纸砂磨光滑。

（7）涂饰面漆：连续刷涂两遍白硝基面漆，硝基漆按1:(1.2～1.5)兑入信那水，刷涂时间隔15～20 min。

（8）涂层砂磨：干后用240#～320#木砂纸砂磨，清除磨屑。

（9）涂饰面漆：按制品设计色泽要求选择彩色硝基磁漆，可喷涂、淋涂2～3遍。头两遍可干燥3～5 h，最后一遍干燥24 h以上。

（10）涂层湿磨：用400#水砂纸手工或在水砂机上湿磨涂层，至乌光并手感平滑。

（11）漆膜抛光：用抛光膏，手工或在抛光机上抛光漆膜，最后用光蜡上光，用洁净柔软的棉纱或软布将漆膜表面擦净。

### 7.2.2　聚氨酯磁漆涂饰工艺

聚氨酯磁漆是近年来发展的新型不透明涂料。既具有清漆的主要性能，又具有各种不同的色彩。用聚氨酯磁漆涂饰的木制品，色彩鲜艳，漆膜丰满。

聚氨酯磁漆涂饰工艺如下：

（1）基材砂光：用150#～180#木砂纸全面打磨基材表面，清除磨屑。

（2）底漆封闭：刷涂或喷涂一遍稀薄聚氨酯清漆，黏度调至12～13 s（涂—4杯），使其充分渗透，在室温条件下需干燥6 h以上。

（3）涂层砂光：用180#木砂纸全面轻磨表面，除净磨屑。

（4）涂饰底漆：用聚氨酯清底漆或白色底漆刷涂或喷涂一遍，黏度调至18～20 s（涂—4杯），室温条件下干燥6 h以上。

（5）涂层砂光：用180#～240#木砂纸砂光涂层至平整光滑，除净磨屑。

（6）涂饰底漆：用白色聚氨酯底漆刷涂或喷涂一遍，黏度调至18～20 s（涂—4杯），室温条件下干燥6 h以上。

（7）涂层砂光：用240#～320#木砂纸砂光涂层，达到平整光滑，除净磨屑。

（8）涂饰面漆：按产品色泽需要选择适宜彩色聚氨酯磁漆喷涂一遍，室温条件下干燥 8h 以上。

## 7.3 新型“聚酯漆”涂饰工艺

近些年来，我国木制品涂饰技术以前所未有的速度高速发展，其主要特征即所谓“聚酯漆”的广泛应用，专门生产木器漆的涂料生产厂家大量涌现，使木质家具表面装饰效果焕然一新。20 世纪 80 年代末，尤其 90 年代以来，“聚酯漆”的花色品种不断出现，除了传统的底漆、面漆、清漆、色漆以及亮光漆、亚光漆以外，又出现许多诸如闪光漆、幻彩漆、爆花漆、贝母漆、银朱漆等。

这里首先需要指出的是，当前所谓“聚酯漆”系列中的 PU（Polyurethane Finishes）即是涂料标准分类中的聚氨酯漆类。所谓“聚酯漆”系列中的 PE（Polyester Finishes）则是标准分类中的聚酯漆类。但是当今涂料商品市场中笼统地将这两类漆都称为“聚酯漆”，这是不够准确的，目前市场上商品广告中以及众多家具厂中使用的“聚酯漆”大多是聚氨酯漆。它们在类别、组成、性能、应用与固化机理方面都是完全不同的两大类漆。诚然，这两类漆都是木器漆中的上品，也是现代国内外木材涂饰的主要用漆品种。用聚酯、聚氨酯漆涂饰的木家具均可以获得上乘的装饰质量与装饰效果，都可以做出高档的木制品，一般消费者难以从外观上加以区别，但是木家具行业的用漆者却不可以忽略二者的许多根本区别。

有人把聚氨酯漆称作聚酯漆也有一点道理，因为双组分的聚氨酯漆，其中的一个组分（含羟基组分，一般在产品使用说明书中有的称“漆”，有的称“主剂”）常用聚酯、聚醚、丙烯酸树脂、环氧树脂等作原料；但是另一组分（含异氰酸基组分，一般在产品使用说明书中常称“固化剂”或“硬化剂”）则是多异氰酸酯的预聚物或加成物。应当说此一组分对聚氨酯漆的性能特点给予更多的影响。

聚氨酯、聚酯这两类漆是当前木家具涂饰应用最广泛的漆类，尤其聚氨酯漆的用量更多、更广泛。所谓“聚酯漆”系列的性能，实际指标应参阅具体牌号的产品说明书。木纹宝、擦色宝（二者均属 PU 类填孔着色剂），着色剂、修色剂（二者均为染料溶液），有色士那（属含着色材料的 PU 类）等，均为各种着色成品材料，有各种颜色，如柚木色、花梨木色、粟壳色、酸枝色、黑棕色等，用来对基材与涂层着色。

### 7.3.1 底着色中修色涂饰工艺

（1）基材砂光：用150#～180#木砂纸研磨，清除磨屑。

（2）填孔着色：选用兼有填孔能力的着色剂（或把专用填充剂加入着色剂中），多采用擦涂法涂饰，干燥后不磨或轻磨。

（3）封闭基材：喷涂PU类头度底漆一道，室温条件下干燥4～6 h。

（4）涂层砂光：用240#～320#木砂纸轻磨，清除磨屑。

（5）喷涂底漆：两种做法，可喷涂1～2道PE清底漆，或喷2～3道PU清底漆，欲达丰满效果，喷涂PE为好。喷涂PE，每遍室温条件干燥1～2 h，然后砂光；喷涂PU，每遍室温条件干燥6～8 h，然后砂光。

（6）涂层砂光：用240#～320#木砂纸精细打磨平整，清除磨屑。

（7）涂层修色：选用适宜的着色剂（或有色清漆）喷涂，注意颜色不均处或有损伤处，室温条件干燥2～4 h。

（8）涂层轻磨：用400#～600#木砂纸精细轻磨有色涂层，清除磨屑。

（9）喷涂面漆：按要求选用亮光或亚光PU清面漆，喷涂，干燥8～12 h以上。

### 7.3.2 面着色涂饰工艺

（1）基材砂光：用150#～180#砂纸研磨，清除磨屑。

（2）填孔：刮涂双组分PU类透明腻子或单组分NC类专用填孔剂，薄刮，干燥。

（3）砂光：用180#～240#砂纸研磨，清除磨屑。

（4）喷涂封闭底漆：喷涂PU类头度底漆一度，干燥。

（5）涂层砂光：用240#～320#砂纸轻磨，清除磨屑。

（6）喷涂底漆：喷涂1～2遍PE清底漆，或喷2～3遍PU清底漆，干燥。

（7）涂层砂光：用240#～320#砂纸精细打磨平整，清除磨屑。

（8）喷涂面漆：按要求选用有色透明面漆，喷涂，干燥。

（9）涂层砂光：用400#～600#砂纸轻磨，清除磨屑。

（10）罩光：喷涂PU清面漆，干燥8～12 h以上。

以上两类工艺操作时应注意以下事项：

①应尽量选用优质名牌涂料品种，尽量同厂配套选用涂料与稀释剂。涂装技术上要满足产品说明书等资料技术要求，并与具体条件相结合。

②调漆配比应严格按产品使用说明书规定，注意配套性，注意稀释剂的

冬用与夏用品种的区别。黏度与涂饰量、重涂时间间隔等均应参考说明书确定。多组分的 PU、PE 类漆，注意混合后搅拌均匀，并过滤静置后再用。

③各品种涂料涂饰后的干燥按说明书规定时间，也须结合本厂环境温湿度条件以及季节与具体涂料品种的差别。喷涂后应设有专门干燥室，保持适宜的温湿度、通风与无尘等条件。

④上述工艺有些工序可视具体情况省略，如研磨、面着色工艺的清漆罩光等。

⑤坚持工序质检，及时修补，即任何工序发生不良品时，应即刻将其剔除寻求修补，切不可继续任其流入下道工序。

## 7.4 光敏漆涂饰工艺

光敏漆即 UV 漆，紫外线快速固化涂料，其组成、性能与应用如前叙述，这里着重强调的是 UV 漆的应用经历的曲折，当前与早年的应用工艺变化。

光敏漆无疑是木器家具专用漆中的上好品种，也是新材料，早在 20 世纪 60 年代末就在国外兴起，很快引起世界各国的重视，20 世纪 80 年代初我国一些涂料厂与研究部门为了适应板式家具需要，纷纷推出国产光敏漆新品种与相应的紫外线固化设备，一时间许多板式家具厂投资建造了光敏漆涂饰流水线，仅天津市就有十几条流水线在运转，用光敏漆涂饰的板式家具也上了市场。但是没有几年时间，许多光敏漆流水线停用，并陆续拆除，涂料厂的光敏漆也停止生产。20 世纪 80 年代的中后期，全国绝大部分的光敏漆涂饰流水线均已停用。但是 90 年代以来光敏漆的应用又重新兴起，大部分应用在实木地板的表面涂饰，也有部分用于板式家具涂饰。

20 世纪 80 年代以来，随着我国国民经济的高速发展，人民生活水平提高，室内装饰业兴起，人们崇尚自然追求返璞归真成为一种时尚，无论宾馆或者家庭陆续铺起实木地板，一个时期许多木器行业大量生产实木地板，一开始生产的木地板都是未经涂饰涂料的素地板，地板铺装后再在室内涂漆。20 世纪 90 年代以来，开始出现油漆地板，于是许多地板生产厂家便纷纷油漆后出售。但是地板块小、数量多油漆干燥占地大，于是寻求快速地板油漆便是急需解决的问题。

光敏漆干燥速度快，适用于平面产品，因此在地板上应用便有了广阔的市场。20 世纪 90 年代以来的光敏漆使用，是从国外引进设备开始的，尤其紫外线固化设备多为意大利、日本、我国台湾省产品。比 20 世纪 80 年代国产紫外线固化设备长度已大大缩短（一台进口紫外线固化装置仅有 2～3 m 长），紫外灯管的功率提高，从而缩短了光敏漆的干燥固化时间（一般只用几秒钟即可达实干）。

目前，国产光敏漆比 20 世纪 80 年代在品种与性能上均有很大改进。适应地板油漆的需要光敏漆不仅有底漆、面漆，亮光、亚光等不同品种，还针对不同的使用方法有喷涂用、辊涂用或淋涂用等不同品种。

如前述，光敏漆特别适于大型家具厂、木材加工厂的光敏漆涂装流水线使用，适于辊涂、淋涂及喷涂，可用于板式家具大平面板件、实木地板以及薄木贴面板的涂饰。

光敏漆属无溶剂型漆，仅有极少量溶剂挥发，是保护环境、降低污染的理想用漆。光敏漆使用时，喷、淋、辊涂均可。底漆一般以辊涂为好，面漆以淋涂为佳。不用加入稀释剂，一般出厂漆均针对具体施工方法调好黏度，将流水线的工艺条件调整适宜便可使用，特殊情况可加入少量稀释剂。

### 7.4.1 家具部件光敏漆涂饰工艺

山毛榉薄木贴面本色填孔涂饰工艺：

（1）表面处理：用硝基腻子腻平缺陷，干燥后用 240# 砂纸打磨平滑，清除磨屑。

（2）涂底漆：辊涂 UV 底漆，涂饰量为 40～50 $g/m^2$。

（3）紫外线固化：传送带速度为 5 m/min，两灯紫外线固化装置。

（4）砂光：用 320# 砂纸机械砂光，除尘。

（5）涂底漆：同 2～4 工序。

（6）涂面漆：淋涂 UV 面漆，涂漆量为 110～150 $g/m^2$。

（7）紫外线固化：用 3 灯紫外线固化装置，传送带速度约为 5 m/min。

### 7.4.2 地板光敏漆涂饰工艺

（1）基材砂光：用 150#～240# 砂带在宽带砂光机上砂光，除尘。

（2）涂底漆：辊涂 UV 清底漆，涂布量为 20～30 $g/m^2$。

（3）紫外线固化：用 80 W/cm 中压汞灯，固化速度约为 7 m/min。

（4）砂光：用 320# 砂带在宽带砂光机上砂光，除尘。

（5）涂底漆：同工序（2）～（4）。

（6）涂面漆：辊涂或淋涂有色 UV 面漆，淋涂量为 120～150 $g/m^2$。

（7）紫外线固化：用 80 W/cm 中压汞灯，固化速度为 10 m/min。

## 7.5 美式涂饰工艺

美式涂饰是指欧美地区使用和流行的家具的涂饰。由于受到欧美等西方国家的历史背景、文化艺术和生活习惯的影响，美式家具带有浓郁的欧美风情。其主要特点是色泽均匀、立体感强，充分突显木材本色，体现复古和回归自然，迎合了人们回归大自然的心理需求。

近年我国出口美国的家具多采用所谓美式涂饰工艺，常由订货商提供工艺资料或来厂指导。其工艺过程都要通过破坏白坯、喷黑点漆、划牛尾痕等一些做旧工序，使家具外观有一种使用多年的古董感。但是，美式涂饰工艺却是一种细致严谨、技术高超的涂饰工艺，尤其透明着色作业精细严格，其层次分明、极富立体感。

### 7.5.1 美式涂饰工艺种类

（1）一般美式自然涂饰。通过格丽斯的擦拭掩盖木材本身的缺陷，使其色彩均匀，木材纹理更为清晰，家具更具古典韵味。

（2）古老白涂饰。是在一般美式自然涂饰基础上增加了破坏处理的一种涂饰工艺。

（3）PINE 老式型涂饰。在一般美式自然涂饰及古老白涂饰的基础上，增加了在家具沟槽中进行灰尘漆处理，使之充分体现家具存放与使用年代的久远印象。

（4）双层式涂饰及乡村式涂饰。在家具被涂饰前进行不同方式、不同程度的仿自然破坏处理，模仿家具在长期使用与存放的过程中被擦伤、碰损以及因潮湿造成的发霉、腐蚀、虫蛀等损伤，增加产品的仿古效果，提高产品历史价值和商业价值。

### 7.5.2 美式涂饰工艺过程

美式涂饰工艺过程主要包括基材破坏处理、打底色、涂填充剂、涂底漆、打磨、格丽斯、修色、涂二道底漆、涂面漆、抛光打蜡等工艺。

#### 7.5.2.1 基材破坏处理

破坏处理是美式家具涂饰过程中仿古效果极强的一道加工工艺，主要是仿造自然风蚀、虫蛀和人为破坏留下的痕迹，增强仿古效果，提高家具的历史价值和商业价值，其主要包括以下几种破坏处理方式。

（1）虫孔。虫孔是家具长时间存放最容易发生的，是仿造木材被虫蚀和虫蛀后留下的痕迹的一种做法。虫蛀一般都发生在材质比较软的部位、产品的边缘、朽烂处、损坏处。对于材质坚硬处（例节疤）虫蛀就不易发生；另外产品的大表面也不易发生虫蛀。虫孔通常以个别的散落或密集成团状。虫孔大小、深度可相同，也可不同。

制作虫孔通常用的工具是在木条上钉一些不规则的圆钉、木螺钉，敲击产品表面制成尖尖的、浅浅的或成弧线形的各种虫孔。

（2）锉刀痕。仿造家具在使用中被锯齿形物体刻画所产生的痕迹称为锉刀痕，划痕一般同时有多条，划痕的间距相等并且带一定角度，长度在 10 mm 以内。

制作锉刀痕的工具是木锉，不同规格的木锉产生不同锉刀痕的效果。

（3）螺纹痕。在家具表面螺纹状的金属物压入而遗留的痕迹。

制作螺纹痕可用螺栓的螺纹部分在家具表面敲击，也可用螺纹状的硬件在产品表面加压，形成螺纹状的印记。螺纹痕不宜过大过长，一般螺纹在 5 条以下，螺距也不宜超过 1.5 mm。

（4）蚯蚓痕。蚯蚓痕是仿造家具在使用与存放过程中被蛀虫爬过留下的痕迹。

（5）喷点。也称苍蝇黑点。喷点主要是模仿家具在长期使用过程中，苍蝇留在家具表面的排泄物和有色物溅落在家具表面没有擦拭干净留下的痕迹。

喷点作业一般安排在第一层面漆后，第二层面漆前。喷点的色泽一般与产品的色系相一致。常用黑色、深棕色。喷点一般用不透明漆，也可用半透明着色漆和格丽斯着色剂。喷点的大小以及分布密度常以客户的要求为准。

喷点作业有专用喷枪，喷枪可调节喷点大小以及密度。经过喷点后仿古效果特别明显。

（6）布印。也称造影，是美式涂装过程中经常用到的层次感，加深产品的颜色。运用溶剂性着色剂，通过手工刷涂、擦拭，使产品表面色泽有深、中、浅的各种层次，形成一种产品经过长期使用色泽退化的效果。

布印的工序在底着色工艺中可在素材上着色擦拭。在面着色工艺中可以在底漆后的着色作业时刷涂、擦拭，以调整产品的层次。

（7）层次。是美式涂装的一项主要工艺，习惯称作格丽斯。格丽斯又称仿古擦拭着色剂，擦拭格丽斯是一个极重要的工艺。它是在家具着色过程中，为了防止木材端面吸收过多的着色剂，先用布或刷子将不含色格丽斯主剂在木材端处涂刷一次，阻塞一些端面的管孔，便于调整色泽。擦拭后的格丽斯可用钢丝绒按一定规律擦出一些颜色较浅的部分，体现出明暗对比的层次。

格丽斯着色剂干燥较慢，可添加各种半透明和全透明的色料。利用不溶解的色料可达到半透明的效果，使产品表面柔和，形成对比度，产生古典的趣味。

7.5.2.2　底材处理

也称底材调整。由于木材因产地、年代等自然状况的不同而存在自身颜色的不同，所以在家具涂饰过程中，可用漂白剂或修色剂对木材进行统一颜色的处理。

7.5.2.3　打底色

打底色也称基材着色，采用喷涂着色剂施工方式，将木材颜色涂成近于样板颜色，针对产品的不同要求，选择对应的着色剂进行施工。

常用着色剂种类有：

(1) 水性着色剂。以酸性、碱性、直接分散染料为主，溶解在水中制成。常刷涂，有时喷涂或浸涂。施工性、耐候性好，不渗色，调色方便，安全，价格便宜。但易使木材膨胀，起毛刺，干燥慢；碱性染料耐水、耐光稍差，着色力不强，浸透性差。

(2) 油性着色剂。以油溶性染料为主，溶解在石油和煤系溶剂中，如松香水等，喷涂、刷涂均可。不会使木材膨胀，透明性好，木纹清晰，有浸透性，不起毛刺。干燥慢，耐热、耐光性不好，有渗色现象，价格较贵。

(3) 醇性着色剂。以醇溶性染料为主，溶解在醇类溶剂中，施工常用喷涂。干燥快，渗透性好，颜色鲜明，对硬木着色效果极佳。施工时着色常常很难均匀，有时会出现渗色现象，耐光性不好，易起毛刺，价格贵。

(4) 不起毛着色剂。以酸性染料为主，溶解在一缩乙二醇乙醚、二缩乙二醇乙醚、甲苯等混合溶剂中制成的着色剂，适合喷涂，不宜刷涂。不会使木材膨胀，不起毛刺，干燥快，耐光性好，着色性强，浸透性好，不渗色，价格贵。

(5) 颜料着色剂。由少量的颜料、少量的油或树脂和大量的稀释剂制成。多采用刷涂和喷涂施工，也常常在刷涂和喷涂后用布擦涂。着色性强、色泽均匀、耐光性强、价格便宜。但透明性差，干燥慢，与涂层的附着力差。

(6) 填孔着色剂。在体质颜料中加入着色颜料、染料制成的油性填孔着色剂。经刷涂或喷涂，待溶剂挥发后擦涂。性能与颜料着色剂相同，填孔同时进行着色。与涂层的附着力差，若擦拭不干净，涂层间的附着力将更差。

（7）显阴着色剂。将染料或透明颜料分散在清漆或展色剂中制成，多采用喷涂。着色均匀，干燥速度快，着色力强。施工有时会发生渗色现象。

7.5.2.4 涂填充剂

利用填充剂来填充木材导管并增加木材纹理鲜明度，同时达到填充与着色双重目的。填充剂必须注意层间附着，否则会造成涂膜剥落、着色不佳、颜色不均、木材纹理不清晰。

7.5.2.5 涂底漆

底漆也称头道底漆或封闭底漆。常用硝基漆，施工简单、干燥速度快、适合流水线作业，广泛用于美式涂装。施工时固体分含量为4%～15%，施工黏度为8～10 s（涂—4 杯），对木材导管进行充分润湿，并对基材进行封闭，使格丽斯着色均匀。

7.5.2.6 打　磨

底漆干燥后，用320#～600#木砂纸顺木纹打磨，清除毛刺，达到需要的平整度，同时增强下道工序涂膜的附着性。

7.5.2.7 涂饰格丽斯

格丽斯又称仿古擦拭着色剂，是由高沸点溶剂、易于擦涂的油和透明或半透明的颜料共同制成。格丽斯渗透性适中，既可直接擦涂在木材上，也可以在打磨结束后再施工，不会溶解底漆，但能良好地附着上。施工时主要采取擦涂、刷涂，擦涂时，格丽斯原漆用专用溶剂稀释后使用。格丽斯也可直接用毛刷刷涂原漆，制造出所希望得到的色彩及纹理效果。在格丽斯施工后，有时需用钢丝绒或丝瓜瓤顺着木纹进行明暗对比处理，以达到颜色柔和、自然的效果，透出古典韵味。

7.5.2.8 涂二道底漆

格丽斯涂饰完成后，干燥30 min左右进行二道底漆的涂装，主要用于保护底漆与格丽斯，并增加涂膜丰满度及平整度。施工时漆的固体分含量比头道底漆高些，一般在14%～20%，施工黏度为16～18 s（涂—4 杯）。

7.5.2.9 修　色

修色是整个涂装过程最后一道着色工序，应对照色板进行修色，可全面喷涂亦可按实际情况进行局部修色，若用醇溶性着色剂修色，修色完成后可用布或钢丝绒进行明暗处理，以增强木材纹理效果，突显其立体感，达到柔和、自然的感觉。

7.5.2.10 涂面漆

面漆涂装是美式涂装中最后一道工序。对涂膜的丰满度、透明性和光泽影响很大。面漆的施工黏度一般控制在10～13 s（涂—4 杯）。

7.5.2.11 抛光、打蜡

为使漆膜表面更加平滑，增加涂膜的手感及提高涂膜的美观性，常需进行抛光、打蜡处理。

## 复习思考题

1. 编制醇酸漆中档透明涂饰和不透明涂饰工艺。
2. 编制高档家具硝基磁漆涂饰工艺。
3. 编制高档家具硝基清漆涂饰工艺。
4. 编制聚氨酯漆底着色、中修色高档透明涂饰工艺。
5. 编制聚氨酯漆面着色透明涂饰工艺。
6. 编制聚酯漆透明涂饰工艺。

# 参考文献

[1] 张广仁，艾军. 现代家具油漆技术［M］. 哈尔滨：东北林业大学出版社，2002.
[2] 张广仁. 木材涂饰原理［M］. 哈尔滨：东北林业大学出版社，1990.
[3] 张广仁. 木材工业实用大全：涂饰卷［M］. 北京：中国林业出版社，1998.
[4] 张广仁. 木器油漆工艺［M］. 北京：中国林业出版社，1992.
[5] 顾继友. 胶粘剂与涂料［M］. 北京：中国林业出版社，1999.
[6] 李坚. 木材涂饰与视觉物理量［M］. 哈尔滨：东北林业大学出版社，1998.
[7] 张广仁. 21世纪的中国家具［M］. 兰州：敦煌文艺出版社，1999.
[8] 涂料工艺编辑委员会. 涂料工艺［M］. 3版. 北京：化学工业出版社，1997.
[9] 刘忠传. 木制品生产工艺学［M］. 2版. 北京：中国林业出版社，2000.
[10] 欧阳德财. 美式家具涂装［J］. 涂料工业，2005（7）.
[11] 家具仿古做旧工艺及涂装［J］. 家具，2005（3）.